人力資源管理
——理論、方法與實務

主　編○伍　娜、張　舫
副主編○楊　沛、趙　亮

前　言

正如美國知識管理學者托夫勒所說：「科學技術發展越快，人類按照自己的需要創造資源的能力就越大。那麼唯一重要的資源就是信息和知識，而掌握這些資源的就是人。」人力資源是企業成功的關鍵因素，擁有人才，把握人才，以人才為發展的推動力是實現可持續發展的必由之路。企業競爭最重要的部分就包括如何競相吸引和留住人才。人才是企業的核心，擁有人才企業才能有立足之地和發展空間。人力資源管理的目的是充分發揮人的潛能，提高工作效率，最大限度地完成組織目標，人力資源管理也成為企業管理的重點。

隨著「互聯網+」時代的到來，人們的思維方式、生活方式、交往方式、工作方式都或多或少受到互聯網的衝擊和影響。企業的經營管理尤其是人力資源管理，面臨著前所未有的機遇和挑戰。

本教材在吸收近年來最新科研成果和實際工作經驗的基礎上，詳細論述了人力資源管理導論、組織設計與工作分析、人力資源規劃、招聘與配置、員工培訓、職業生涯規劃、績效管理、薪酬福利管理、員工關係管理等人力資源管理工作內容。在編寫過程中，我們注重內容的科學性、系統性、創新性和實用性，並著重體現如下兩個特點：

第一，系統性。本教材以人力資源管理工作模塊為基礎，按照人力資源管理各職能間內在邏輯關係組織教材內容的編寫。在體系結構上，每個章節由理論模塊和實務模塊組成，力求理論知識、實際操作與案例分析有機結合，以理論解釋現實的規則和操作，以實務體現理論的知識和方法，理論和實務相得益彰。從編寫形式上，每章都設置「開篇案例」「閱讀案例」「本章小結」「簡答題」「案例分析題」「實際操作訓練」等欄目，使教學內容更具有針對性和系統性。

第二，實用性。本教材增加了大量可操作性強的人力資源管理流程、示例、圖表、指標等，設置了實務章節，使理論和實務有效結合，讓讀者更能體會知識在實際工作中的運用。這些實務流程和模板方便讀者在實際中應用所學知識，實現「拿來即用」的目的。本教材每章後還增設了「案例分析題」「實際操作訓練」等欄目，給出針對性較強的案例和方案設計題供讀者演練體驗，有利於加強讀者人力資源管理職業技能

的培養，使讀者不僅系統掌握基礎理論知識，更具有專業的實際操作能力。

本教材既適用於普通高等教育或相同層次的人力資源管理及其他公共管理類專業的師生學習和使用，為人力資源管理的教學與應用提供多層面的視角；同時，也可以供企業經營管理者、人力資源管理工作人員、諮詢師、培訓師等閱讀和參考。

參加本教材編寫的都是在教學一線從事多年教學工作的教師，有著豐富的教學經驗，他們對課程的設置、教學的重點都十分瞭解。本教材由武漢華夏理工學院的伍娜負責審定。各章編寫分工如下：第一章、第二章、第三章、第六章由伍娜編寫，第四章、第七章由楊沛編寫，第五章、第八章由張舫編寫，第九章由趙亮編寫。在寫作過程中，我們參考和吸收了國內外有關研究成果，特別向原作者表示誠摯的敬意。

編者

目 錄

第一章　人力資源管理導論 ……………………………………………（1）
　開篇案例 …………………………………………………………………（1）
　第一節　人力資源概述 …………………………………………………（2）
　第二節　人力資源管理概述 ……………………………………………（8）
　第三節　人力資源管理未來發展的趨勢 ………………………………（15）
　本章小結 …………………………………………………………………（20）
　簡答題 ……………………………………………………………………（21）
　案例分析題 ………………………………………………………………（21）
　實際操作訓練 ……………………………………………………………（23）

第二章　組織設計與工作分析 …………………………………………（24）
　開篇案例 …………………………………………………………………（24）
　第一節　組織設計與組織結構 …………………………………………（24）
　第二節　工作分析與工作設計 …………………………………………（38）
　第三節　工作分析實務 …………………………………………………（56）
　本章小結 …………………………………………………………………（63）
　簡答題 ……………………………………………………………………（63）
　案例分析題 ………………………………………………………………（63）
　實際操作訓練 ……………………………………………………………（65）

第三章　人力資源規劃 …………………………………………………（67）
　開篇案例 …………………………………………………………………（67）
　第一節　人力資源規劃概述 ……………………………………………（67）
　第二節　人力資源需求預測 ……………………………………………（70）
　第三節　人力資源供給預測 ……………………………………………（77）

第四節　人力資源供求平衡對策 …………………………………（86）

第五節　人力資源規劃實務 ………………………………………（87）

本章小結 ……………………………………………………………（92）

簡答題 ………………………………………………………………（92）

案例分析題 …………………………………………………………（93）

實際操作訓練 ………………………………………………………（96）

第四章　招聘與配置 …………………………………………（97）

開篇案例 ……………………………………………………………（97）

第一節　招聘概述 …………………………………………………（98）

第二節　招聘的渠道和方法 ………………………………………（104）

第三節　甄選 ………………………………………………………（113）

第四節　錄用配置 …………………………………………………（121）

第五節　招聘與配置實務 …………………………………………（126）

本章小結 ……………………………………………………………（132）

簡答題 ………………………………………………………………（132）

案例分析題 …………………………………………………………（132）

實操訓練 ……………………………………………………………（133）

第五章　員工培訓 ……………………………………………（134）

開篇案例 ……………………………………………………………（134）

第一節　員工培訓概述 ……………………………………………（135）

第二節　員工培訓工作的主要內容 ………………………………（137）

第三節　員工培訓工作的類型 ……………………………………（149）

第四節　員工培訓實務 ……………………………………………（154）

本章小結 ……………………………………………………………（160）

簡答題 ………………………………………………………………（160）

案例分析題 …………………………………………………………（161）

實際操作訓練 …………………………………………………… (164)

第六章　職業生涯規劃 ……………………………………………… (165)

　　開篇案例 ………………………………………………………… (165)
　　第一節　職業生涯規劃概述 …………………………………… (165)
　　第二節　職業生涯規劃的實施 ………………………………… (171)
　　第三節　職業生涯管理 ………………………………………… (176)
　　第四節　職業生涯規劃實務 …………………………………… (182)
　　本章小結 ………………………………………………………… (185)
　　簡答題 …………………………………………………………… (185)
　　案例分析題 ……………………………………………………… (185)
　　實際操作訓練 …………………………………………………… (186)

第七章　績效管理 …………………………………………………… (187)

　　開篇案例 ………………………………………………………… (187)
　　第一節　績效與績效管理 ……………………………………… (187)
　　第二節　績效管理的具體流程 ………………………………… (191)
　　第三節　績效考核的內容與方法 ……………………………… (199)
　　第四節　績效管理實務 ………………………………………… (208)
　　本章小結 ………………………………………………………… (214)
　　簡答題 …………………………………………………………… (214)
　　案例分析題 ……………………………………………………… (214)
　　實際操作訓練 …………………………………………………… (215)

第八章　薪酬福利管理 ……………………………………………… (216)

　　開篇案例 ………………………………………………………… (216)
　　第一節　薪酬管理概述 ………………………………………… (216)
　　第二節　薪酬設計的流程 ……………………………………… (219)

3

第三節　薪酬體系設計 …………………………………………（223）

　　第四節　可變薪酬 ………………………………………………（233）

　　第五節　員工福利 ………………………………………………（241）

　　第六節　薪酬福利管理實務 ……………………………………（246）

　　本章小結 …………………………………………………………（251）

　　簡答題 ……………………………………………………………（251）

　　案例分析題 ………………………………………………………（251）

　　實際操作訓練 ……………………………………………………（253）

第九章　員工關係管理 ……………………………………………（254）

　　開篇案例 …………………………………………………………（254）

　　第一節　員工關係管理概述 ……………………………………（255）

　　第二節　勞動關係管理 …………………………………………（257）

　　第三節　員工健康管理 …………………………………………（274）

　　第四節　員工關係管理實務 ……………………………………（277）

　　本章小結 …………………………………………………………（281）

　　簡答題 ……………………………………………………………（282）

　　案例分析題 ………………………………………………………（282）

　　實際操作訓練 ……………………………………………………（284）

第一章　人力資源管理導論

開篇案例

管仲妙喻選賢才

春秋時期，齊國公子小白搶先繼承了王位，成為齊桓公。齊桓公的重要謀士鮑叔牙向齊桓公舉薦管仲掌管朝政。齊桓公不記前仇，予以重用，在聽取了管仲治國之策後，非常信任管仲。

有一天，齊桓公在管仲的陪同下，來到馬棚視察養馬的情況。齊桓公見到養馬人就關心地詢問：「馬棚裡的大小諸事，你覺得哪件事最難？」養馬人一時覺得難以回答。其實，養馬人心中是十分清楚的：一年365天，打草備料，飲馬遛馬，調鞍理樣，接駒打掌，除了清欄，哪一件都不是輕鬆的事，可是在君王面前，一個養馬人又怎好隨意叫苦呢？

管仲在一旁見養馬人尚在猶豫，便代為答道：「從前我也當過馬夫，依我之見，編排用於拴馬的柵欄這件事最難，為什麼呢？因為編排柵欄時所用的木料往往曲直複雜，若想讓所選的木料用起來順手，使編排的柵欄整齊美觀且結實耐用，開始的選料就顯得極其重要，如果你在下第一根椿時用了彎曲的木料，隨後就得順著將彎曲的木料用到底。像這樣曲木之後再加曲木，筆直的木料就難以啟用；反之，如果一開始就選用筆直的木料，繼之必然是直木，曲木也就用不上了。」

齊桓公聽後，若有所思地點了點頭。

問題與思考：
1. 這個故事給了我們什麼啓發？
2. 人對企業來說有何重要作用？
3. 為什麼要進行人力資源管理？

隨著全球經濟一體化時代的到來，市場競爭日趨激烈。企業要在複雜的環境中生存與發展，資源的獲得和擁有是關鍵，而不論是自然資源，還是物質資源、信息資源等，都需要人力資源去合理地運籌和配置。毋庸置疑，人力資源是企業的第一資源，管理者的事業成功與否，其關鍵因素是人。國際商業機器公司（IBM）原總裁華生曾經說過：「你可以撤走我的機器，燒毀我的廠房，但只要留下我的員工，我就可以有再生的機會。」有效地利用與企業發展戰略相適應的管理和專業技術人才，最大限度地發掘他們的才能，可以推動企業戰略的實施，促進企業的飛躍發展。

第一節　人力資源概述

一、人力資源的界定

（一）資源

何謂資源？《辭海》把資源解釋為：「資財的來源。」聯合國環境規劃署對資源的定義是：「在一定時期、地點條件下能夠產生經濟價值，以提高人類當前和將來福利的自然因素和條件。」上述兩種定義只限於對自然資源的解釋。馬克思在《資本論》中說：「勞動和土地，是財富兩個原始的形成要素。」恩格斯的定義是：「其實，勞動和自然界在一起它才是一切財富的源泉，自然界為勞動提供材料，勞動把材料轉變為財富。」馬克思、恩格斯的定義，既指出了自然資源的客觀存在，又把人（包括勞動力和技術）的因素視為財富的另一個不可或缺的來源。可見，資源的來源及組成，既包括自然資源，又包括人類勞動的社會、經濟、技術等因素，還包括人力、人才、智力（信息、知識）等資源。據此可知，所謂資源，指的是一切可被人類開發和利用的物質、能量和信息的總稱，它廣泛地存在於自然界和人類社會中，是一種自然存在物或能夠給人類帶來財富的財富。或者說，資源就是指自然界和人類社會中一種可以用以創造物質財富和精神財富的具有一定量的累積的客觀存在形態，如土地資源、礦產資源、森林資源、海洋資源、石油資源、人力資源、信息資源等。

（二）人力資源

管理學大師彼得·杜拉克（Peter Drucker）在1954年出版的《管理的實踐》（*The Practice of Management*）經典著作中，首次在管理學領域闡釋了人力資源概念的含義：人力資源和其他資源來比較，它指的是完整的人，擁有獨特的協調、整合、判斷和想像的能力，是所有可用資源中最有生產力、最有用處、最為多產的資源。人力資源還有與其他任何資源都不同的一點，對於自己要不要工作，擁有絕對的自主權。

在中國，最早使用人力資源概念的文獻是毛澤東於1956年為《中國農村社會主義高潮》縮寫的按語。在按語中他寫道：「中國的婦女是一種偉大的人力資源，必須發掘這種資源，為了建設一個偉大的社會國家而奮鬥。」

1979年諾貝爾經濟學獎得主西奧多·W. 舒爾茨在1960年美國經濟學年會上的演說中系統地闡述了人力資本理論。他認為，人力資源是一切資源中最主要的資源，人力資本理論是經濟學的核心問題。在經濟增長中，人力資本的作用大於物質資本的作用。人力資本投資與國民收入成正比，比物質資源增長速度快。人力資本的核心是提高人口質量，教育投資是人力投資的主要部分。不應當把人力資本的再生產僅僅視為一種消費，而應視為一種投資，這種投資的經濟效益遠大於物質投資的經濟效益。

從此之後，對人力資源的研究越來越多，根據不同學者不同的研究角度，可以將這些定義分為兩大類：第一類是從人的角度，認為人力資源是一定社會區域內所有有勞動能力的適齡勞動人口和超過勞動年齡的人口的總和；第二類是從能力的角度，認為人力資源是勞動過程中可以直接投入的體力、智力、心力的總和及其形成的基本素

質，包括知識、技能、經驗、品行與態度等。在這兩類定義中，從能力的角度出發來理解人力資源的含義更接近於它的本質。資源是指財富形成的來源，而人對財富形成能起貢獻作用的不是別的方面，是人所具有的知識、經驗、技能、體能等能力。從這個意義上講，人力資源的本質就是能力，人只不過是載體而已。

綜上所述，所謂人力資源，就是指一定時期內組織中的人所擁有的能夠被企業所用，並且對價值創造起貢獻作用的體力和腦力的總和。這個定義包括以下三個要點：

(1) 人力資源的本質是人所具有的腦力和體力的總和，可以統稱為勞動能力。
(2) 這一能力要能對財富的創造起貢獻作用，成為財富形成的來源。
(3) 這一能力還要能夠被組織所利用，其組織大到一個國家或地區，小到一個企業、單位或部門。

(三) 人力資源的數量和質量

1. 人力資源的數量

人力資源的數量是構成人力資源總量的基礎，它反應了人力資源量的特性。人力資源的數量是指一個國家或地區擁有勞動能力的人口的數量。

對於企業而言，人力資源的數量一般來說就是其員工的數量。

對於國家而言，人力資源的數量可以從現實人力資源數量和潛在人力資源數量兩個方面來計量。

中國現行的勞動年齡規定是男性 16~60 歲，女性 16~55 歲。在勞動年齡上下限之間的人口稱為「勞動適齡人口」。低於勞動年齡下限的人口稱為「未成年人口」，高於勞動年齡上限的人口稱為「老年人口」。一般認為，這兩類人口不具有勞動能力。但是在現實中，勞動適齡人口內部存在一些喪失勞動能力的病殘人口。此外，還存在一些由於各種原因暫時不能參加社會勞動的人口，如在校就讀的學生。同時，在勞動適齡人口之外，也存在一些具有勞動能力，正在從事社會勞動的人口，如退休返聘人員。在計量人力資源時，上述情況都應當加以考慮，這也是劃分現實人力資源與潛在人力資源的依據，如圖 1-1 所示。

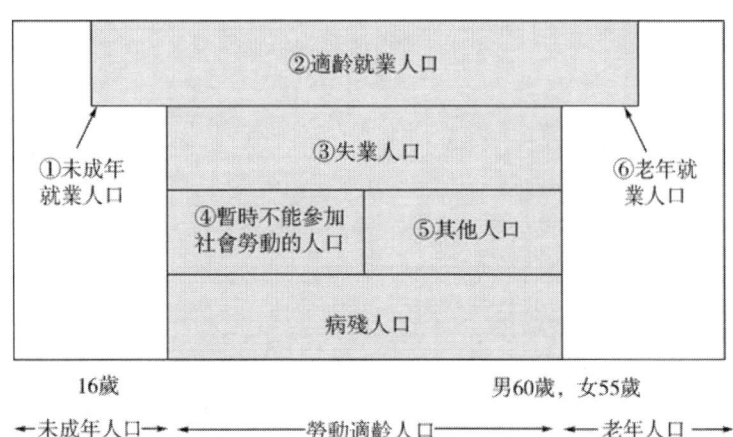

圖 1-1　人口構成示意圖

潛在人力資源數量由適齡就業人口、未成年就業人口、老年就業人口、失業人口、暫時不能參加社會勞動的人口和其他人口構成。而現實人力資源數量則由適齡就業人口、未成年就業人口、老年就業人口構成。

2. 影響人力資源數量的因素

（1）人口總量及其再生產狀況。由於勞動力人口是人口總體中的一部分，人力資源數量及其變動，首先取決於一國人口總量及其通過人口的再生產形成的人口變動。根據世界各國人口統計的資料可以看出，成年組人口占全部人口的一半以上，一些發達國家的這一比例高達65%以上。如果按16~60歲的口徑劃分（即符合一般的勞動年齡劃分的口徑），其數量也一般在50%以上。這樣，各國的人口總量就決定了其人力資源數量的基本格局。從動態的角度看，人口總量的變化體現為自然增長率的變化，而自然增長率又取決於出生率和死亡率。在現代社會，人口死亡率變動不大，處於穩定的低水平狀態，人口總量和勞動力人口數量的變動，主要取決於人口基數和人口出生率水平。

（2）人口的年齡構成。人口的年齡構成是影響人力資源數量的一個重要因素。在人口總量一定的條件下，人口的年齡構成直接決定了人力資源的數量，即人力資源數量＝人口總量×勞動年齡人口比例。人口年齡構成的變化，一般都會影響到人力資源的數量。調節人口年齡的構成，需要對人口出生率和自然增長率進行相當長時間的調節，以應對人力資源老化現象的產生。

（3）人口遷移。所謂人口遷移，即人口的地區間流動。人口遷移由多種原因造成。在一般情況下，人口遷移的主要因素在經濟方面，即人口由生活水平低的地區向生活水平高的地區遷移，由收入水平低的地區向收入水平高的地區遷移，由物質資源匱乏的地區向物質資源豐富的地區遷移，由發展前景小的地區向發展前景大的地區遷移。就一般情況而言，人口遷移的主要部分是勞動力人口的遷移，這會造成局部地區人力資源數量的增減和人力資源總體分佈的改變。特別是出於經濟原因的人口遷移（如移民墾荒），遷移的人口可能絕大部分都是勞動力人口。這對人力資源的數量影響巨大。

3. 人力資源的質量

人力資源質量是指一定範圍內（國家、地區或企業等）的勞動力素質的綜合反應。人力資源的質量是一定範圍內人力資源所具有的體質、智力、知識、技能和勞動意願，一般體現在勞動力人口的體質水平、文化水平、專業技術水平和勞動的積極性上。人力資源的質量的主要內容如下：

（1）人力資源能力質量。人力資源能力質量，即推動物質資源、從事社會勞動的能力水平的高低，體現在知識（一般知識與專業職業知識）、工作技能、創造能力、對崗位的適應能力、流動能力、管理能力等能力的水平上。知識水平與技能水平是人力資源能力質量中最主要、最被人們所關心的方面。人力資源的知識水平，一般以人力資源文化素質水平為標誌，採用人力資源受教育程度以及全社會人口受教育程度指標來表示。其通常以文盲、小學、初中、高中、大學以上各個層次的人力資源比例或人口比例來計算。人力資源教育水平的獲得，依靠教育資金的投入。教育部門是對人力進行資本投入、生產社會人力資源的最主要部門。人力資源的技能水平，一般以人們接受專業教育、職業教育的程度來反應，或者以人力資源隊伍中的工人技術等級及比

例、專業技術人員職稱及比例來反應。

（2）人力資源精神質量。人力資源精神質量，即思想素質、心理狀態，是人力資源的質量總體中極為重要卻又常常被人們忽視和遺漏的方面。實際上，人力資源精神質量是人力資源素質總體中的靈魂，如同一種「軟件」，而人力資源能力質量則相當於「硬件」。由於人力資源精神質量決定人的工作態度和動機，因此它成為人們從事社會勞動的動力系統。人力資源精神質量包含思想、心理品質以及道德因素，成為影響人力資源群體關係、影響組織的凝聚力、影響微觀和宏觀經濟效益的重要因素。

4. 人力資源數量與質量的關係

與人力資源數量相比，人力資源質量更為重要。人力資源數量能反應出可以推動物質資源的人的規模，人力資源質量則反應出可以推動哪種類型、哪種複雜程度和多大數量的物質資源。一般來說，複雜勞動只能由高質量的人力資源來從事，簡單勞動則可以由低質量的人力資源來從事。經濟越發展，技術現代化水平越高，對人力資源的質量要求就越高。現代化的生產體系要求人力資源具有極高的質量。

閱讀案例 1-1

延長退休年齡，調節人力資源存量

根據第二次全國人口普查數據顯示，中國是全球唯一的老年人口過億的國家，2010 年中國 60 歲以上老年人已經達到 1.78 億人，占全球老年人口的 23.6%。這意味著全球 1/4 的老齡人口集中在中國。

中國社會科學院世界社保研究中心主任鄭秉文表示，老齡化意味著人口老年負擔系數不斷提高，同時也意味著勞動投入的減少。鄭秉文介紹，中國勞動年齡人口總量將從 2010 年的 9.7 億人減少到 2050 年的 8.7 億人。其中，減少的拐點將發生在 2015 年，屆時將從 9.98 億人的峰值開始逐年下滑，年均減少 366 萬人。中國社會科學院數量經濟與技術經濟研究所分析室主任李軍表示，預計到 2050 年，中國 15~59 歲勞動年齡人口將下降到 7.1 億人，比 2010 年減少約 2.3 億人。2030 年以後，中國的勞動力供給將出現嚴重不足。

中國現行男 60 周歲，女幹部 55 周歲，女工人 50 周歲的退休年齡，是在 20 世紀 50 年代出台的《中華人民共和國勞動保險條例》後實施的，當時中國人均壽命不足 50 歲。隨著經濟社會發展，以及人均壽命的延長，退休年齡標準偏低的問題越來越突出。目前中國城鎮人均預期壽命已達 76 歲，與新中國成立初期確定的低退休年齡形成強烈反差，並且退休年齡偏低造成了既有人力資源存量（包括數量和質量）的閒置和浪費。改革開放以來，中國「科教興國」和「人才強國」戰略的實施使得對人力資源投資年限大大延長，中國國民人均受教育年限達到 10 年以上。勞動力平均初始工作的年齡逐步向後推遲，按照現行退休政策，則一個人受教育的時間越長，學歷越高，其工作時間反而相對越短。這樣就導致人力資本的投入與產出比例失衡，使國家損失掉一部分人力資本。當前，許多退休工人有較強的再就業慾望，返聘現象突出，適當延長退休年齡既符合老年人的心理需求，也是尊重人權的需要。

同時，目前中國城鎮職工基本養老保險製度的撫養比已突破 3∶1，老齡化趨勢的不斷加快，會直接加劇社保基金的支付壓力，影響養老保險事業的健康長遠發展。就

養老保險而言，推遲退休年齡不僅可以通過增加繳費人數和繳費年限來直接增加養老保險基金的收入，也可以通過減少養老金的支付人數和支付時間來相對增加養老保險基金的收入，從而利於減輕子孫後代養老負擔，解決養老金支付失衡問題。同時，工作期限的延長帶來養老保險的年限延長，而養老金的待遇水準是跟工作年限和繳費年限密切掛勾的，因此工作期限的延長也能夠提高個人的養老金水平，使老年人的生活質量得到保障。

發達國家現在基本上退休的年齡都在60~65歲，甚至更高。因此，延遲退休年齡，是適應中國人口老齡化和勞動年齡的人口不斷減少的客觀現實，根據人均預期壽命和勞動者受教育年限不斷延長的實際狀況，對勞動力供求與代際負擔進行的必要調整，也是促進養老保險製度可持續發展的必然選擇。

人力資源和社會保障部部長尹蔚民表示，無論是從開發人力資源，還是保持養老、醫療基金的持續健康運行，都需要對法定退休年齡進行調整，這也是世界各國通行的做法。這一目的並不是在於促進增長，而是緩解勞動力總量減少的速度，減弱對勞動力成本提高的預期。但他指出，退休時間點是非常重要的，在決策方面需要慎重。

（資料來源：延長退休年齡新政策2016［EB/OL］.（2015-09-11）［2016-11-08］. http://www.cnrencai.com/shebao/zhengce/53896.html）

二、人力資源與相關概念

（一）人力資源與人口資源、人才資源

人口資源是指一個國家或地區所擁有的人口的總量，它是一個最基本的底數，一切人力資源、人才資源皆產生於這個最基本的資源中，它主要表現為人口的數量。

人才資源是指一個國家或地區中具有較多科學知識、較強勞動技能，在價值創造過程中起關鍵或重要作用的那部分人。人才資源是優秀的人力資源。

總之，人口資源是指活著的生命的總和，人力資源是在這總和中具備勞動能力的人，而人才資源是人力資源的佼佼者。三者是一種包含關係，如圖1-2所示。

在數量上，人口資源是最大的，它是人力資源形成的數量基礎，人口資源中具備一定智力和體能的那部分才是人力資源；而人才資源又是人力資源的一部分，是人力資源中質量較高的那一部分，是具有特殊智力和體能的人力資源，它是數量最少的。

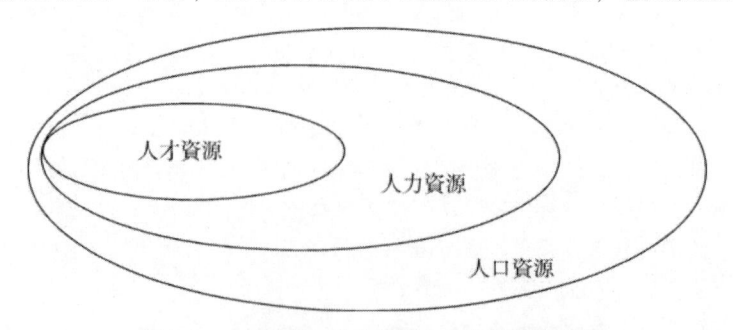

圖1-2　人口資源、人力資源、人才資源關係圖

(二) 人力資源和人力資本

1. 人力資本

資本與資源不同，資本是一種社會狀態，是一無形物；資本可以累積、需要經營，會隨社會環境和歷史條件的變化而改變或喪失，也會當條件恢復時再次重建；資本可以帶來剩餘價值，能夠計算，不可與所有者分離而且無法共享，但是可以發生轉移或轉讓。人力資本除不可轉移和轉讓外具備資本的上述所有特徵。人力資本是美國經濟學家舒爾茨於 1960 年提出的，他在《為人力資本的投資》中稱，經濟增長的源泉不能只靠增加勞動力的物質投資，更主要的是靠人的能力的提高。在舒爾茨看來，人力資本是通過對人力資源投資而體現在勞動者身上的體力、智力和技能，它是另一種形態的資本，而它的有形形態就是人力資源。

2. 人力資源和人力資本的聯繫

人力資源和人力資本都是以人為基礎而產生的概念，研究的對象都是人所具有的腦力和體力，從這一點看兩者是一致的。現代人力資源管理理論大多是以人力資本理論為根據的；人力資本理論是人力資源管理理論的重點內容和基礎部分；人力資源經濟活動及其收益的核算是基於人力資本理論進行的；人力資源和人力資本都是在研究人力作為生產要素在經濟增長和經濟發展中的重要作用時產生的。

3. 人力資源和人力資本的區別

資源和資本雖然只有一字之差，但卻有著本質的區別。人力資本可以看做所投入的物質資本在人身上所凝結的人力資源，人力資本存在於人力資源中。對於「資源」，人們多考慮尋求與擁有；而提到「資本」，人們會更多地考慮如何使其增值生利。著名經濟學家、清華大學教授魏杰指出，人力資本的概念不同於人力資源，人力資本專指企業中的兩類人，即職業經理人和技術創新者，這兩類人的作用是否充分發揮直接關係到企業競爭力和優勢的建立。企業應將人力變成資本，使其成為企業的財富，讓其為企業所用，並不斷增值，給企業創造更多的價值。人力資源和人力資本的區別主要表現在以下三個方面：

(1) 兩者所關注的焦點不同。人力資本關注的是收益問題。作為資本，人們就會更多地考慮投入與產出的關係，會在乎成本，會考慮利潤。人力資源關注的是價值問題。作為資源，人人都想要最好的，錢越多越好，技術越先進越好，人越能幹越好。

(2) 兩者的性質不同。人力資源所反應的是存量問題。提到資源，人們多考慮尋求與擁有。人力資本所反應的是流量與存量問題。提到資本，人們會更多地考慮如何使其增值生利。資源是未經開發的資本，資本是開發利用了的資源。

(3) 兩者研究的角度不同。人力資源是將人力作為財富的源泉，是從人的潛能與財富的關係來研究人的問題。人力資本是將人力作為投資對象，作為財富的一部分，是從投入與效益的關係來研究人的問題。

人力資源是被開發、待開發的對象。人力資源得不到合理開發，就不能形成強大的人力資本，也無法可持續發展。人力資本的形成和累積主要靠教育。如果沒有教育，人力資源就得不到合理開發。重視教育，就是重視企業的發展，就是在開發人力資源和累積人力資本。現代企業僅將人力作為資源還不夠，還應將人力資源合理開發利用和有效配置後變成人力資本。人力資本與人力資源相比的先進之處主要是在於前者只

是立足於人的現有狀況來挖掘潛力，這個階段的人力資源管理技術主要偏重於激勵手段和方式的進步；而後者則更偏重於人的可持續發展，重視通過培訓和激勵並重等多種投資手段來提高人的價值。

第二節　人力資源管理概述

一、人力資源管理的作用與基本職能

（一）人力資源管理的內涵

1. 人力資源管理的基本概念

人力資源管理（Human Resource Management，HRM）這一概念是在杜拉克於1954年提出人力資源的概念之後出現的。1958年，懷特巴克出版了《人力資源職能》一書，首次將人力資源管理作為管理的普通職能來加以論述。此後，隨著人力資源管理理論和實踐的不斷發展，國內外對人力資源管理概念的理解也發生了變化。本書認為，人力資源管理是利用現代科學技術和管理理論，對組織內外的人力資源展開獲取、保留、開發和利用等方面的政策、製度和管理實踐，最終實現組織戰略或經營目標的一種管理行為。

正確地理解人力資源管理的概念，必須破除兩種錯誤的看法：一種是將人力資源管理等同於傳統的人事管理，認為兩者是完全一樣的，只不過換了一下名稱而已；另一種是將人力資源管理與人事管理徹底割裂開來，認為兩者是毫無關係的。其實，人力資源管理和人事管理之間是一種繼承和發展的關係。一方面，人力資源管理是對人事管理的繼承，人力資源管理的發展歷史告訴我們，它是從人事管理演變過來的，人事管理的很多職能人力資源管理依然要履行；另一方面，人力資源管理又是對人事管理的發展，它的立場和角度明顯不同於人事管理，可以說是一種全新視角下的人事管理。

2. 人力資源管理的作用

美國是世界上最早注意人才價值的國家，其不僅注意開發本國人力資源，而且非常重視吸引外國人才資源。據統計，美國在1900年以後的360名最傑出的科學家中，外來人才有65名，占總數的18%；在114名諾貝爾獎獲得者中，外來人才有40名，占總數的35%；在631名科學院院士中，外來人才有141名，占總數的22%；50%以上的高科技公司的外籍科學家和工程師占公司科技人員總數的90%，在「硅谷」工作的高級工程師和科研人員有33%以上是外國人，從事高級科研的工程學博士後研究生中66%是外國人。美國在移民引進政策中，對高層次人才實行「綠卡」製，給予入籍優惠，並多次修改移民法以及雇傭機會均等方案，千方百計引進掌握高技術的人才。美國的「聚才」戰略——通過其雄厚的經濟實力和優惠的移民政策，採取各種手段把世界各國的人才引入美國，使之成為人才高度集中的「世界大學」，推動了美國的經濟發展。美國的這一具體的實例告訴我們一個不容爭辯的事實，那就是人力資源的重要性。

（1）人力資源管理可以保證一定數量和質量的勞動力，促進生產經營的順利進行。

企業目標是要通過員工的努力來實現，這就要求企業只有恰當的選用員工才能圓滿地實現其預定的組織目標。著名管理學家福萊特認為，管理是一種通過人去做好各項工作的技術。人的管理並非是管人，而在於用人，謀求人與事之間的最佳平衡。企業保證其一定數量和質量的勞動力，很大程度上決定著企業可以健康快速的發展。而人力資源管理的篩選、分配功能，又可以將系統內部結構合理優化，增強其整體功效。企業擁有三大資源，即人力、財力、物質。物質資源和財力資源的利用是通過人力資源的結合實現的，只有通過合理組織人力，不斷協調勞動力之間、勞動力與勞動資料和勞動對象之間的關係，才能充分利用現有的資源，在生產經營中發揮最大的效用，形成最優配置，從而保證生產經營活動的順利開展。

（2）人力資源管理有利於減少勞動損耗，控制人力資源成本，提高經濟效益。全面加強人力資源管理，科學組織勞動力、配置人力資源，就是減少勞動損耗、提高經濟效益的過程。人力資源在提高經濟效益過程中起著決定性的作用。目前的企業競爭，其實質就是人力資源的競爭。競爭力強調人力資源的成本方面，人力資源成本的減少是企業競爭力提升的標誌，因此人力資源管理在企業的可持續發展戰略中起著決定性的作用。

（3）人力資源管理有利於現代企業製度的建立和完善，加強企業文化建設。科學的企業管理製度是現代企業製度的重要內容，人力資源管理又是企業管理的核心內容。不具備優秀的管理者和勞動者，是無法最大限度地利用好企業的先進設備和技術的。完善企業的現代化水平，提升員工的素質要先行。同時，企業文化是企業發展的凝聚劑，對員工的行為具有重要的導向作用。優秀的企業文化可以增進企業員工的團結合作，降低營運管理風險，並最終使得企業獲益，是企業能夠樹立品牌的重要舉措。

（4）人力資源管理便於企業評估所處的競爭環境，有助於開發新技術和新產品。通過對同行業企業的信息分析，可以對比瞭解企業的基本現狀，明確本行業的產業結構、發展趨勢、發展潛力以及風險和趨勢，從而及時調整相應對策。企業可以通過兼併、聯合、研發合作以及借用核心技術人員方式，與相關企業建立人事合作關係，實現雙贏，這其中對於人力資源管理的要求不言而喻。新技術的出現有利於企業發現專門人才，同樣新技術也有利於企業開發新產品，開拓企業未來視野，提高研發效率。

閱讀案例 1-2

寧願放棄百萬利潤，不願失去一個人才——美的集團的用人之道

美的集團創始人何享健曾說：「我寧願放棄 100 萬元的利潤，而不願失去一個工程技術人員。」可見美的集團愛才如命。謀事在人，成事也在人。經濟的競爭、市場的競爭，歸根到底是人才的競爭。誰擁有了一流的人才，在競爭中誰就擁有了主動權。

美的集團是一家以家電業為主，涉足房地產、汽車、物流等領域的大型綜合性現代化企業集團，是中國最具規模的家電生產商和出口商之一。目前，美的集團擁有美的、威靈、華凌等十餘個品牌，除順德總部外，還在廣州、武漢、長沙等地建有十大生產基地；行銷網路遍布全國各地，並在美國等設有 10 個分支機構。2005 年，美的集團整體實現銷售收入 456 億元，品牌價值躍升到 272.15 億元，位居全國最有價值品牌第七位。

20世紀60年代用北滘人，20世紀70年代用順德人，20世紀80年代用廣東人，20世紀90年代用中國人，21世紀用世界人。這是美的集團的用人歷程。美的集團以其海納百川的胸懷、與時俱進的膽略、開闊的視野，譜寫了其人才與企業發展的輝煌歷史。

美的集團的員工來自全國乃至世界各地，外地技術人員占了30%。據說原江西氣壓機廠就有30多名工程技術人員分佈在美的集團的各個關鍵部門。在美的集團，企業人力資源戰略的遠景是致力於成為員工最佳雇主，打造保留與吸引員工的競爭優勢。集團總部及下屬單位嚴謹規劃短、中期人力資源戰略：對於基層崗位，通過人才網站、現場招聘會、校園招聘、公司人才庫搜尋、員工推薦等渠道吸入公司；對於中層崗位，建立內部競聘制度，採取內部競聘，為有才能之人提供發展機會；對於高層次人才，如國際化人才、高學歷人才（如博士、博士後）與高層人員，側重於通過博士後工作站接收、行業與供應商推薦引入公司。處在21世紀這一經濟全球化時代的美的集團，隨著海外市場的拓展及在歐美地區等分支機構的設立，美的集團人才世界化與國際化更成為美的集團人力資源最明顯的特徵。據統計，美的集團近年從世界各地引進的外籍專家及具有海外留學和工作背景的高層次人才就有80人，碩士、博士和博士後有300多名。另外，美的集團還不斷致力於提升本土人才的國際化素質，有效地培養國際化人才。

美的集團為什麼能夠留住人才？就是因為企業有一個好的機制和好的環境。美的集團開發新產品實行承包制和領銜制，撥給一定開發經費。新產品開發出來後，美的集團給技術人員股份，以後按股份分紅，虧損了同樣承擔風險。這樣充分調動了科研人員的積極性，有的技術人員年收入可達到1,000多萬元。

美的集團積極營造鼓勵人才干事業、支持人才干成事業、幫助人才干好事業的良好環境，敢於打破單一用人枷鎖，不少技術人才從技術研發到管理經營，成為科研與管理兼備的複合型人才。為充分發揮他們的聰明才智，美的集團讓其獨當一面，擔任企業重要職位。合理的人力資源管理機制不僅使美的集團引來「金鳳凰」，也給了「金鳳凰」施展才華的廣闊舞臺。

有企業家說，一流的企業靠文化留人，二流的企業靠人留人，三流的企業靠錢留人。美的集團本著「以人才成就事業，以事業成就人才」的核心理念，全面促進人才與企業同步發展，採取了包括組建美的學院、開展多樣化培訓課程及學歷教育、派遣高層管理人員到新加坡國立大學等世界名校深造、開展人才科技月專項獎勵優秀科技人員與團體、通過薪酬福利政策向關鍵人才、科技人才傾斜等舉措，紮實推進人才的素質與事業不斷提升、發展以及激勵人才為企業前進與發展創造更大的動力，用實際行動詮釋著企業留人的秘訣是靠企業文化，企業在用人上無疑是一流企業。

（資料來源：寧願放棄百萬利潤，不願失去一個人才——美的集團的用人之道［EB/OL］.（2009-07-23）［2016-11-09］. http://www.chinacpx.com/zixun/80814.html）

(二) 人力資源管理的基本職能

企業的人力資源管理全過程由一系列的工作環節所構成，而其中每一環節的工作內容和工作要求構成了人力資源管理的職能任務。人力資源管理的基本職能概括起來

主要包括以下 8 個方面：

1. 工作分析

工作分析又稱職務分析，是人力資源管理的基礎，是對各類崗位的性質、任務、職責、勞動條件和環境以及員工承擔本崗位任務應具備的資格條件等進行系統分析和研究，並制定出工作說明書、工作規範等文件的過程。

2. 人力資源規劃

人力資源規劃是人力資源管理工作的航標兼導航儀，是人力資源管理過程的初始環節，也是人力資源管理各項活動的起點。人力資源規劃的目的就在於結合企業發展戰略，通過對企業資源狀況以及人力資源管理現狀的分析，找到未來人力資源工作的重點和方向，並制訂具體的工作方案和計劃，以保證企業目標的順利實現。

3. 員工招聘

員工招聘是指組織根據人力資源管理規劃和工作分析的要求，從組織內部和外部吸收人力資源的過程。員工招聘建立在人力資源規劃和工作分析兩項工作的基礎之上，是「引」和「用」的結合藝術，招聘合適的人才，並把人才配置到合適的地方才能算完成了一次有效的招聘。

4. 員工培訓

不斷地提高人員的素質，不斷地培訓、開發人力資源是增強組織的應變能力的關鍵。員工培訓職能包括建立培訓體系、確定培訓的需求和計劃、組織實施培訓過程以及對培訓效果進行反饋總結等活動。

5. 職業生涯規劃和管理

職業生涯規劃是指一個人通過對自身情況和客觀環境的分析，確立自己的職業目標，獲取職業信息，選擇能實現該目標的職業，並且為實現目標而制訂行動計劃和行動方案。職業生涯管理是現代企業人力資源管理的重要內容之一，是企業幫助員工制定職業生涯規劃和幫助其職業生涯發展的一系列活動。

6. 績效管理

績效管理是根據既定的目標對員工的工作結果進行評價，發現其工作中存在的問題並加以改進。績效管理包括制訂績效計劃、進行績效考核、實施績效溝通等活動。

7. 薪酬管理

薪酬管理一方面對是員工過去業績的肯定，使員工的付出能夠得到相應的回報，實現薪酬的自我公平；另一方面也可以借助有效的薪資福利體系促進員工不斷提高業績，績效不同的員工得到不同的報酬，實現薪酬的內部公平。薪酬管理職能所要進行的活動包括確定薪酬的結構和水平、實施工作評價、制定福利和其他待遇的標準以及進行薪酬的測算和發放等。

8. 員工關係管理

員工關係也稱勞動關係，是指管理方與勞動者個人及團體之間產生的，由雙方利益引起的，表現為合作、衝突、力量和權力關係的總和。員工關係管理的目的在於明確雙方權利和義務，為企業業務開展提供一個穩定和諧的環境，並通過公司戰略目標的達成最終實現企業和員工的共贏。

二、人力資源管理部門與直線部門的職責區分

隨著現代人力資源相關理論在國內被廣泛接受，許多企業已經逐漸從傳統的人事管理中脫身出來，轉而注重現代企業人力資源的管理與開發。在人力資源相關工作出現問題時，自然責任也就落在了人力資源管理部門的肩上，甚至有不少管理者認為與人事相關的工作都是人力資源部門的工作，而這正是傳統認識的誤區。按照現代人力資源管理理論，人力資源工作不再單單是人力資源管理部門的工作，而是涉及所有的部門。簡單地說，現代人力資源理論可以簡單概括為選、育、用、留四個字。所有的工作都是人力資源部門與其他所有部門共同完成的，同時各部門是分工協作的關係，即各有側重點。

（一）人力資源管理部門

人力資源部的概念是在20世紀末從美國引入的，在此之前，中國企業中的人事管理部門稱為人事部。人力資源部是對企業中各類人員形成的資源（即把人作為資源）進行管理的部門。人力資源管理者和人力資源管理部門所從事的活動可以劃分為三大類。

第一類是戰略性和變革性的活動。戰略性和變革性的活動涉及整個企業，包括戰略制定和調整以及組織變革的推動等內容。嚴格來講，這些活動都是企業高層管理者的職責，但是人力資源管理者和部門作為戰略夥伴，必須參與到這些活動中來，要從人力資源管理的角度為這些活動的實施提供有力的支持。

第二類是業務性的職能活動，包括工作分析、人力資源規劃、招聘、培訓、職業生涯規劃、績效管理、薪酬管理、員工關係管理等。

第三類是類似行政性的事務活動，如員工檔案的管理、人力資源信息的保存等。

加里·德斯勒在他所著的《人力資源管理》一書中，將一家大公司人力資源管理者在有效的人力資源管理方面所負的責任描述為十大方面（見表1-1）。

表1-1　　　　　　　　　　人力資源管理部門的職能

職能	職責
人力資源規劃	分析人力資源供需訊息、制定人力資源招聘等政策和措施
人力資源成本會計	人力資本投入與產出核算
工作分析和設計	任務分析、工作設計、工作描述
招募與選拔	招聘、崗位設置、面試、測試
勞動關係	態度調查、勞動合同、員工手冊、遵守勞動法律法規
培訓和開發	定位、技能培訓與開發
績效管理	績效測量、獎懲
開發職業生涯	幫助個人制訂職業發展計劃、監督和考察
薪酬福利管理	設計薪酬、福利
保管員工檔案	保管員工工作表現的書面記錄

（二）直線部門

1. 直線部門的界定

本書所指的直線部門是企業中除人力資源部門外的業務部門或職能部門，如財務、生產、研發、銷售等部門。每一個直線部門的管理者，肩負著完成部門目標和對部

進行管理的職責，「管理」是其本職工作，那麼部門內部的「人力資源管理」作為其管理職能的一部分，是直線部門的管理者不可或缺的一項工作。直線部門的管理者需要通過良好的溝通、有效的激勵、恰當的集權與授權、有計劃的員工培訓和人才培養等方式，使部門在完成工作目標的基礎上，實現可持續的發展。因此，要做到這點就要求所有的直線部門的管理者都具備基本的人力資源管理思想，並掌握現代人力資源管理工具和方法。

2. 直線部門的管理者的人力資源管理職能

(1) 本部門的人力資源供需分析。直線部門的管理者首先必須清楚本部門人力資源配備的現狀，然後分析這種人力配備是否能夠完成企業交給的工作。如果不能完成任務，直線部門的管理者要知道完成部門工作目標需要怎樣的人力配備，並向人力資源部門提出招聘所需的人才。

(2) 掌握本部門員工的個人情況。企業員工是在直線部門的管理者領導下從事具體工作的，直線部門的管理者必須對下屬員工的個人基本情況了如指掌，比如其學歷背景、工作經歷、家庭狀況、日常生活以及交往情況等。只有直線部門的管理者瞭解了這些情況，才能在工作分配、上下級協作、日常教育與培訓等方面做到遊刃有餘。

(3) 培訓本部門員工的專業業務能力。人力資源部門對員工的培訓應更注重通識教育，而直線部門的管理者對員工的培訓應更注重專業業務能力的提高。直線部門的管理者對所屬員工是有培訓教育責任的，而這往往被直線部門的管理者所忽視。員工的專業業務能力的提高有助於部門工作的出色完成。

(4) 實現本部門的合理分工與協作。根據人力資源管理的同素異構原理，同樣的人員配備、不同的分工協作，會產生截然不同的結果。直線部門的管理者有對本部門工作和人員進行分配的權利，在充分瞭解工作要求與員工能力狀況的前提下，實現工作與人員的最佳匹配，同時要實現工作的銜接和人員分工合理與協作。

(5) 做好本部門員工的績效評估。績效評估既是人力資源部門的職能也是直線部門管理者的職能。就評價體系的設計來說，直線部門的管理者要參與設計；在評估過程中，直線部門的管理者要督促所屬員工積極配合人力資源部門完成評估；在評價結果中，直線部門的管理者對所屬員工的評價占較大比重。

(6) 創造良好的工作氛圍。企業員工能否充分發揮其積極性和潛力為企業工作，在很大程度上取決於和諧的工作氛圍。如果直線部門的管理者能夠與所屬員工進行良好的溝通並贏得所屬員工的信任與尊敬，員工之間也能夠相互協作，在這樣的工作氛圍之中，一定會在直線部門的管理者的帶領下打造出一支極具凝聚力的團隊。

(三) 人力資源管理部門與直線部門的分工與合作

1. 直線部門與人力資源部門的協作

(1) 瞭解本企業人力資源管理的規章製度。雖然人力資源管理的一般流程和原則是通用的，但是由於每個企業的自身情況和所處的競爭環境不同，因此每個企業的人力資源管理的規章製度各異。因此，直線部門的管理者必須十分瞭解本企業的人力資源管理規章，只有這樣才能更好地做好自身的人力資源管理工作並且實現對人力資源部門工作的協助。

(2) 遵守人力資源管理的流程。人力資源管理流程是企業管理流程中的一部分，

其本身有一定的程序性和穩定性。在既定的人力資源管理流程下，直線部門管理者必須遵守這一管理流程，否則必然會出現管理混亂的狀況。當然，如果直線部門管理者認為現存的人力資源管理流程存在缺陷，可以倡導完善其管理流程，但在改變流程之前，直線部門管理者必須遵守現有的流程，保證人力資源管理工作的順暢。

（3）實現與人力資源管理部門的有效溝通。有分工就有協作，有協作就必須進行溝通。能否實現兩部門的有效溝通，是實現兩部門有效協作的關鍵。直線部門管理者要經常參加人力資源部門的會議，反饋人力資源管理狀況，提出日常工作中發現的人力資源問題，尋求人力資源部門的專業支持。雙方共同協商處理一些人事糾紛問題、共同協商制定人力資源管理規章等都是實現溝通的有效途徑。

2. 人力資源管理部門與直線部門的分工

直線部門主管和人力資源管理部門對於人力資源管理的職責分工如表1-2所示。

表 1-2　　直線部門主管和人力資源管理部門對於人力資源管理的職責分工

職能	直線部門主管	人力資源管理部門
工作分析	（1）對所討論的工作的職責範圍做出說明，為人力資源管理部門提供數據； （2）協助工作分析調查。	（1）工作分析的組織協調； （2）根據部門主管提供的訊息寫出工作說明。
人力資源規劃	瞭解企業整體戰略和計劃並在此基礎上提出本部門的人力資源計劃。	（1）匯總並協調各部門的人力資源計劃； （2）制訂企業人力資源總體計劃。
員工招聘	（1）說明工作對人員的要求，為人力資源部門的選聘測試提供依據； （2）面試應聘人員並做出錄用決策。	（1）開展招聘活動，不斷擴大應聘人員隊伍； （2）進行初步篩選並將合格的候選人推薦給部門主管； （3）甄選過程的組織協調工作； （4）甄選技術的開發。
培訓與發展	（1）根據公司及工作要求安排員工，進行指導和培訓； （2）為新的業務的開展評估、推薦管理人員； （3）進行領導和授權，建立高效的工作團隊； （4）對下屬的進步給予評價並就其職業發展提出建議。	（1）準備培訓材料和定向文件； （2）根據公司既定的未來需要就管理人員的發展計劃向總經理提出建議； （3）在規定和實際運作企業質量改進計劃以及團隊建設方面充當訊息源。
績效管理	（1）運用公司的評估表格對員工進行績效考核； （2）績效考核面談。	（1）開發績效考核工具； （2）組織考核，匯總處理考核結果，保存考核記錄。
薪酬管理	（1）向人力資源部門提供各項工作性質及相對價值方面的訊息，作為薪酬決策的基礎； （2）決定給下屬獎勵的方式和數量。	（1）實施工作評估程序，決定每項工作在公司的相對價值； （2）開展薪資調查，瞭解同樣或近似的職位在其他公司的工資水平； （3）在獎金和工資計劃方面向一線經理提出建議； （4）開發福利、服務項目，並跟一線經理協商。

表1-4(續)

職能	直線部門主管	人力資源管理部門
勞動關係	（1）營造相互尊重、相互信任的氛圍，維持健康的勞動關係； （2）堅持貫徹勞動合同的各項條款，確保公司的員工申訴程序按勞動合同和有關法規執行，申訴的最終裁決在對上述情況進行調查後做出； （3）跟人力資源管理部門一起參與勞資談判； （4）保持員工與管理者之間溝通管道暢通，使員工能瞭解公司大事並能通過多種管道發表。	（1）分析導致員工不滿的深層原因； （2）對直線主管進行培訓，幫助他們瞭解和理解勞動合同條款及法規方面易犯的錯誤； （3）在如何處理員工投訴方面向直線主管提出建議，幫助有關各方就投訴問題達成最終協議； （4）向直線主管介紹溝通技巧，促進上行與下行的溝通。
員工保險與安全	（1）確保職工在紀律、解雇、職業安全等方面受到公平對待； （2）持續不斷地指導員工養成並堅持安全工作的習慣； （3）發生事故時，迅速、準確地提供報告。	（1）開發確保員工能受到公平對待的程序，並對直線主管進行培訓，使他們掌握這一程序； （2）分析工作，以制定安全操作規程並就機械防護裝置等安全設備的設計提出建議； （3）發生事故時，迅速實施調查、分析原因、就事故預防提出意見，並向「職業安全與健康管理」組織提交必要的報表。

第三節　人力資源管理未來發展的趨勢

一、人力資源外包

隨著市場競爭的日益加劇，速度和效益成為企業生存和發展的關鍵，相應地對企業人力資源管理轉變職能、提高效率提出了更高層次的要求，而人力資源管理外包正越來越顯示出其重要意義。外包之後，企業內部的人力資源管理者將用更多的精力去解決對企業價值更大的管理實踐的開發以及戰略經營夥伴的形成等，既有利於企業專注於自身核心業務，又有利於企業充分利用外包服務商的專業化服務獲得規模效益。

（一）人力資源外包的概念

人力資源外包（HRO）是指企業根據需要將某一項或幾項人力資源管理工作或職能外包出去，交由其他企業或組織進行管理，以降低人力成本，實現效率最大化。總體而言，人力資源管理外包將滲透到企業內部的所有人事業務，包括人力資源規劃、製度設計與創新、流程整合、員工滿意度調查、薪資調查與方案設計、培訓工作、勞動仲裁、員工關係、企業文化設計等方方面面。

（二）人力資源外包的種類及其運用

人力資源外包是一個總的概念。一般來說，人力資源外包包括人力資源業務流程外包、人力資源諮詢外包、勞務派遣和勞動關係外包。

1. 人力資源業務流程外包

人力資源業務流程外包是通過將技術性人力資源工作轉移給外部服務商，而使得企業自身更專注於戰略性人力資源管理工作，有利於提升人力資源管理的戰略價值。從目前來看，人力資源業務流程外包主要涉及員工招聘外包、員工培訓外包、薪資與福利管理外包和績效管理外包。

（1）員工招聘外包。代招代聘的做法由來已久，並在仲介行業得到廣泛的使用。但是，仲介行業的代招代聘只是針對低層次的員工，對其要求不是很高，仲介機構和用人單位之間也沒有硬性的約束。隨著人力資源相關法律法規以及外部環境的不斷變化給企業的招聘政策、招聘工作帶來的較大風險，企業就不斷需要技術能力型並符合企業發展需要的人員。這時候，招聘工作不能再是臨時性、短期性和盲目性的。此時，企業可以採用外包的方式求助於專業化的人力資源外包機構，為企業設計招聘體系。

（2）員工培訓外包。企業人力資源開發的主要任務之一就是培訓。在員工培訓過程中，培訓設計方面的工作可以外包給專業培訓公司來完成，因為優秀的專業培訓公司通常擁有人力資源管理各方面的專家，他們能夠建立起一整套可以普遍適用於多家企業的綜合性專業知識、經驗和技能。當然，在培訓的實施過程中也需要企業內部培訓的專業人員、經理和其他輔助人員的參與，因為他們比外部人員更熟悉本企業的情況，對員工具有更好地示範效果和親和力，兩者結合可以更好地完成培訓的工作。

（3）薪酬與福利管理外包。薪酬體系的設計和發放以及員工的福利管理向來是人力資源管理部門最基本的業務。目前，中國很多企業採用銀行代發工資的形式，這並不是外包服務所指的薪酬管理。外包意義的薪酬管理包括了兩個方面：一方面，由專業人力資源機構進行符合企業發展需要的薪酬方案設計和員工的績效考核；另一方面，配合企業內部人力資源管理規劃要求，分析行業薪酬數據，制訂具有激勵機制且符合企業成本控制需求的薪酬方案。方案確定之後，根據員工的績效考核結果，制訂薪酬發放標準，並代為發放工資。薪酬管理的一項長期動態工作，如果伴隨著企業發展狀態、行業薪酬標準浮動、員工表現等各方面因素，由第三方的專業機構代為跟蹤操作，可以確保員工的薪酬時刻處於公平狀態。

（4）績效管理外包。員工工作的好壞、績效的高低直接影響著組織的整體效率和效益。因此，掌握和提高員工的工作績效水平是企業經營管理者的一項重要職責，而強化和完善績效管理系統是企業人力資源管理部門的一項戰略性任務。但對許多公司而言，績效考核和管理都是一項非常不易的工作，不僅僅是因為工作量大，非標準的考核指標設計也往往會導致結果的無效性，而最終會影響員工的心理穩定。外包的出現可以比較好地解決這個問題，將企業的績效考核體系設計外包給專門的人力資源管理公司，而公司的人力資源部協助考核，可以確保公正公平。

總體來說，進行人力資源業務流程外包可以將企業的人力資源部從技術層次的人力資源管理中解放出來，從而更好地專注戰略性的人力資源管理問題。人力資源外包公司可以提供比較專業化的服務，從而幫助企業發展。同時，人力資源業務流程外包也會給公司帶來些不利影響。企業一旦選擇將部分甚至全部的技術性人力資源管理工作外包，就必須對外部服務商建立一種有效的管理機制，避免企業內部人力資源管理與外包服務商的工作脫節。

2. 人力資源諮詢外包

人力資源諮詢外包也可以當成人力資源外包的一種，它與人力資源流程外包在使用範圍方面有一定的相似性，只不過它是以顧問的形式而非參與管理與執行來幫助企業建立人力資源戰略或者人力資源管理體系（人力資源流程外包是要外包公司參與到用人單位的管理中來的）。人力資源諮詢外包涉及的方面主要包括人力資源治理模式、人力資源規劃、組織再造、人力資源業務流程設計以及職位、績效、薪酬體系設計等。人力資源諮詢是一種服務商對企業進行人力資源管理理念、方法與技術的知識轉移，並且往往是一次性的服務。

人力資源諮詢外包的內容也涉及人力資源管理的各大模塊，但與人力資源業務流程外包相比，人力資源諮詢外包的範圍更加廣泛。對於中小型企業來說，採用人力資源諮詢外包的方式來進行公司的人力資源管理，也是一個實用的方法。

在中國，由於絕大多數企業還處於人力資源理念的導入階段，尚未建立起有效的人力資源管理體系，這使得人力資源諮詢業務獲得了廣闊的發展空間。有調查表明，人力資源諮詢已成為中國管理諮詢行業市場份額最大的業務領域。

3. 勞務派遣和勞動關係外包

勞務派遣和勞動關係外包是中國人才市場近期根據市場需求而開辦的新的人才仲介服務項目，是一種新的用人方式，可跨地區、跨行業進行。用人單位可根據自身工作和發展的需要，通過正規勞務公司，派遣所需要的各類工作人員。實行勞務派遣後，實際用人單位和勞務派遣公司簽訂勞務派遣合同，勞務派遣公司和勞務人員簽訂勞動合同，實際用人單位與勞務人員簽訂勞務協議，雙方之間只有使用關係，沒有聘用合同關係。從某種意義上講，勞動關係外包是隨著勞務派遣的產生而產生的，用人單位實行勞務派遣的同時也就意味著用人單位將員工與公司的關係外包給了派遣公司。

勞務派遣和勞動關係外包使很多公司都受益頗多，多家大型企業都實行了這種人力資源外包。在具體的操作過程中，勞務派遣和勞動關係外包一般分為兩種模式，即完全派遣和轉移派遣。完全派遣就是由人力資源管理公司進行外包一條龍服務，從人才的招聘，到勞動合同的簽訂都是由勞務派遣公司執行，用人單位只要給出條件和標準就可以了。轉移派遣就是把企業現有員工給外包出去，由派遣公司與他們簽訂合同，並由派遣公司負責員工的薪資福利、處理勞動糾紛等事項。當前市場上實行的勞務派遣和勞動關係外包大多屬於後者，而且其實施對象主要是針對中低層的員工，對於高端人才還不太適應。

人力資源業務流程外包、人力資源諮詢外包以及勞務派遣和勞動關係外包是人力資源外包的三大板塊，通過人力資源外包可以給企業帶來新的活力，幫助企業規避用人風險。但是任何事情都不是絕對的，外包也是一把雙刃劍，如果處理得當，則能促進公司的發展；反之，也能給公司帶來風險。就當前人力資源外包市場而言，還存在著許多不規範，需要各用人單位在實際運用中注意。

閱讀案例 1-3

索尼公司成功的人力資源外包管理

索尼公司在美國擁有 14,000 名員工，人力資源專員分佈在 7 個地點，儘管投資開

發「PEOPLESOFT」軟件，但索尼公司仍不斷追求發揮最佳技術功效，索尼公司最需要的是更新其軟件系統，來縮短其預期狀態與現狀之間的差距。

在索尼公司找到翰威特公司之前，索尼公司人力資源機構在軟件應用和文本處理方面徘徊不前，所有人力資源應用軟件中，各地統一化的比率僅達到18%。索尼公司人力資源小組意識到，他們不僅僅需要通過技術方案來解決人力資源問題，還需要更有效地管理和降低人力資源服務成本，並以此提升人力資源職能的戰略角色。

正是基於此，索尼公司決定與翰威特公司簽訂外包合同，轉變人力資源職能。翰威特公司認為這將意味著對索尼公司的人力資源機構進行重大改革，其內容不僅限於採用新技術，翰威特公司還可以借此契機幫助索尼公司提高人力資源的質量、簡化管理規程、改善服務質量並改變人力資源部門的工作日程，進而提高企業績效。

在這樣的新型合作關係中，翰威特公司提供人力資源技術管理方案和主機、人力資源用戶門戶，進行內容管理。這樣索尼公司可以為員工和經理提供查詢所有的人力資源方案和服務內容提供方便。此外，翰威特公司提供綜合性的客戶服務中心、數據管理支持及後臺軟件服務。

索尼公司與翰威特公司合作小組對轉變人力資源部門的工作模式寄予厚望。員工和部門經理期望更迅速、簡便地完成工作，而業務經理們則期望降低成本和更加靈活地滿足變動的經營需求。

此項目的最大的節省點在於人力資源管理程序和政策的重新設計及標準化，並通過為員工和經理提供全天候的人力資源數據、決策支持和交易查詢服務，使新系統大大提高效能。經理們將查詢包括績效評分和人員流動率在內的員工數據，並將之與先進的模式工具進行整合和分析。這些信息將有助於經理制定更加縝密、及時的人員管理決策。經理們可以借此契機提高人員及信息管理質量，進而對企業經營產生巨大的推進作用。

項目啟動後，索尼公司與翰威特公司通力合作，通過廣泛的調查和分析制訂了經營方案，由此評估當前的環境，並確定一致的、優質的人力資源服務方案對於索尼公司經營結果的影響。

索尼公司實施外包方案之後，一些效果已經初見端倪。除整合、改善人力資源政策之外，這一變革項目還轉變了索尼公司80%的工作內容，將各地的局域網、數據維護轉換到人力資源門戶網的系統上，數據接口數量減少了2/3。新型的匯報和分析能力將取代原有的、數以千計的專項報告。

到第二年，索尼公司的人力資源部門將節省15%左右的年度成本，而到第五年時，節省幅度將高達40%左右。平均而言，5年期間的平均節省資金額度可達25%左右。

索尼公司現在已經充分認識到通過外包方式來開展人力資源工作的重要性，因為可以由此形成規模經濟效應並降低成本。此外，人力資源外包管理將人力資源視為索尼公司網路文化的起點。人力資源門戶將是實施索尼公司員工門戶方案的首要因素之一。索尼公司也非常高興看到通過先行改造人力資源職能來進行電子化轉變。

（資料來源：索尼人力資源外包管理［EB/OL］. (2004-10-14) [2016-11-10]. http://www.jakj.com.cn/anli/16891.html.）

二、「互聯網+」時代人力資源管理發展的新趨勢

2015年3月，李克強總理在政府工作報告中首次提出「互聯網+」行動計劃。現在越來越多的互聯網企業利用新技術開始進入傳統行業，而傳統行業的企業也不再固守舊的經營理念，嘗試利用互聯網等高科技手段來謀求發展。強調跨界與融合的「互聯網+」也已經日益滲透到了企業的經營管理中，激發企業進行管理變革。在「互聯網+」時代，層級式的組織框架已經漸漸被內部互動協同關係網路所取代，傳統的人力資源管理方式已經不足以應對，為了更好地發揮員工的個體能動性和創造性，企業需運用互聯網思維創新人力資源管理模式。

(一) 組織變革，上級與下屬間界限逐步弱化

在「互聯網+」時代，人力資源傳統的組織會發生巨大變化，組織扁平化、自組織、創客組織等多種新興組織形式層出不窮。互聯網的介入使得企業各部門間人員的溝通交流方式發生了巨大的變化。「互聯網+」時代，企業與其說是一個等級分工明確的組織，倒不如說是一個信息共享、人人平等的社區。信息溝通平臺的建立意味著每個員工都擁有了話語權，這使得「去中心化」的扁平組織結構的發展成為可能，領導與下屬的界限進一步弱化，任何層級的人都可能成為組織的核心人物。

海爾集團的張瑞敏提出：「沒有成功的企業，只有時代的企業。」海爾集團「企業無邊界，管理無領導，供應鏈無尺度」，實際上就是企業去中心化思維對企業的認識。小米公司倡導的合夥人組織、扁平化管理、去關鍵績效指標（KPI）驅動以及強調員工自主責任驅動都是人力資源管理在「互聯網+」時代的反應。

(二) 價值鏈實現人力資源的共享

在「互聯網+」時代，員工和客戶的界限在不斷模糊，客戶也在為企業創造價值，比如「米粉」在小米論壇上的各種吐槽，都在為小米手機的設計開發和定位提供源源不斷的動力；百度地圖上客戶對地點位置提交錯誤報告，還能獲得百度地圖的獎勵，客戶在幫助百度地圖改進地圖精確度，提高產品質量。

人才價值創造也在不斷延伸，同在一個生態鏈的企業之間通過價值鏈實現人力資源的共享，企業之間人力資源開發相互嵌套，銷售企業人員通過信息反饋機制來幫助製造企業改進生產質量、提高產品品質。同樣，生產企業的產品設計員工深入銷售企業一線，共同挖掘客戶信息，共同為客戶提供滿意的產品和服務。企業人力資源管理在「互聯網+」時代通過各種網路平臺，讓企業各層人員參與企業的人力資源產品和服務的設計與體驗，人力資源管理突破了企業邊界，以文化整合的方式延伸至企業各個層級的人脈資源，為企業創造更大的價值，甚至成為利潤的直接創造者。

(三) 大數據幫助人力資源管理決策

「互聯網+」時代，大數據的出現使得人力資源管理進入到量化管理的階段，大數據技術貫穿於人力資源的選、用、育、留等各個環節，使得人力資源管理在人才庫的跟蹤體系更具備可控性。基於對大數據的分析，企業可以發現本企業真正需要的人才，做出正確的招聘決策；可以對員工能力和崗位要求進行最佳的匹配，充分發揮員工的能力；可以明確員工的需要與訴求，制定合理的薪酬和福利政策；可以客觀公正地評

價員工工作，使績效考核結果獲得員工的認可，提高員工對企業和工作的滿意度。此外，大數據在為人力資源管理決策提供依據的同時，也提高了人力資源管理的決策速度和決策質量。

(四) 知識型人才成為企業招聘重點

「互聯網+」時代的到來，使互聯網充分深入到企業的各個部門、崗位。企業的研發、生產、銷售、財務等部門通過互聯網相連，形成一個互通的網路結構，各部門的工作和部門與部門之間的交流溝通普遍通過互聯網實現，員工再不能僅僅依靠自己的勞動來完成工作任務。與此同時，技術的高速發展使企業內穩定的、機械性的、重複性的工作逐步被機器取代，企業不再需要提供大量廉價勞動力的員工。傳統的人力資源觀念開始改變，員工開始成為企業的一項資本，如何充分調動和發揮人力資本的作用，使員工為企業創造更大的收益，成為企業人力資源部門所要首先解決的問題。在這種情況下，企業開始更加注重員工的智力和創造力，知識型人才成為企業的招聘的重點。

(五) 跨界思維，無邊界管理，構建人力資源價值創造網

「互聯網+」時代是一個「有機生態圈」的時代，從金字塔式、命令式的協同方式到自動交互協同，流程化、團隊化會變得更重要。人與崗位之間、人與人之間在以組合交互的方式進行勞動方式和合作方式的創新。可能是圍繞客戶的一個問題、圍繞客戶的價值創造來形成不同的團隊，打破部門界限和崗位職責界限，管理也相應地要轉變為流程管理和團隊管理。這就需要人力資源管理具有跨界思維。向上，人力資源管理要承接企業的戰略和業務變革的需求，人力資源管理將不斷碰觸和影響企業戰略，並站在越來越具有戰略性的角度來管理人力資源，規劃人力資源管理活動，引導人力資源管理行為，成為戰略夥伴和變革推動者。向下，人力資源管理必須密切關注員工的需求和目標，尤其是面對工作場所新生代員工的挑戰。人力資源管理部門要關注員工的需求，成為員工支持者。向左向右，人力資源管理正尋求更有效地支持企業主要業務活動的方式，扮演業務部門的合作夥伴，幫助一線經理帶隊伍，創造高績效。向內，人力資源管理向縱深發展必然帶來越來越突出的專長化、精細化和獨特化。向外，人力資源管理跨越傳統邊界與外界組織、社會進行交換，無論跨越的邊界是有形的組織邊界、地區邊界、國家邊界、家庭邊界，還是無形的文化邊界、力量邊界。

在「互聯網+」時代，人才資源在企業中的重要性不斷突顯，而在這樣的時代背景下，人力資源管理者必須轉變視角，重塑管理模式，變更管理手段，以更好地支持企業戰略，結合企業業務，激勵員工、激活組織、引爆企業能量，幫助企業實現企業「互聯網+」轉型。

【本章小結】

西方現代企業製度的發展和成熟以及市場經濟的不斷深化，是促進人力資源管理理論和實踐不斷趨於繁榮的催化劑。進入 20 世紀 90 年代之後，經濟全球化、網路經濟、知識經濟以及與之相伴的人才爭奪戰終於將人力資源管理的地位和作用推向了一

個新的高潮。

　　本章主要介紹了人力資源以及人力資源管理的相關基礎知識，重點介紹了人力資源管理的含義及主要職能。同時，本章還詳細介紹了人力資源管理的產生和發展、人力資源管理部門與其他直線部門在人力資源管理工作中的職責區分以及互聯網新形勢下，人力資源管理工作的變化及創新等重要內容。本章為廣大讀者深入瞭解人力資源管理的相關知識進行了積極引導，提高了大家對人力資源管理工作的認識和重視，也為後續章節的學習奠定了理論基礎。

【簡答題】

1. 人力資源的含義是什麼？
2. 如何理解人力資源的數量和質量？
3. 如何區別人力資源和人力資本兩個概念？
4. 人力資源管理的含義是什麼？
5. 人力資源管理的主要職能有哪些？
6. 如何區分人力資源管理部門和直線部門在人力資源管理工作中的主要職責？
7. 論述人性假設理論在人力資源管理工作中的有效運用。
8. 論述激勵理論在人力資源管理工作中的有效運用。
9. 什麼是人力資源外包，其主要的種類有哪些？
10. 論述互聯網新形勢下的人力資源管理工作的挑戰。

【案例分析題】

華為公司的人力資源管理

　　華為公司自1987年創辦以來，在20多年的時間裡，成長為世界通信設備產業的領先企業，這不能不引起人們的關切：華為公司為什麼能在世界高科技領域後來居上？華為公司是靠什麼成長起來的？追根溯源，華為的成長來自於它的核心競爭力，而核心競爭力源自它的核心價值觀，即以客戶為中心，以奮鬥者為本，長期艱苦奮鬥。

　　華為公司創始人任正非一貫倡導的艱苦奮鬥精神是華為公司從小到大、從弱到強的基礎價值觀，或者叫最原始的文化基因，但如何讓十多萬富於不同個性與不同人格的知識分子認可並奉行不悖，就必須以奮鬥者為本。這是一種赤裸裸的交換原則，但這恰恰是商業的本質所在。華為公司推行的「工者有其股」不是簡單的「市場經濟條件下的社會主義大鍋飯」，而是有差別的、建立在奮鬥文化基因之上的、科學化的人力資源激勵政策。任正非表示：「華為沒有可以依存的自然資源，唯有在人的頭腦挖掘出大油田、大森林、大煤礦……」當把15萬知識型人才聚集在一起的時候，人們才會深切地感到，儘管技術很重要，資本很重要，但更重要的還是人力資源管理。

一、選才

（一）最合適的，就是最好的

　　企業招聘人才，不應該只是選擇最優秀的人才，而是要尋找到最合適的人才，這

樣才是「最好的」。因為最優秀的人才只是擁有了最優秀的能力，但如果無法融入企業工作和企業文化中，也會讓企業浪費人才資源。在華為公司裡，「合適」的標準是企業目前需要什麼樣的人和崗位需要什麼樣的人。前者更看重於人才的興趣、態度和個性，後者偏向於人才的能力和素質。企業與人才的雙向合適，才有可能實現雙方共同發展。

（二）招聘思路要因時而變、因地制宜

企業在不同的發展階段，會有不同的人才需要，為了適應不同發展階段的需要，就要求採取不同的招聘思路，否則就可能會限制企業人才的成長，甚至是影響企業發展。在華為公司的發展歷程中，其早期的招聘思路只是在小範圍內來尋找需要的人才，而且還是偏向於技術類的人員。隨著華為公司的快速發展，以前的招聘思路遠遠無法適應當前的發展需要，因此從20世紀末開始，華為公司將招聘的思路轉向了高校畢業生群體，引進高學歷的專業人才。而從21世紀初開始，華為公司的業務開始走向國際化後，華為公司再次將招聘思路偏重於配備國際化的人才。因此，發展階段不同的企業，要根據不同的發展階段，採取相應的招聘思路，這樣才可以使企業在不同的發展階段順利實現企業的目標。

（三）主導兩種招聘途徑

在華為公司的招聘途徑中，主要有校園招聘和社會招聘兩個途徑。在校園招聘，華為公司看重的是大學生的可塑性；而面向社會進行招聘的時候，華為公司主要看重的是對專業技術的掌握程度和實際操作能力。這兩種招聘途徑可以為華為公司源源不斷地輸送人才。

二、育才

（一）入職培訓

華為公司為了讓招來的眾多大學生能夠快速適應工作，在入職前重點進行了培訓。華為公司的入職培訓主要有五個部分，分別是軍事訓練、企業文化、車間實習、技術培訓和市場演習。軍事訓練的培訓理念與華為公司創始人任正非有很大的關係，但這種軍事訓練可以讓剛剛走出校園的大學生改變很多不好的習慣，並快速走上崗位。其他的培訓內容都在一定程度上為大學生入職提供了很大的幫助。

（二）全員導師制。現在很多企業都有實行「導師制」的培訓方式，但這種培訓方式有明顯效果的卻寥寥無幾，而華為公司的「全員導師制」，不僅可以讓新員工在華為公司順利開展工作，而且還可以幫助導師實現自身的發展。

（三）企業文化培訓

華為公司的企業文化，是一種「狼性」的文化價值觀，但就是這種文化，才讓華為公司實現了快速發展。而華為公司為了讓新進的員工融入華為公司的企業氛圍、工作環境，都會重點做好企業方面的培訓，讓新進的員工真正成為「華為人」。

三、激才

（一）高薪激勵

華為公司能夠吸引如此多的高素質人才加入，與華為公司的高薪激勵密不可分。華為公司支付給大學生的薪酬，遠遠高於行業的平均水平，使得眾多高素質的人才紛紛流向華為公司，而這些高素質的人才也為華為公司的發展創造了源源不斷的價值和利潤。的確，有付出，才有產出。如果企業過於「摳門」，只在乎眼前的高成本支出，

不去加大投入引進人才，那麼企業的發展只能停留在原地，甚至還會被對手超越。

（二）股權激勵

在中國企業裡，華為公司是極少的實行持股的企業，而股權激勵更是實現了華為公司的不斷發展。實行股權激勵，一方面可以吸引人才，另一方面可以激勵人才的發展，從而創造更大的價值。不過，實行股權激勵，也要根據企業的發展性質和高層的戰略謀劃，不可隨波逐流，合適的激勵模式才會達到最好的激勵效果。

（三）內部創業

華為公司的內部創業模式在中國企業裡也同樣是稀少的。人才流動是企業發展的重要保障。華為公司實行了一種內部的創業機制。華為公司允許和鼓勵有志向創業的員工，申請作為華為公司的代理商，並可以獲得華為公司提供的設備使用期等，讓離開的員工可以與華為公司共同取得發展。

四、留才

（一）輪崗制

華為公司不會由於員工績效差就輕易將其解雇，而是會採取輪崗制的形式，讓員工在不同的崗位上獲得改進的空間。假如輪崗的員工多次無法適應新的崗位，那麼華為公司也會並提供其他的工作機會，幫助員工繼續就業。可以看出，華為公司是一家十分愛惜人才的企業，會採取多種方式來為員工找到最合適的崗位，來達到雙贏的結果。

（二）離職面談

對於華為公司不想失去的員工，華為公司會利用一切辦法，對想要離職的員工好好進行離職面談，詢問離職的主要原因，並給予關心。直到無法讓員工回心轉意的時候，華為公司才會很友好地接受員工的離職。

思考題：
1. 有效的人力資源管理對企業的發展有何作用？
2. 華為公司在人力資源管理方面做了哪些工作？
3. 華為公司的人力資源管理實踐給其他企業能帶來哪些啟示？

【實際操作訓練】

實訓項目：人力資源狀況評價。

實訓目的：使學會運用人力資源數量與質量的內涵，瞭解中國或某地區的人力資源狀況。

實訓內容：查閱相關資料，瞭解、分析和評價中國或某地區的人力資源總體狀況。

第二章　組織設計與工作分析

開篇案例

王強到底要什麼樣的工人

「王強，我一直想像不出你究竟需要什麼樣的操作工人。」江山機械公司人力資源部負責人李進說，「我已經給你提供了4位面試人選，他們好像都還滿足工作說明中規定的要求，但你一個也沒有錄用。」「什麼工作說明？」王強答道，「我所關心的是找到一個能勝任那項工作的人。但是你給我提供的人都無法勝任，而且我從來就沒有見過什麼工作說明。」

李進遞給王強一份工作說明，並逐條解釋給他聽。他們發現，要麼是工作說明與實際工作不相符，要麼是規定以後，實際工作又有了很大變化。例如，工作說明中說明了有關老式鑽床的使用經驗，但實際中所使用的是一種新型數控鑽床。為了有效地使用這種新機器，工人們必須掌握更多的數控知識。

聽了王強對操作工人必須具備的條件及應當履行職責的描述後，李進說：「我想我們現在可以寫一份準確的工作說明，以其為指導，我們就能找到適合這項工作的人。讓我們今後加強工作聯繫，這種狀況就再也不會發生了。」

問題與思考：
1. 王強認為人力資源部找來的4位面試人選都無法勝任，根本原因在哪裡？
2. 工作說明書在招聘中有何重要作用？

第一節　組織設計與組織結構

一、組織設計

（一）組織設計的概念

組織設計是指組織進行專業分工和建立使各部門相互有機協調配合的系統結構的過程，也就是對組織的結構和活動進行創構、變革和再設計的過程。

組織設計通過創構柔性靈活的組織，動態地反應外在環境變化的要求。組織設計能夠在組織演化成長的過程中，有效積聚新的組織資源；同時，協調好組織中部門與部門之間、人員與任務之間的關係，使員工明確自己在組織中應有的權力和應擔負的責任，有效地保證組織活動的開展，最終保證組織目標的實現。

(二) 組織設計的主要內容

1. 工作劃分

工作劃分是指根據目標一致和效率優先的原則，將達成組織目標的總的任務劃分為一系列各不相同又相互聯繫的具體工作任務。

2. 部門設置

部門設置是指根據各個崗位所從事的工作內容的性質以及崗位間的相互關係，依照一定的原則，可以將各個崗位組合成被稱為部門的管理單位。組織活動的特點、環境和條件不同，劃分部門所依據的標準也是不一樣的。對同一組織來說，在不同時期的背景下，劃分部門的標準也可能會不斷調整。

3. 組織結構設計

每個組織都需要一個組織結構，組織結構是在崗位形成和部門設計的基礎上，根據組織內外能夠獲取的人力資源，對初步設計的部門和崗位進行調整，並平衡各部門、各崗位的工作量，以使組織的結構合理。一個組織的結構可以採用不同的形式清楚地加以表達，這些組織形式可以按模式進行選擇。

4. 崗位設置與人員配備

崗位設置是指通過對組織目標的分析，明確組織任務，並且通過對任務的分解和綜合，形成完成任務所需的最小的組織單位，即崗位。崗位設置與人員配備需要通過對工作任務的分析，明確每個崗位的任務範圍、崗位承擔者的責職權利以及應具備的素質要求等。

在實際工作中，存在「三定」，但「三定」的具體內容卻隨情況不同而有變化。例如，在1998年中央政府機構改革中，「三定」是指定機構、定職能、定編制；而在企業中，「三定」一般包括定崗、定編、定員。此外，還存在「雙定」管理的說法，是指勞動定額管理和定員管理。在實際工作中，我們要根據具體情況分析確定定崗、定員的具體指向。

二、部門設置

企業不斷發展壯大，職能越來越多，分工越來越細，當職能分工細到一定程度的時候，一個層次的管理就不行了，這時必須把職能相近或者靠近的崗位合在一起，進行部門的設置。部門對下屬崗位具有計劃、組織、指揮的權力。部門設置主要有以下幾種方法：

(一) 按人數設置

這是一種最簡單的設置方法，即每個部門規定一定數量的人員，由主管人員指揮其完成一定的任務。這種設置方法的特點是只考慮人力因素，這種設置方法在企業的基層組織的部門設置中使用較多，如每個班組人數的確定。

(二) 按時間設置

這種設置方法也常用於基層組織設置。例如，許多工業企業按早、中、晚三班制進行生產活動，那麼部門設置也是早、中、晚三套。這種設置方法適用於那些正常的工作日的產出不能滿足市場需求的企業。

（三）按職能設置

這種設置方法是根據生產專業化原則，以工作或任務的性質為基礎來設置部門的。這些部門被分為基本的職能部門和派生的職能部門。基本的職能部門處於組織機構的首要一級，當基本的職能部門的主管人員感到管理幅度太大，影響到管理效率時，就可將本部門的任務細分，從而建立派生的職能部門。這種設置方法的優點是遵循了分工和專業化原則，有利於充分調動和發揮企業員工的專業才能，有利於培養和訓練專門人才，提高企業各部門的工作效率。這種設置方法的缺點是各職能部門容易從自身利益和需要出發，忽視與其他職能部門的配合，各部門橫向協調較差。

（四）按產品設置

這種設置方法設置的部門是按產品或產品系列來組織業務活動。這樣能發揮專業設備的效率，部門內部上下關係容易協調；各部門主管人員將注意力集中在特定產品上，有利於產品的改進和生產效率的提高。但是這種設置方法使產品部門的獨立性比較強而整體性比較差，加重了主管部門在協調和控制方面的負擔。

（五）按地區設置

相比較而言，這種設置方法更適合於分佈地區分散的企業。當一個企業在空間分佈上涉及地區廣泛，並且各地區的政治、經濟、文化、習俗等存在差別並影響到企業的經營管理，這時就將某個地區或區域的業務工作集中起來，委派一位主管人員負責。這種設置方法的優點是因地制宜，取得地方化經營的優勢效益。這種設置方法的缺點是需要更多的具有全面管理能力的人員；增加了最高層主管對各部門控制的困難，地區之間不易協調。

（六）按服務對象設置

這種設置方法多用於最高層主管部門以下的一級管理層次中的部門設置。其根據服務對象的需要，在分類的基礎上設置部門。例如，生產企業可設置專門服務於家庭的部門、專門服務於企業的部門等。這種設置方法的優點是提供服務針對性強，便於企業從滿足各類對象的要求出發安排活動。這種設置方法的缺點是按這種設置方法組織起來的部門，主管人員常常列舉某些原因要求給予特殊照顧和優待，從而使這些部門和按照其他方法組織起來的部門之間的協調發生困難。

（七）按技術或設備設置

這種設置方法常常和其他設置方法結合起來使用。這種設置方法的優點在於能經濟地使用設備，充分發揮設備的能力，便於設備的維修和材料供應，同時也有利於發揮專業技術人員的特長。

閱讀案例2-1

華為部門劃分結構

1. 市場系統

市場系統按地域先分為國內和海外，國內又分為深圳總部和各省（市）辦事處；海外又分為國內深圳總部和各大洲地區部。市場系統按工作分工又可以分為客戶系統

和產品系統。

深圳總部包括國內、海外客戶和產品系統的總部機關。國內包括各目標營運商（電信、網通、移動、聯通等）系統部的總部和各產品（交換、光網路、智能網等）國內系統部的總部。海外包括國際行銷（客戶）和產品國際（產品）的總部。深圳總部還有負責客戶接待（最為一些不明真相的人誤解）的客戶工程部。當然，個別小部門的總部不在深圳而在北京。

國內辦事處基本位於各直轄市及省會城市，大連、青島等地也有小辦事處。各辦事處的工作目標就是銷售，分客戶線（負責各營運商）和產品線（負責各產品）。各線人員算各部門深圳總部的派出人員，又直接受辦事處主任管理。

海外地區部包括亞太、中東北非、獨聯體、南部非洲、拉美、北美、歐洲、東太平洋（按地理應該叫西太平洋，因為管轄的是日本、韓國、澳洲等亞太發達地區，但當時起名時不知怎麼弄反了，就一直將錯就錯）。各海外地區部又在各個國家或地區設了辦事處，也分客戶線和產品線。

2. 技術支援系統

技術支援系統包括深圳總部和各國辦事處以及海外地區部的派出機構，按維護產品不同分為各產品部，負責產品的售後服務。技術支援系統總人數在 2,000~3,000 人（為降低成本，該部門的工作不少由外包公司負責，稱為合作方）。

3. 研發系統

研發系統負責華為各產品的研發，是華為最龐大的系統，人數在 10,000 人左右，還不包括相當數量的外包人員。研發系統分為深圳總部和各地研究所，根據產品的不同分為交換接入、光網路、智能網、數通、多媒體等。後來又改為固網、無線、智能等，不管名字怎麼改，基本上還是按產品劃分。各地研究所側重點不同，比如北京側重數通、上海側重無線等。華為在海外也有不少研究所，包括在印度、美國、俄羅斯、瑞典等的研究所。

4. 財務系統

財務系統包括深圳總部和各辦事處派出機構。

5. 中試系統

中試系統全稱為中間試製部，是為了保證產品質量在研發和生產系統間插入的一個部門。

6. 生產系統

生產系統作為一線部門，主要是負責生產華為所有產品的部門。

7. 市場財經系統

市場財經系統是負責貨款回收的，應該隸屬於市場系統，由於回款的地位很重要，因此單列出來。

8. 秘書和文員

秘書和文員不是一個單獨的部門，而是分佈在各個系統中的。秘書是有華為正式員工資格的，學歷一般是大學本科或研究生。文員不是華為正式員工，而是隸屬於和華為有合作關係的秘書公司，一般是大專畢業。華為除了副總裁以上的高管外，基本上沒有領導個人秘書，秘書大多是部門秘書，一般負責部門的考勤、會議紀要、日常

事務等。文員主要負責一些簡單的重複性工作。

9. 管理工程部

管理工程部負責華為信息技術系統的建設和維護。

(資料來源：華為部門劃分結構［EB/OL］.（2014-07-24）［2016-11-10］. http://www.docin.com/p-871553467.html.）

三、組織結構設計

組織結構是為了完成組織目標而設計的，是指組織內各構成要素以及它們之間的相互關係。組織結構是對組織複雜性、正規化和集權化程度的一種量度。組織結構的本質是組織好員工的分工協作關係，其內涵是人們在職、責、權方面的結構體系。常見的組織結構有以下幾種形式：

(一) 直線制

直線制組織結構是企業發展初期一種最簡單的組織結構，如圖 2-1 所示。

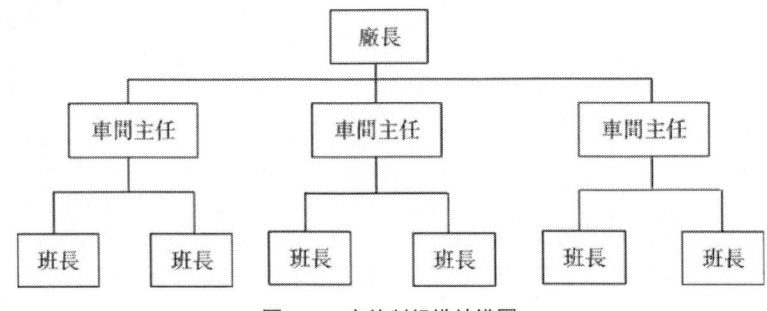

圖 2-1 直線制組織結構圖

1. 特點

領導的職能都由企業各級主管一人執行，上下級權責關係呈一條直線。下屬單位只接受一個上級的指令。

2. 優點

結構簡化，權力集中，命令統一，決策迅速，責任明確。

3. 缺點

沒有職能機構和職能人員當領導的助手。在規模較大、管理比較複雜的企業中，主管人員難以具備足夠的知識和精力來勝任全面的管理，因而不能適應日益複雜的管理需要。

這種組織結構形式適合於產銷單一、工藝簡單的小型企業。

(二) 職能制

職能制組織結構與直線制恰恰相反，職能制組織結構如圖 2-2 所示。

1. 特點

企業內部各個管理層次都設職能機構，並由許多通曉各種業務的專業人員組成。各職能機構在自己的業務範圍內有權向下級發布命令，下級都要服從各職能部門的

指揮。

2. 優點

不同的管理職能部門行使不同的管理職權，管理分工細化，從而能大大提高管理的專業化程度，能夠適應日益複雜的管理需要。

3. 缺點

政出多門，多頭領導，管理混亂，協調困難，導致下屬無所適從；上層領導與基層脫節，信息不暢。

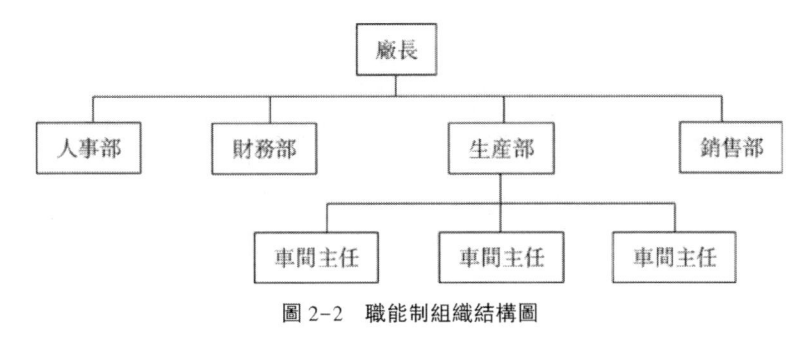

圖 2-2　職能制組織結構圖

(三) 直線職能制

直線職能制組織結構吸收了以上兩種組織結構的長處而彌補了其不足，如圖 2-3 所示。

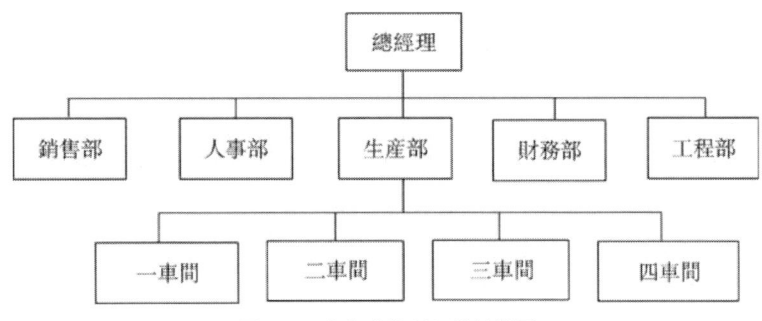

圖 2-3　直線職能制組織結構圖

1. 特點

直線職能制組織結構下，企業的全部機構和人員可以分為兩類：一類是直線機構和人員；另一類是職能機構和人員。直線機構和人員在自己的職責範圍內有一定的決策權，對下屬有指揮和命令的權力，對自己部門的工作要負全面責任；而職能機構和人員，則是直線指揮人員的參謀，對直線部門下級沒有指揮和命令的權力，只能提供建議和在業務上進行指導。

2. 優點

直線職能制組織結構下，各級直線領導人員都有相應的職能機構和人員作為參謀和助手，因此能夠對本部門進行有效的指揮，以適應現代企業管理比較複雜和細緻的特點，而且每一級又都是由直線領導人員統一指揮，滿足了企業組織的統一領導原則。

3. 缺點

直線職能制組織結構下，職能機構和人員的權力、責任究竟應該占多大比例，管理者不易把握。

直線職能制在企業規模較小、產品品種簡單、工藝較穩定又聯繫緊密的情況下，優點較為突出；但對於大型企業，產生或服務品種繁多、市場變幻莫測，就不適應了。

（四）事業部制

事業部制是目前國外大型企業通常採用的一種組織結構。事業部制組織結構如圖2-4所示。

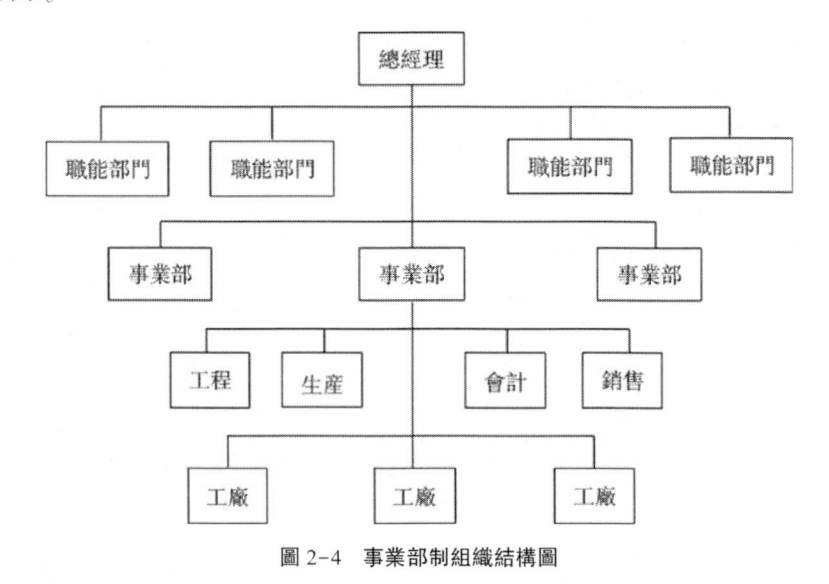

圖 2-4　事業部制組織結構圖

1. 特點

事業部制要求把企業的生產經營活動，按照產品或地區的不同，建立經營事業部。每個經營事業部是一個利潤中心，在總公司領導下，獨立核算、自負盈虧。

2. 優點

事業部制有利於調動各事業部的積極性，事業部有一定經營自主權，可以較快地對市場做出反應，一定程度上增強了適應性和競爭力；同一產品或同一地區的產品開發、制造、銷售等一條龍業務屬於同一主管，便於綜合協調，也有利於培養有整體領導能力的高級人才；公司最高管理層可以從日常事務中擺脫出來，集中精力研究重大戰略問題。

3. 缺點

各事業部容易產生本位主義和短期行為；資源的相互調劑會與既得利益者發生矛盾；人員調動、技術及管理方法的交流會遇到阻力；企業和各事業部都設置職能機構，機構容易重疊，並且費用增大。

事業部制適用於企業規模較大、產品種類較多、各種產品之間的工藝差別較大、市場變化較快以及要求適應性強的大型聯合企業。

(五) 矩陣制

矩陣制組織結構如圖2-5所示。

1. 特點

矩陣制組織結構既有按照管理職能設置的縱向組織系統，又有按照規劃目標（產品、工程項目）劃分的橫向組織系統，兩者結合，形成一個矩陣。橫向系統的項目組所需工作人員從各職能部門抽調，這些人既接受本職能部門的領導，又接受項目組的領導，一旦某一項目完成，該項目組就撤銷，人員仍回到原職能部門。

2. 優點

矩陣制組織結構加強了各職能部門間的橫向聯繫，便於集中各類專門人才加速完成某一特定項目，有利於提高成員的積極性。在矩陣制組織結構內，每個人都有更多機會學習新的知識和技能，因此有利於個人發展。

3. 缺點

矩陣制組織結構由於實行項目和職能部門雙重領導，當兩者意見不一致時則令人無所適從；工作發生差錯也不容易分清責任；人員是臨時抽調的，穩定性較差；成員容易產生臨時觀念，影響正常工作。

矩陣制組織結構適用於設計、研製等創新型企業，如軍工、航空航天工業企業。

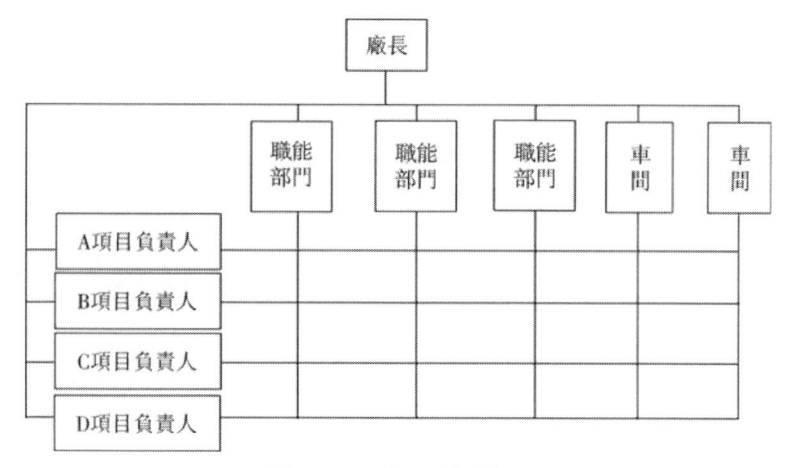

圖 2-5 矩陣制組織結構圖

(六) 多維立體制

多維立體制組織結構是在矩陣制組織結構的基礎上發展起來的。多維立體制組織結構如圖2-6所示。

多維立體制組織結構是系統理論在管理組織中的一種應用。其主要包括：

第一，按產品劃分的事業部——產品事業利潤中心。

第二，按職能劃分的專業參謀機構——專業成本中心。

第三，按地區劃分的管理機構——地區利潤中心。

通過多維立體結構，可以把產品事業部經理、地區經理和總公司參謀部門這三者較好地統一和協調成管理整體。多維立體制組織結構形式適合於規模巨大的跨國公司

或跨地區公司。

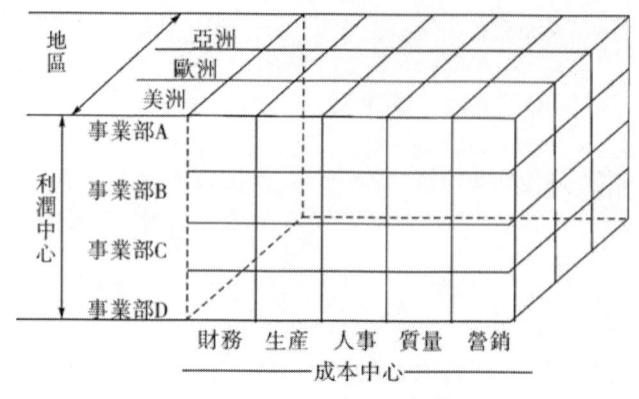

圖 2-6　多維立體制組織結構圖

閱讀案例 2-2

海爾集團組織結構的變革

海爾集團的前身是 1955 年組織起來的一個手工業生產合作社，海爾集團創立於 1984 年，由兩個瀕臨倒閉的集體制小廠發展起來。1984 年，張瑞敏出任廠長時，企業共有員工 800 人，嚴重虧損，經過 30 多年的持續穩定發展，現已成為世界第四大「白色家電」製造商、中國最具價值品牌。「海爾」旗下現擁有 240 多家法人單位，並在全球 30 多個國家和地區建立了本土化的設計中心、製造基地和貿易公司，全球員工總數超過 5 萬人，重點發展科技、工業、貿易、金融四大支柱產業，現已發展成為全球營業額超過 1,000 億元規模的跨國企業集團。但任何事從來都不是一蹴而就的，海爾集團的成長也是一步一個腳印走過來的，經過多次組織變革，才有了如今管理製度成熟的海爾集團。

20 世紀 80 年代，「海爾」同其他企業一樣，實行的是工廠制。隨著企業做大做強，業務不斷發展，「海爾」的組織結構也隨著企業戰略目標的轉移和市場環境的變化而改變。從實現「海爾」名牌戰略的職能型結構，到實現「海爾」多元化戰略的事業本部結構，再到實現「海爾」國際化戰略的流程型網路結構，「海爾」走過了一條組織創新之路。

第一階段：直線職能型組織管理

直線職能型結構是使用最早也是最為簡單的一種結構，是一種集權式的組織結構形式，又稱為軍隊式結構。其特點是組織中各種職位是按垂直系統直接排列的，各級行政領導人執行統一指揮和管理職能，不設專門的職能機構。這種組織結構設置簡單、權責分明、信息溝通方便，便於統一指揮、集中管理。直線職能型結構就像一個金字塔，最下面是普通員工，最上面是廠長、總經理。直線型職能結構的好處是比較容易控制終端。在「海爾」規模還比較小時，由於各部門間的聯繫長期不發生大的變化，使得整個組織系統有較高的穩定性，有利於管理人員重視並熟練掌握本職工作的技能，從而強化了專業管理，提高了工作效率。這一時期，「海爾」組織架構模式的效能在

「日事日畢、日清日高」為特徵的「OEC 管理模式」（全方位優化管理模式）下達到了頂峰。

但隨著企業的發展，這種模型的劣勢也日益凸顯，即對市場的反應太慢。隨著「海爾」多元化戰略進程的推進，直線職能制的弊端對「海爾」多元化戰略產生了阻礙。第一，多元化經營加重了企業高層管理者的工作負擔，這種工作負擔主要集中於各個產品或服務之間的決策、協調，容易顧此失彼；第二，直線職能制下的高度專業化分工使各個職能部門眼界狹窄，導致橫向協調比較困難，妨礙部門間的信息溝通，不能對外部環境的變化及時做出反應，適應性較差；第三，直線職能制下的員工專業化發展不利於培養素質全面的、能夠經營整個企業的管理人才，從而在對多元化經營特別是新經濟增長的機會把握上帶來損失。

由此可見，企業的組織結構體系對企業的發展十分重要，如果組織結構體系不能跟上企業總的發展戰略的步伐，必將阻礙企業的發展，錯失良機，對企業產生不可挽回的損失。正是基於這些弊端，在多元化經營戰略下，「海爾」的組織架構由原有的直線職能制開始向事業部（事業本部）模式進行轉變。

第二階段：進入產品多元化戰略階段後，實行矩陣型管理、事業部制管理

矩陣型組織結構是由縱橫兩套管理系統組成的組織結構。一套是縱向的職能領導系統，另一套是為完成某一任務而組成的橫向系統。矩陣型組織結構把組織的縱向聯繫和橫向聯繫很好地結合起來，加強了職能部門之間的協作與配合；有較強的機動性，能根據特定需要和環境活動的變化，保持高度的適應性；把不同部門、不同專長的專業人員組織在一起，有利於互相啓發、集思廣益，有利於攻克各種複雜的技術難題。

事業部制組織，亦稱 M 形組織，是以目標和結果為基準來進行部門的劃分和組合的。事業部的主要特點是集中政策，分散經營，即在集權領導下實行分權管理。這種組織結構形式，就是在總公司的領導下，按產品或地區分別設立若干事業部，每個事業部都是獨立核算單位，在經營管理上擁有很大的自主權。事業部有其本身的管理部門，自行經營其單位的業務，從而使得事業部在快速變化或複雜的環境下，能夠更加快速積極地回應市場，決策也更加快捷並符合市場實際情況。同時，由於事業部往往會採取以產品、地區或是以客戶群進行劃分，這就帶來了清晰的產品責任和聯繫環節，從而使各事業部能夠專注於不同的產品、地區或顧客群的發展，更加有效地實現讓顧客滿意的效果。事業部自身會設立較為完整的相關職能部門，在事業部內部這種跨職能的高度協調，可以更加有利於培養和考驗經理人擔任高級管理職務的能力，從而為企業的快速發展奠定了人力資源的基礎。

海爾集團於 1996 年開始實行事業部制，這是在組織領導方式上由集權制向分權制轉化的一種改革，首創於 20 世紀 20 年代美國通用公司和杜邦公司。經過第二階段的調整，海爾集團的組織結構可以描述為：集團總部是決策的發源地，管轄一些職能中心；下邊是事業部，事業部是一個利潤中心，是市場競爭的主體。事業部制高度分權，對市場銷售具有有效刺激。但是，在多元化經營環境下，隨著時代的發展，其不可避免的一些缺點也漸漸顯露，如各事業部自主經營、獨立核算，考慮問題往往從本部出發，忽視整個企業的利益，影響事業部間的協作；各個事業部都需要設置一套職能結構，因而失去了職能部門內部的規模經濟效應；事業部基於自身產品或服務進行自身能力

的構建，往往會導致產品線之間缺乏協調，失去了深度競爭力和技術專門化，產品線間的整合與標準化變得更加困難；等等。

雖然海爾集團對分權大小有自己的考慮，對夕陽型的產業盡可能分權劃小經營單位，讓其隨行就市；對朝陽型的產業則集中人力、財力，做大規模，確保其競爭力。但在企業發展的大趨勢下，還是給海爾集團的發展帶來了新的問題，即如何為實現企業戰略構建更加有效感知客戶需求並更加有效利用有限的資源以快速滿足客戶需求？

第三階段：市場鏈管理模式——國際化戰略下的組織架構

為了應對網路經濟和加入世界貿易組織帶來的挑戰，「海爾」從1998年就開始實施以市場鏈為紐帶的業務流程再造。在第一個五年中，「海爾」主要實現了組織結構的再造：變傳統企業金字塔式的直線職能結構，為扁平化、信息化和網路化的市場鏈流程；以訂單信息流為中心，帶動物流、資金流的運動，加快了用戶零距離、產品零庫存和營運零資本的「三零」目標的實現。

為適應國際化經營並實現資源利用效率的提升，2007年海爾集團進行了第二次以子集團形式出現的組織架構調整。新成立的各子集團再次擁有了產供銷資源。這次組織結構的調整是在以業務流程再造為基礎的市場鏈與事業部兩者優勢結合、強化不同產品營運模式的結構變革。子集團架構的變革，更多的是基於適應不同類別產品營運模式差異性以及競爭策略的調整。正如海爾集團內部管理人員所說的：「目的是以產品營運模式為核心，重組現有集團下屬的各個事業部，以提高營運的效率。」在流程型組織架構的管理模式下，海爾集團以物流、商流推進事業本部進行統一管理可能就會過多地考慮統一性而不是不同產品營運模式之間的差異性。

以子集團形式出現的組織架構，既吸收事業部制模式的部分優勢，同時又通過產品線在子集團內部的組合，規避了事業部制模式的弊端，如重複建制的相類似職能部門。例如，以前「海爾」的冰箱、空調、洗衣機事業本部都各自有公關公司，進行品牌或者產品推廣活動，新組織架構調整後，白電營運集團將會選擇一家公關公司幫助它對所有「白色家電」進行市場推廣活動，這樣能夠節約宣傳成本，將「白色家電」統籌進行宣傳，也更有助於「海爾」整體品牌形象的提升。同時，在事業部模式下，由於各種因素的影響，各事業部之間不可避免地會有資源的衝突，這時就必須有另一載體——集團總部來協調這些資源衝突。在原有事業部下，由於個別事業本部之間產品及資源需求的雷同性帶來集團總部調撥資源的難度，而隨著同類型產品線劃分在同一子集團之下，各產品線之間的資源共享和協同作戰能力則得到加強。

2010年，海爾集團實施全球化品牌戰略進入第五年。很久沒有張瑞敏針對管理模式的聲音了，在過去的中國企業幾輪模式變革中，海爾集團一直處於前端，是中國企業學習的目標。張瑞敏帶著他的全新管理模式再次站到風口浪尖，接受考驗。在探索新管理模式的過程中，海爾集團結合互聯網發展趨勢，推出了「倒三角」組織結構、虛實網結合的零庫存下的即需即供商業模式以及業務流程再造等新的管理實踐模式。海爾集團似乎從不走可借鑑的探索路線。新模式的推行，或許顯得更加艱難。《經理人》雜誌對海爾集團的這一大膽嘗試表示讚同，並稱「零度創新」是一套適應中國企業發展新階段，並且可持續的創新哲學和創新方法，是中國企業未來持續成長的「金鑰匙」。

第四階段：組建五大平臺

2014年，海爾集團的全球營業額達到了2,007億元，同比增長11%；實現利潤150億元，同比增長39%。規模如此龐大的企業的組織架構調整，對市場的反應速度和營運效率的提升可能是其目的和方向之一。海爾集團組織架構變革的主要內容，就是重新在海爾集團下面組建五大平臺，即家電轉型平臺、物流平臺、房地產平臺、文化產業平臺、PU平臺。

其中，家電轉型平臺主要是包括原來「690」和「1169」產業集團的家電業務，統帥品牌的相應業務也納入家電轉型平臺。物流和房地產平臺比較容易理解，而文化產業平臺就是原來海爾集團的文化中心，財務、行政及人力相應的業務和職能則被整合為PU平臺。

從市場操作和產品營運層面上來看，海爾集團此輪架構調整的一個明顯變化是，將原來「690」和「1169」兩大產業集團存在競爭重合的業務全部納入「690」的範疇，並讓「1169」迴歸至物流服務職能。「1169」主要是指海爾集團香港上市公司海爾電器，「日日順」是「1169」的核心平臺。從2006年開始，海爾集團陸續將其旗下的物流、分銷、售後服務及相關配套產業整合至「日日順」。「690」則主要是指海爾集團在A股市場的上市公司青島海爾，海爾集團的核心產業，如冰箱、洗衣機、空調等均為「690」的營業收入主體。

據口碑家電網瞭解到，「海爾」此次組織架構變革，另外一個意願是解決全國各個工貿公司與原「690」「1169」平臺之間的業務摩擦。經過調整之後，「690」主管產品，而「1169」主抓渠道。

當然，組織架構的變革不可避免地會帶來人事的變動。據口碑家電網瞭解到，曾經在美的空調擔任過區域銷售公司總經理、美的空調總部國內行銷總經理的段振威成了海爾空調國內市場銷售的負責人，段振威也曾在科龍、TCL等大型家電企業有過相應的工作經歷。

企業的組織架構調整一般都是圍繞著矩陣式或事業部模式進行搭配和組合，海爾集團經過此次組織架構變革，仿佛構建了一個類事業部模式的管理及營運架構。在家電產業進入新常態發展階段，內外銷市場的環境已經發生了巨大的變化，傳統的經驗、方式已經失效。與此同時，海爾集團「人單合一」模式進入2.0階段，經過此番結構重組，有利於海爾集團在全新的移動互聯網時代提升內部效率和市場反應速度。

（資料來源：海爾集團組織結構的變革［EB/OL］.（2012-11-13）［2016-11-10］. http://www.docin.com/p-525454329.html.）

四、定崗定編定員

（一）定崗定編定員的基本含義

定崗定編是確定崗位和確定崗位編制的合稱，前者是設計組織中的承擔具體工作的崗位，而後者是設計從事某個崗位的人數。在實際工作中，這兩者是密不可分的，當一個崗位被確定之後，就會自動有人的數量和質量的概念產生。有的企業還把與定崗有關的人員素質的問題單獨提出來，稱之為定員。定員與定崗定編一起被稱為「三定」。定崗定編是處在不斷探討之中的一個問題，它並沒有一個固定的模式，各企業根

據自身的情況在不同的時期運用不同的方法。

(二) 崗位設置的常用形式

定崗定編定員中的定崗，即崗位設置工作，在具體設計中可用的形式有很多，歸納起來，常用的有三種：基於任務的崗位設置、基於能力的崗位設置和基於團隊的崗位設置。

1. 基於任務的崗位設置

這是指將明確的任務目標按照工作流程的特點層層分解，並用一定形式的崗位進行落實。這種做法的好處是崗位的工作目標和職責簡單明了、易於操作，到崗者經過簡單培訓即可開始工作。同時，這種做法也便於管理者實施監督管理，在一定時期內會有很高的效率。在這種形式下，企業內部的崗位管理主要是採用等級多而細的職位等級結構，員工只要在本崗位上做到一定的年限而不出大錯就能被提級加薪。但這種崗位設置的缺點是只考慮任務的要求而往往忽視在崗者個人的特點，員工個人往往成為崗位的附庸。這種形式在機器化大工業時代顯得十分突出：操作工在長長的流水線旁日復一日不停地重複同一種動作，時間一長，員工的積極性往往會一落千丈。

2. 基於能力的崗位設置

基於能力的崗位設置是將明確的工作目標按照工作流程的特點層層分解到崗位。但崗位的任務種類是複合型的，職責也比較寬泛，相應地對員工的工作能力要求要全面一些。這種設置的好處是崗位的工作目標和職責邊界比較模糊，使員工不會拘泥於某個崗位設定的職責範圍內，從而有發揮個人特長的餘地，進而使企業具有應對市場變化的彈性。在這種形式下，企業內部的崗位管理常常採用的是「寬帶」管理，即各崗位之間的等級越來越寬泛。

3. 基於團隊的崗位設置

基於團隊的崗位設置是一種更加市場化、客戶化的設置形式。其採用以為客戶提供總體附加值（總體解決方案）為中心，把企業內部相關的各個崗位組合起來，形成團隊進行工作。其最大特點是能迅速回應客戶、滿足客戶的各種要求；同時，又能克服企業內部各部門、各崗位自我封閉、各自為政的毛病。對在崗者來說，在一個由各種技能、各個層次的人組合起來的團隊中工作，不僅可以利用集體的力量比較容易地完成任務，而且可以從中相互學到許多新的東西，也能經常保持良好的精神狀態。顯然，這是一種比較理想的崗位設置形式。但是，這種形式對企業內部的管理、協調能力要求很高，否則容易出現混亂。目前基於團隊的崗位設置的應用還不夠普及，更多是在那些項目型的公司中應用，如軟件設計、系統集成、諮詢服務、仲介服務、項目設計、工程施工等。這種崗位設置形式的人員確定往往也是採用根據客戶要求特點進行組合的方式。

(三) 定編定員的主要方法

1. 勞動效率定編法

勞動效率定編法是指根據生產任務和員工的勞動效率以及出勤等因素來計算崗位人數的方法。這實際上就是根據工作量和勞動定額來計算員工數量的方法。因此，凡是實行勞動定額的人員，特別是以手工操作為主的崗位，都適合用這種方法。

定編人數＝計劃期生產任務總量÷(員工勞動定額×出勤率)

定編人數＝生產任務×時間定額÷(工作時間×出勤率)

示例 2-1：

某企業每年需生產某零件 565,890 個，年平均出勤率為 96%，求技術工人定編人數？

答案：(1) 如果以產量定額計算，每個技術工人的產量定額為 16 個/天。

定編人數＝565,890 個÷[16 個/天×(365 天－2 天休息/周×52 周－11 天法定假)×0.96]＝147（人）

(2) 如果以時間定額計算，加工每個產品需要 0.5 小時。

定編人數＝565,890 個×單位產品的時間定額 0.5 小時÷[8 小時×(365－2×52－11 天）×0.96]＝147（人）

2. 業務數據分析法

業務數據包括銷售收入、利潤、市場佔有率、人力成本等。業務數據分析法是根據企業的歷史數據和戰略目標，確定企業在未來一定時期內的崗位人數；根據企業的歷史數據，將員工數據與業務數據進行迴歸分析，得到迴歸分析方程；根據企業短期、中期、長期業務發展目標數據，確定人員編制。

業務數據分析法流程圖如圖 2-7 所示：

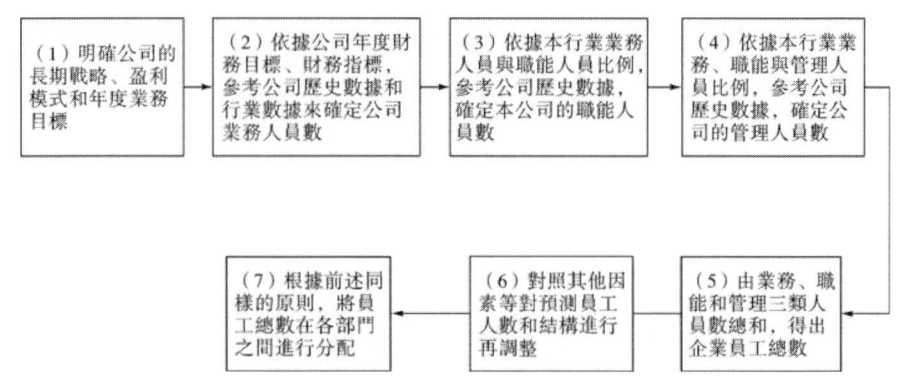

圖 2-7 業務數據分析法流程圖

示例 2-2：

假設某公司今年利潤目標為 3,000 萬元，公司業務人員總數為 24 人；歷史數據業務管理人員與業務人員的比例為 1：5.61，市場數據為 1：4.98；業務人員與職能人員的比例為 1：5.23，市場數據為 1：5.61；非管理人員與管理人員（有下屬的員工）的比例為 1：4.92，市場數據為 1：5.83。該公司第二年利潤目標預計要達到 5,000 萬元，那麼其人員需求量為多少？

答案：(1) 第二年業務員人數＝5,000 萬元÷125 萬元＝40（人）

(2) 確定業務人員中管理人員的人數，歷史數據業務管理人員與業務人員的比例為 1：5.61，市場數據為 1：4.98，則算出第二年業務管理人員的人數為 6 人 [40÷(1+5.61)]。

(3) 該公司的業務人員與職能人員的比例為 1：5.23，市場數據為 1：5.47（如果市場數據較高，則取公司與市場數據的平均數），則算出第二年職能人員總數應為 214

人（該公司第二年業務人員人數為40×5.35）。

（4）如果確定第二年該公司職能人員總數為214人（其中包括各級管理人員），該公司非管理人員與管理人員（有下屬的員工）的比例為1：4.92，市場數據為1：5.83，則該公司定的比例為1：5.37［取二者平均值（4.92+5.83）÷2］，第二年管理人員總數應為34人［214÷(1+5.37)］，包括班組長、工段長和各級主管、經理人］。

（5）計算可得該公司第二年人員需求量為254人（業務員數40人+職能人員214人）。

3. 本行業比例法

本行業比例法是指按照企業職工總數或某一類人員總數的比例來確定崗位人數的方法。在本行業中，由於專業化分工和協作的要求，某一類人員與另一類人員之間總是存在一定的比例關係，並且隨著後者的變化而變化。該方法比較適合各種輔助和支持性崗位定員，如人力資源管理類人員與業務人員之間的比例在服務業一般為1：100。

其計算公式如下：

$$M = T \times R$$

其中，M為某類人員總數，T為服務對象人員總數，R為定員比例。

4. 按組織機構、職責範圍和業務分工定編的方法

這種方法一般是先確定組織機構和各職能科室，明確各項業務分工及職責範圍以後，根據業務工作量的大小和複雜程度，結合管理人員和工程技術人員的工作能力和技術水平確定崗位人數的方法。管理人員的定編受到多種因素的影響，如本人的能力、下屬的能力、受教育程度、工作的標準化程度和相似程度、工作的複雜程度、下屬工作之間的關聯程度以及環境因素等。

5. 預算控制法

預算控制法是通過人工成本預算控制在崗人數，而不是對某一部門內的某一崗位的具體人數做硬性的規定。部門負責人對本部門的業務目標和崗位設置和員工人數負責，在獲得批准的預算範圍內，自行決定各崗位的具體人數。由於企業的資源總是有限的，並且是與產出密切相關的，因此預算控制對企業各部門人數的擴展有著嚴格的約束。

第二節　工作分析與工作設計

一、工作分析的概念

工作分析是對組織中某個特定職務的設置目的、任務或職責、權力和隸屬關係、工作條件和環境、任職資格等相關信息進行收集與分析，對該職務的工作做出明確的規定，並且確定完成該工作所需的行為、條件、人員的過程。

工作分析包括兩部分活動：一是對組織內各職位所要從事的工作內容和承擔的工作職責進行清晰的界定；二是確定各職位所需要的任職資格，如學歷、專業、年齡、技能、工作經驗、工作能力以及工作態度等。工作分析的結果一般體現為工作說明書。

二、工作分析的流程

工作分析是一項技術性很強的工作，需要進行周密的準備。同時，工作分析還需要具有與組織人事管理活動相匹配的科學的、合理的操作程序。

（一）準備階段

由於工作分析人員在進行分析時，要與各工作現場或員工接觸，因此工作分析人員應該先行在辦公室內研究該工作的書面資料。同時，工作分析人員要協調好與工廠主管人員之間的合作關係，以免導致發生摩擦或誤解。這一階段主要應解決以下問題：

1. 建立工作分析小組

小組成員通常由分析專家構成。所謂分析專家，是指具有分析專長，並對組織結構及組織內各項工作有明確概念的人員。一旦小組成員確定之後，要賦予他們進行分析活動的權限，以保證分析工作的協調和順利進行。

2. 明確工作分析的總目標、總任務

這要求根據總目標、總任務，對企業現狀進行初步瞭解，掌握各種數據和資料。

3. 明確工作分析的目的

有了明確的目的，才能正確確定分析的範圍、對象和內容，規定分析的方式、方法，並弄清應當收集什麼資料、到哪兒去收集以及用什麼方法去收集。

4. 明確分析對象

為保證分析結果的正確性，應該選擇有代表性、典型性的工作。

5. 建立良好的工作關係

為了搞好工作分析，還應做好員工的心理準備工作，建立起友好的合作關係。

（二）計劃階段

分析人員為使研究工作迅速有效，應制訂執行計劃；同時，要求管理部門提供有關的信息。無論這些信息來源與種類如何，分析人員應將其予以編排，也可用圖表方式表示。計劃階段包括以下幾項內容：

1. 選擇信息來源

信息來源的選擇應注意如下事項：

（1）不同層次的信息提供者提供的信息存在不同程度的差別。

（2）工作分析人員應站在公正的角度聽取不同的信息，不要事先存有偏見。

（3）使用各種職業信息文件時，要結合實際，不可照搬照抄。

2. 選擇收集信息的方法和系統

信息收集的方法和分析信息適用的系統由工作分析人員根據企業的實際需要靈活運用。由於分析人員有了分析前的計劃，對可省略和重複之處均已瞭解，因此可節省很多時間。但是分析人員必須切記，這種計劃僅僅是預定性質的，以後必須將其和各單位實際情況相驗證，才不至於導致錯誤。

（三）分析階段

工作分析是收集、分析、綜合組織某個工作有關的信息的過程。也就是說，該階段包括信息的收集、分析、綜合三個相關活動，是整個工作分析過程的核心部分。

工作分析的項目主要如下：

1. 工作名稱

工作名稱必須明確，使人看到工作名稱，就可以大致瞭解工作內容。如果該工作已完成了工作評價，在工資上已有固定的等級，則名稱上可加上等級。

2. 雇用人員數目

同一工作所雇用工作人員的數目和性別應予以紀錄。若雇用人員數目經常變動，其變動範圍應予以說明；若所雇人員是輪班使用，或分兩個以上工作單位，也應分別說明，由此可瞭解工作的負荷量及人力配置情況。

3. 工作單位

工作單位是顯示工作所在的單位及其上下左右的關係，也就是說明工作的組織位置。

4. 職責

所謂職責，就是這項工作的權限和責任有多大，主要包括以下幾方面：

（1）對原材料和產品的職責；

（2）對機械設備的職責；

（3）對工作程序的職責；

（4）對其他人員的工作職責；

（5）對其他人員合作的職責；

（6）對其他人員安全的職責。

5. 工作知識

工作知識是為圓滿完成某項工作，工作人員應具備的實際知識。這種知識應包括任用後為執行其工作任務所需獲得的知識以及任用前已具備的知識。

6. 智力要求

智力要求是指在工作執行過程中所需運用的智力，包括判斷、決策、警覺、主動、積極、反應、適應等。

7. 熟練與精確度

熟練與精確度因素適用於需用手工操作的工作，雖然熟練程度不能用量來衡量，但熟練與精確度關係密切，在很多情況下，工作的精確度可用允許的誤差加以說明。

8. 機械設備工具

在從事工作時，所需使用的各種機械、設備、工具等，其名稱、性能、用途，均應紀錄。

9. 經驗

工作是否需要經驗，如需要，以何種經驗為主，其程度如何。

10. 教育與訓練

工作是否需要教育和培訓的經歷，如需要，其程度如何。

11. 身體要求

有些工作有必須站立、彎腰、半蹲、跪下、旋轉等消耗體力的要求，應加以記錄並進行具體說明。

12. 工作環境

工作環境包括室內、室外、濕度、寬窄、溫度、震動、油漬、噪聲、光度、灰塵、

突變等，各有關項目都需要進行具體的說明。

13. 與其他工作的關係

這表明該工作與同機構中其他工作的關係，由此可表示工作升遷及調職的關係。

14. 工作時間與輪班

一項工作的時間、工作的天數、輪班的次數都是雇用時的重要信息，均應予以說明。

15. 工作人員特性

工作人員特性是指執行工作的主要能力，包括手、指、腿、臂的力量及靈巧程度以及感覺辨別能力、記憶、計算及表達能力。

16. 選任方法

一項工作，應用何種選任方法，也應加以說明。

總之，工作分析的項目很多，凡是一切與工作有關的資料均在分析的範圍之內，分析人員可視不同的目的，全部予以分析，也可選擇其中必要的項目予以分析。

（四）描述階段

僅僅研究分析一組工作，並未完成工作分析，分析人員必須將獲得的信息予以整理並寫出報告。通常，工作分析獲得的信息以下列方式整理：

1. 文字說明

文字說明是指在深入分析和總結的基礎上，編制工作說明書和工作規範，列舉工作名稱、工作內容、工作設備與材料、工作環境以及工作條件等。

2. 工作列表及問卷

工作列表是把工作加以分析，以工作的內容及活動分項排列，由實際從事工作的人員加以評判或填寫分析所需時間、發生次數以及已瞭解工作內容。列表或問卷只是處理形式不同而已。

3. 活動分析

活動分析實質上就是作業分析，通常是把工作的活動按工作系統與作業順序一一列舉，然後根據每一作業進一步加以詳細分析。活動分析多以觀察與面談的方法對現有工作加以分析，所有的資料作為教育及訓練的參考。

工作分析報告的編排應該根據分析的目的加以選擇，以間斷清晰的字句，撰成說明式的報告初稿，送交有關主管和分管人員，獲取補充建議後，再予以修正定稿。

（五）運用階段

此階段是對工作分析的驗證，只有通過實際的檢驗，工作分析才具有可行性和有效性，才能不斷適應外部環境的變化，從而不斷地完善工作分析的運行程序。組織的生產經營活動是不斷變化的，這些變化會直接或間接地引起組織分工協作體制發生相應調整，從而也相應地引起工作的變化。因此，一項工作要有成效，就必須因人制宜地做些改變。工作分析文件的適用性只有通過反饋才能得到確認，並根據反饋修改其中不適應的部分。因此，工作分析的結果不是一成不變的，需要隨著組織發展不斷修正和完善。

三、工作分析的主要方法

(一) 訪談法

訪談法又稱面談法，是一種應用最為廣泛的職務分析方法。訪談法是指工作分析人員就某一職務或職位面對面地詢問任職者、主管、專家等人對工作的意見和看法。在一般情況下，應用訪談法時可以以標準化訪談格式記錄，目的是便於控制訪談內容及對同一職務不同任職者的回答進行相互比較。

訪談法的優點如下：

（1）可以結合工作者的工作態度與工作動機等較深層次的內容有比較詳細的瞭解。

（2）運用面廣，能夠簡單而迅速地收集多方面的工作資料。

（3）使工作分析人員瞭解到短期內直接觀察法不容易發現的情況，有助於管理者發現問題。

（4）為任職者解釋工作分析的必要性及功能。

（5）有助於與員工溝通，緩解工作壓力。

訪談法的缺點如下：

（1）訪談法要專門的技巧，需要受過專門訓練的工作分析專業人員。

（2）比較費精力費時間，工作成本較高。

（3）收集的信息往往已經扭曲和失真。

（4）訪談法易被員工認為是其工作業績考核或薪酬調整的依據，因此他們會故意誇大或弱化某些職責。

訪談法廣泛運用於以確定工作任務和責任為目的的情況。訪談的內容主要是得到任職者以下四個方面的信息：

（1）工作目標：組織為什麼設置這個工作崗位，並根據什麼給予報酬。

（2）工作的範圍與性質（面談的內容）：工作在組織中的關係，所需的一般技術知識、管理知識和人際關係知識，需要解決問題的性質及自主權，工作在多大範圍內進行，員工行為的最終結果如何度量。

（3）工作內容：任職者在組織中發揮多大作用，其行動對組織的影響有多大。

（4）工作的責任：涉及組織戰略決策、執行等方面的情況，另外要注意訪談的典型提問方式。

示例 2-3：

工作分析的訪談問題樣本

1. 請問您的姓名、職務、職務編號是什麼？
2. 請問您在哪個部門任職？直接上級主管是誰？部門經理是誰？
3. 您所在崗位的目標是什麼？
4. 您工作的主要職責是什麼？請列舉 1~2 個實例。
5. 請問您工作中遇到的最大挑戰是什麼？有其他人員的協助嗎？
6. 您工作中哪些方面容易出錯？錯誤產生的原因主要是什麼？對其他工作有什麼影響？
7. 任職崗位的任職資格要求大致有哪些？例如教育背景、工作經驗等。

8. 您工作中需要和哪些部門的人員接觸？

9. 企業經常從哪些方面對您的工作績效進行考核？您認為從這些方面來考核是否合理，有無改進的建議。

10. 請描述一下您工作的環境，有什麼需要改善的嗎？

11. 您工作中需要哪些設備來開展工作，使用頻率高嗎？

12. 您工作中有什麼不安全的因素嗎？

13. 如果一位新員工擔任此職位，您覺得他大概需要多長時間才能適應？

14. 如果企業進行培訓，您覺得該崗位需要補充哪方面的知識或者提升哪方面的技能？

（二）問卷調查法

問卷調查法是工作分析中最常用的一種方法。具體來說，有關人員事先設計出一套職務分析的問卷，再由員工來填寫問卷，也可由工作分析人員填寫問卷，最後分析人員將問卷加以歸納分析，做好詳細記錄，並據此寫出工作職務描述。

問卷法的優點如下：

（1）費用低、速度快、節省時間，可以在工作之餘填寫，不會影響正常工作。

（2）調查範圍廣，可用於多種目的、多樣用途的職務分析。

（3）調查樣本量很大，適用於需要對很多工作者進行調查的情況。

（4）調查的資源可以量化，由計算機進行數據處理。

問卷法的缺點如下：

（1）設計理想的調查問卷要花費較多時間，人力、物力、費用成本高。

（2）在問卷使用前，應進行測試，以瞭解員工對問卷中所提問題的理解程度，為避免誤解，還經常需要工作分析人員親自解釋和說明，這降低了工作效率。

（3）填寫調查問卷是由被調查者單獨進行，缺少交流和溝通，因此被調查者可能不積極配合、不認真填寫，從而影響調查的質量。

使用調查問卷還要注意以下事項：

（1）使用調查問卷的人員，一定要受過工作分析的專業訓練。

（2）對一般企業來說，尤其是小企業，不必使用標準化的問卷，因為成本太高，可考慮使用定性分析法或開放式問卷。

（3）在調查時，對調查表中的調查項目應進行必要的說明和解釋。

（4）及時回收調查表，以免遺失。

（5）對調查表提供的信息認真鑒定，結合實際情況，做出必要的調整。

（三）觀察法

觀察法是指研究者根據一定的研究目的、研究提綱或觀察表，用自己的感官和輔助工具去直接觀察被研究對象，從而獲得資料的一種方法。科學的觀察具有目的性和計劃性、系統性和可重複性。

使用觀察法時應注意以下原則：

（1）全方位原則。在運用觀察法進行社會調查時，應盡量從多方面、多角度、不同層次進行觀察，收集資料。

（2）求實原則。觀察者必須注意下列要求：

①密切注意各種細節，詳細做好觀察記錄；

②確定範圍，不遺漏偶然事件；

③積極開動腦筋，加強與理論的聯繫。

（3）必須遵守法律和道德原則。

觀察法的優點如下：

（1）它能通過觀察直接獲得資料，不需其他中間環節，因此觀察的資料比較真實。

（2）在自然狀態下的觀察，能獲得生動的資料。

（3）觀察具有及時性的優點，能捕捉到正在發生的現象。

（4）觀察能收集到一些無法言表的材料。

觀察法的缺點如下：

（1）受時間的限制。某些事件的發生是有一定時間限制的，過了這段時間就不會再發生。

（2）受觀察對象的限制。例如，研究青少年犯罪問題，有些團伙一般不會讓別人觀察。

（3）受觀察者本身的限制。一方面，人的感官都有生理限制，超出這個限度就很難直接觀察；另一方面，觀察結果也會受到主觀意識的影響。

（4）觀察者只能觀察外表現象和某些物質結構，不能直接觀察到事物的本質和人們的思想意識。

（5）觀察法不適用於大面積調查。

觀察法可以與訪談法、問卷調查法結合起來運用，具體步驟如下：

（1）初步瞭解工作信息。工作分析人員要檢查現有文件，形成對工作的總體概念，如工作使命、主要任務和作用、工作流程；準備一個初步清單，作為面談的框架；為在數據收集過程中涉及還不清楚的主要項目做一個註釋。

（2）進行面談。工作分析人員最好是首先選擇一個主管或有經驗的員工對其進行面談，因為他們最瞭解工作的整體情況以及各項任務的配合情況，要確保選擇的面談對象具有代表性。

（3）合併工作信息。工作信息的合併是把以下各種信息合併為一個綜合的工作描述：主管、工作者、現場觀察者以及有關工作的書面資料。在合併階段，工作分析人員應該可以隨時獲得補充材料。工作分析人員要檢查最初的任務或問題清單，確保每一項都已得到答案或確認。

（4）核實工作描述。核實階段，工作分析人員要把所有面談對象召集在一起，目的是確定在信息合併階段得到的工作描述的完整性和精確性。核實工作應該以小組的形式進行，工作分析人員把工作描述分發給主管和工作的承擔者。工作分析人員要逐句地檢查整個工作描述，並在遺漏和含糊的地方做標記。

（四）工作日記法

工作日記法是由任職者按時間順序，詳細記錄自己在一段時間內的工作內容與工作過程，經過歸納、分析，達到工作分析的目的的一種工作分析方法。

工作日記法的主要特點如下：

（1）詳盡性。工作日記是在完成工作以後逐日及時記錄的，具有詳盡性的優點。

（2）可靠性。通過工作日記法獲得的工作信息可靠性很高，往往適用於確定有關工作職責、工作內容、工作關係、勞動強度方面的信息。

（3）失真性。工作日記是由工作任職者自行填寫的，信息失真的可能性較大，任職者可能更注重工作過程，而對工作結果的關心程度不夠。運用這種方法進行工作分析對任職者的要求較高，任職者必須完全瞭解工作的職務情況和要求。

（4）繁瑣性。這種方法的信息整理工作量大，歸納工作繁瑣。

工作日記法的優點如下：

（1）信息可靠性強，適於確定有關工作職責、工作內容、工作關係、勞動強度等方面的信息。

（2）工作日記法所需費用較低。

（3）工作日記法對於高水平與複雜性工作的分析比較經濟有效。

工作日記法的缺點如下：

（1）工作日記法將注意力集中於活動過程，而不是結果。

（2）使用這種方法必須要求從事這一工作的人對此項工作的情況與要求最清楚。

（3）工作日記法適用範圍較小，只適用於工作循環週期較短、工作狀態穩定的職位。

（4）信息整理的工作量大，歸納工作繁瑣。

（5）工作執行人員在填寫日記時，會因為不認真而遺漏很多工作內容，從而影響分析結果，在一定程度上填寫日誌會影響正常工作。

（6）若由第三者填寫日記，人力投入量就會很大，不適合分析大量的職務。

（7）存在誤差，需要對記錄分析結果進行必要的檢查。

（五）工作參與法

工作參與法是工作分析人員親自參加工作活動，體驗工作的整個過程，從中可以獲得工作分析的資料。工作分析人員要想對某一工作有一個深刻的瞭解，最好的方法就是親自去實踐，即通過實地考察，可以細緻和深入地體驗、瞭解、分析某項工作的心理因素及工作所需的各種心理品質和行為模型。因此，從獲得工作分析資料的質量方面而言，這種方法比前幾種方法效果好。工作分析人員親自體驗，獲得信息真實，但只適用於短期內可掌握的工作，不適用於需要進行大量的訓練或有危險性工作的分析。

（六）關鍵事件法

關鍵事件法是指確定關鍵的工作任務以獲得工作上的成功。關鍵事件是使工作成功或失敗的行為特徵或事件。關鍵事件法要求分析人員、管理人員、本崗位人員將工作過程中的關鍵事件詳細地加以記錄，並在大量收集信息後，對崗位的特徵和要求進行分析研究的方法。

關鍵事件法是一種常用的行為定向方法。這種方法要求管理人員、員工以及其他熟悉工作職務的人員記錄工作行為中的關鍵事件，即使工作成功或者失敗的行為特徵或事件。在大量收集關鍵事件以後，可以對它們做出分析，並總結出職務的關鍵特徵

和行為要求。關鍵事件法直接描述工作中的具體活動,可提示工作的動態性,既能獲得有關職務的靜態信息,也可以瞭解職務的動態特點,適用於大部分工作。但關鍵事件法歸納事例需要耗費大量時間,易遺漏一些不顯著的工作行為,難以把握整個工作實體。

關鍵事件法研究的焦點集中在職務行為上,因為該行為是可觀察的、可測量的。同時,通過這種職務分析可以確定行為的任何可能的利益和作用。

關鍵事件法的優點如下:

(1) 為向下屬人員解釋績效評價結果提供了一些確切的事實證據。

(2) 確保在對下屬人員的績效進行考察時,所依據的是員工在整個年度中的表現(因為這些關鍵事件肯定是在一年中累積下來的),而不是員工在最近一段時間的表現。

(3) 保存一種動態的關鍵事件記錄還可以獲得一份關於下屬員工是通過何種途徑消除不良績效的具體實例。

關鍵事件法的缺點如下:

(1) 費時。關鍵事件法需要花大量的時間去收集那些關鍵事件,並加以概括和分類。

(2) 關鍵事件的定義是顯著的對工作績效有效或無效的事件,而這就遺漏了平均績效水平。對工作來說,最重要的一點就是要描述「平均」的職務績效。關鍵事件法對中等績效的員工就難以涉及,使得全面的職務分析工作就不能完成。

(3) 關鍵事件法不可單獨作為考核工具,必須跟其他方法搭配使用,效果才會更好。

不同工作分析方法的利弊不同,人力資源管理者在進行具體的工作分析時除要根據工作分析方法本身的優缺點來選取外,還要根據工作分析的目的、工作分析的對象來選擇不同的方法。

四、工作說明書的編寫

(一) 工作說明書的概念

工作說明書是指對崗位工作的性質、任務、責任、環境、處理方法以及對崗位工作人員的資格條件的要求所做的書面記錄。工作說明書是根據崗位分析的各種調查資料,加以整理、分析、判斷所得出的結論,編寫成的一種文件,是崗位工作分析的結果。

工作說明書的外在形式是根據一項工作編制一份書面材料,可用表格顯示,也可用文字敘述。編制工作說明書的目的是為企業的招聘錄用、工作分派、簽訂勞動合同以及職業指導等現代企業管理業務提供原始資料和科學依據。

工作說明書一般由人力資源部門統一歸檔管理。然而,工作說明書的編寫並不是一勞永逸的工作。實際中,企業組織系統內經常出現職位增加、撤消的情況,更常見的情形便是崗位的某項工作職責和內容的變動,甚至於每一次工作信息的變動,都應該及時記錄在案,並迅速反應到工作說明書的調整之中。在遇到工作說明書要加以調整的情況下,一般由崗位所在部門的負責人向人力資源部門提出申請,並填寫標準的工作說明書修改表,由人力資源部門進行信息收集,並對職位說明書做出相應的修改。

(二) 工作說明書的內容

在實際工作當中，隨著公司規模的不斷擴大，工作說明書在制定之後，有必要在一定的時間內進行一定程度的修正和補充，以便與公司的實際發展狀況保持同步。工作說明書的基本格式也要因不同的情況而異，但是大多數情況下，工作說明書應該包括以下主要內容：

1. 工作標示

工作標示包括工作的名稱、編號、工作所屬部門或班組、工作地位、工作說明書的編寫日期和編寫人與審核人以及文件確認時間等項目。

2. 工作綜述

工作綜述是指描述工作的總體性質，即列出主要工作的特徵以及主要工作範圍，應盡量避免在工作綜述中出現籠統的描述，如執行需要完成的其他任務。雖然這樣的描述可以為主管人員分派工作提供更大的靈活度，但實際上，一項經常可以看到的工作內容而不被明確且清晰地寫入工作說明書，只是用「所分配的其他任務」一類的文字來概括，就很容易為迴避責任找到一種托辭。

3. 工作活動和程序

工作活動和程序包括要完成的工作任務、職位責任、使用的工具以及機器設備、工作流程、與其他人的聯繫、接受的監督以及實施的監督等。

4. 工作條件與物理環境

工作條件與物理環境是指要簡要地列出有關的工作條件，包括工作地點的溫度、濕度、光線、噪聲程度、安全條件、地理位置等。

5. 工作權限

工作權限包括工作人員決策的權限和行政人事權限、對其他人員實施監督權以及審批財務經費和預算的權限等。

6. 工作的績效標準

工作說明書中還需要包括有關績效標準的內容，即完成某些任務或工作量所要達到的標準。這部分內容說明企業期望員工在執行工作說明書中的每一項任務時所達到的標準或要求。例如，要確定績效標準，只要把下面的話補充完整就可以了：「如果你做到_____，我會對你的工作很滿意。」對於工作說明書中的每一職責和任務都能按照這句話指引敘述完整，自然就會形成一套較完整的績效標準。

7. 任職資格要求

任職資格要求主要需要說明擔任此職務的人員應具備的基本資格和條件。其主要內容如下：

（1）一般要求，包括年齡、性別、學歷、工作經驗。

（2）身體要求，包括健康狀況、力量與體力、運動的靈活性、感覺器官的靈敏度。

（3）心理要求，包括觀察能力、學習能力、解決問題的能力、語言表達能力、人際交往能力、性格特點、品格氣質、興趣愛好等。

8. 內外軟性環境

內外軟性環境包括工作團隊中的人數、完成工作所要求的人際交往的程度、各部門之間的關係、工作現場內外的文化設施、社會習俗等。

（三）工作說明書的編寫要求

工作說明書在組織管理中的地位極為重要，是人力資源部門與相關用人部門招聘人員和考核的重要決策和參考依據。一份實用性較強的工作說明書應符合下列要求：

1. 清晰明白

在編寫工作說明書時，對於工作的描述必須清晰透澈，讓任職人員讀過以後，可以準確地明白其工作內容、工作程序與工作要求等，無須再詢問他人或查看其他說明材料。工作說明書應避免使用原則性的評價，同時對較專業且難懂的詞彙必須解釋清楚，以免在理解上產生誤差。這樣做的目的是為了使用工作說明書的人能夠清楚地理解這些職責。

2. 具體細緻

在說明工作的種類、複雜程度、任職者必須具備的技能、任職者對工作各方面應負責任等問題時，用詞應盡量選用一些具體的動詞，盡量使用能夠表達準確的語言。例如，運用「安裝」「加工」「設計」等詞彙，避免使用籠統含糊的語言。如果在一個崗位的職責描述上，使用了「處理文件」這樣的詞句，顯然存在含混不清的問題，「處理」究竟是什麼意思呢？需要仔細區分到底是對文件進行分類，還是進行分發。

3. 簡明扼要

整個工作說明書必須簡明扼要，以免由於過於複雜、龐大，不便於記憶。在描述一個崗位的職責時，應該選取主要的職責進行描述，一般不超過10項為宜，對於兼顧的職責可進行必要的補充或說明。

五、工作設計

（一）工作設計的概念

工作設計又稱崗位設計，是指根據組織需要，並兼顧個人的需要，規定每個崗位的任務、責任、權力以及在組織中與其他崗位關係的過程。工作設計是把工作的內容、工作的資格條件和報酬結合起來，目的是滿足員工和組織的需要。工作設計問題主要是組織向其員工分配工作任務和職責的方式問題，工作設計是否得當對於激發員工的積極性、增強員工的滿意感以及提高工作績效都有重大影響。

（二）工作設計的內容

工作設計的主要內容包括工作內容、工作職責和工作關係的設計三個方面。

1. 工作內容

工作內容的設計是工作設計的重點，一般包括工作的廣度、工作的深度、工作的完善性、工作的自主性以及工作的反饋五個方面：

（1）工作的廣度，即工作的多樣性。工作設計得過於單一，員工容易感到枯燥和厭煩，因此設計工作時，應盡量使工作多樣化，使員工在完成任務的過程中能進行不同的活動，保持工作的興趣。

（2）工作的深度。設計的工作應具有從易到難一定的層次性，對員工工作的技能提出不同程度的要求，從而增加工作的挑戰性，激發員工的創造力和克服困難的能力。

（3）工作的完整性。保證工作的完整性能使員工有成就感，即使是流水作業中的

一個簡單程序，也應是全過程，讓員工見到自己的工作成果，感受到自己工作的意義。

（4）工作的自主性。適當的自主權力能增加員工的工作責任感，使員工感到自己受到了信任和重視，認識到自己工作的重要性，使員工工作的責任心增強，工作的熱情提高。

（5）工作的反饋。工作的反饋包括兩方面的信息：一是同事及上級對自己工作意見的反饋，如對自己工作能力、工作態度的評價等；二是工作本身的反饋，如工作的質量、數量、效率等。工作的反饋使員工對自己的工作效果有較為全面的認識，能正確引導和激勵員工，有利於員工工作的精益求精。

2. 工作職責

工作職責的設計主要包括工作責任、工作權力、工作方法以及工作中的相互溝通和協作等方面。

（1）工作責任。工作責任設計就是員工在工作中應承擔的職責及壓力範圍的界定，也就是工作負荷的設定。責任的界定要適度，工作負荷過低，無壓力會導致員工行為輕率和低效；工作負荷過高，壓力過大又會影響員工的身心健康，導致員工的抱怨和抵觸。

（2）工作權力。權力與責任是對應的，責任越大，權力範圍越廣，如若二者脫節，則會影響員工的工作積極性。

（3）工作方法。工作方法設計包括領導對下級的工作方法、組織和個人的工作方法的設計等。工作方法設計具有靈活性和多樣性，不同性質的工作根據其工作特點的不同採取的具體方法也不同，不能千篇一律。

（4）相互溝通。溝通是一個信息交流的過程，是整個工作流程順利進行的信息基礎，包括垂直溝通、平行溝通、斜向溝通等形式。

（5）協作。整個組織是有機聯繫的整體，是由若干個相互聯繫、相互制約的環節構成的，每個環節的變化都會影響其他環節以及整個組織的運行，因此各環節之間必須相互合作、相互制約。

3. 工作關係

組織中的工作關係表現為協作關係、監督關係等。

通過以上三個方面的工作設計，為組織的人力資源管理提供了依據，保證事（崗位）得其人，人盡其才，人事相宜；優化了人力資源配置，為員工創造更能夠發揮自身能力、提高工作效率、提供有效管理的環境保障。

（三）工作設計的主要方法

1. 工作專業化

工作專業化是指一個人工作任務範圍的寬窄和所需技能的多少。工作專業化程度越高，所包含工作任務的範圍就越窄，重複性就越強。因此，一種觀點認為，工作專業化程度越高效率越高。但是工作專業化程度高，意味著所需的工作技能範圍比較窄，要求也不高。反過來，工作專業化程度低，意味著工作任務的範圍比較寬，變化較多，從而也需要有多種技能來完成這些工作。

工作專業化程度高的優點在於：首先，工作人員只需較少的時間就可以掌握工作方法和步驟，工作速度較快，產出較高；其次，其對工作人員的技能和受教育程度的

要求較低，因此人員來源充分，工資水平也不高。

工作專業化程度高也有一定的缺陷：首先，工作任務的細分化不容易做得完美，從而會導致工作的不平衡，工作人員忙閒不均；其次，由於工作環節增多，不同環節之間要求有更多的協作，物流、信息流都較複雜；最後，工作的重複性容易導致效率低下、質量降低等不利的行為結果。

因此，看待工作專業化問題需要具體情況具體分析。對於某些企業、某些工作，工作專業化程度較高是有利的，而對於另外一些企業和工作，可能就相反。在大多數以產品對象專業化為生產組織方式的企業裡，高度工作專業化往往可以取得較好的效果。例如，大量生產方式（汽車、家電）中，裝配線上的工作就適應這種高度工作專業化；反過來，對於主要進行多品種小批量生產的企業來說，工作專業化程度應低一些才能有較強的適應性。

閱讀案例 2-3

沃爾沃汽車公司有4個汽車裝配廠，其中一個工廠的裝配線採取了這樣一種工作方法，即將8~10名工人組成一組，負責總車的裝配。在這樣的一個小組內，每個工人對於裝配線上每道工序的工作都可以勝任，3小時換一次工作內容。這樣的一個工作小組，一天可裝配4輛整車。而傳統的裝配線的工作方法是每人只負責一道工序，該工序的工作也許只用1~2分鐘就可完成，每天大量地重複同樣的工作。該工廠採用這種小組工作方式以後，出現的幾個明顯結果是質量提高、效率提高（裝配一輛整車所需的時間減少）、缺勤率明顯降低（從20%降到8%）。

2. 工作輪換

工作輪換屬於工作設計的內容之一，是指在組織的不同部門或在某一部門內部調動雇員的工作。工作輪換的目的在於讓員工累積更多的工作經驗。工作輪換法是為減輕對工作的厭煩感而把員工從一個崗位換到另一個崗位。這樣做有幾個好處：一是能使員工比日復一日地重複同樣的工作更能對工作保持興趣；二是為員工提供了一個個人行為適應總體工作流的前景；三是使員工個人增加了對自己的最終成果的認識；四是使員工從原先只能做一項工作的專業人員轉變為能做許多工作的多面手。工作輪換並不改變工作設計本身，而只是使員工定期從一個工作崗位轉到另一個工作崗位，這樣使得員工具有更強的適應能力。員工到一個新的工作崗位，往往具有新鮮感，能激勵員工做出更大的努力。日本的企業廣泛實行工作輪換，對於管理人員的培養發揮了很大的作用。

閱讀案例 2-4

國際知名的大企業的工作輪換均已製度化、常態化，成為其人力資源管理的寶典。在摩托羅拉公司，人力資源、行政、培訓、採購等非生產部門的員工多數具備生產管理經驗，這樣不但有利於更好地為生產服務，也有利於管理人員全面掌握公司的情況。在國際商業機器公司（IBM），定期或不定期的輪崗已經成為企業文化的一部分。其「2-2-3」規則，即在一個職位上工作2年，上一年的績效考核是2（良好）以上，用3個月時間處理完原職位的遺留事務之後，就可以輪崗。經過工作輪換，絕大多數人都

將被培養成為能力較全面的複合型管理人才。在豐田公司，各級管理人員每5年調換一次工作，每年的調換的幅度一般為5%左右。在索尼公司，每周出版一次的內部小報經常刊登各部門的「求人廣告」，職員們可以自由而且秘密地前去應聘。這種內部跳槽式的人才流動為人才提供了一種可持續發展的機遇。

由此可見，工作輪換的根本特點即在「動中求變」，印證了來百姓常說的「樹挪死，人挪活」的道理。

3. 工作擴大化

工作擴大化的途徑主要有兩個，即縱向工作裝載和橫向工作裝載。裝載是指將某種任務和要求納入工作職位的結構中。以縱向工作裝載來擴大一個工作職位是指增加需要更多責任、更多權利、更多裁量權或更多自主權的任務或職責。橫向工作裝載是指增加屬於同階層責任的工作內容以及增加目前包含在工作職位中的權力。

工作橫向擴大化的做法是擴展一項工作包括的任務和職責，但是這些工作與員工以前承擔的工作內容非常相似，只是一種工作內容在水平方向上的擴展，不需要員工具備新的技能，因此並沒有改變員工工作的枯燥和單調。工作縱向擴大化是使員工有更多的工作可做，通常這種新工作同員工原先所做的工作非常相似。這種工作設計產生高效率是因為避免了不必要地把產品從一個人手中傳給另一個人手中，從而節約了時間。此外，由於員工完成的是整個產品，而不是單單從事某一項工作，這樣員工在心理上也可以得到安慰。

一些研究者表示，工作擴大化的主要好處是增加了員工的工作滿意度和提高了工作質量。國際商業機器公司聲稱工作擴大化導致工資支出和設備檢查的增加，但因質量改進，職工滿意度提高而抵消了這些費用。美國梅泰格（Maytag）公司聲稱通過實行工作擴大化提高了產品質量，降低了勞務成本，工人滿意度提高，生產管理變得更有靈活性。

4. 工作豐富化

工作豐富化是指在工作中賦予員工更多的責任、自主權和控制權。工作豐富化與工作擴大化、工作輪換不同，它不是橫向增加員工工作的內容，而是垂直地增加工作內容。這樣會讓員工承擔更多的任務、更大的責任，同時員工有更大的自主權和更高程度的自我管理，還有對工作績效的反饋。工作豐富化的理論基礎是赫茨伯格的雙因素理論。它鼓勵員工參加對其工作的再設計，這對組織和員工都有益。工作設計中，員工可以提出對工作進行某種改變的建議，以使他們的工作更讓人滿意，但是他們還必須說明這些改變是如何更有利於實現整體目標的。運用這一方法，可使每個員工的貢獻都得到認可，而與此同時，這也強調了組織使命的有效完成。工作豐富化與工作擴大化的根本區別在於，後者是擴大工作的範圍，而前者是工作的深化，以改變工作的內容。

工作豐富化的核心是體現激勵因素的作用，因此實現工作豐富化的條件包括以下幾個方面：

（1）增加員工責任。增加員工責任不僅要增加員工生產的責任，還要增加員工控制產品質量和保持生產的計劃性、連續性、節奏性的責任，使員工感到自己有責任完成一項完整工作的一個小小的組成部分。同時，增加員工責任意味著降低管理控制

程度。

（2）賦予員工一定的工作自主權和自由度，給員工充分表現自己的機會。員工感到工作的成敗依靠他的努力和控制，從而認為與其個人職責息息相關時，工作對員工就有了重要的意義。實現這一良好工作心理狀態的主要方法是給予員工工作自主權。同時，工作自主權的大小也是人們選擇職業的一個重要考慮因素。

（3）反饋，即將有關員工工作績效的數據及時地反饋給員工。瞭解個人工作績效是形成工作滿足感的重要因素，如果一個員工看不到自己的勞動成果，就很難得到較高層次的滿足感。反饋可以來自工作本身，也可以來自管理者、同事或顧客等。例如，銷售人員可以從設備的正常運轉以及生產管理人員和設備操作人員那裡得到反饋。

（4）考核，即報酬與獎勵要決取於員工實現工作目標的程度。

（5）培訓，即要為員工提供學習的機會，以滿足員工成長和發展的需要。

（6）成就，即通過提高員工的責任心和決策的自主權，來提高其工作的成就感。

工作豐富化的工作設計方法與常規性、單一性的工作設計方法相比，雖然要增加一定的培訓費用、更高的工資以及完善或擴充工作設施的費用，但卻提高了對員工的激勵和員工的工作滿意程度，進而對員工生產效率與產品質量的提高以及降低員工離職率和缺勤率帶來積極的影響。企業培訓費用的支出本身就是對提高人力資源素質的一種不可缺少的投資。

閱讀案例2-5

美國電話電報公司（AT&T）的設備租賃業務最早是交由一家銀行去做的，該銀行採用一種工作專業化程度較高的方式，把業務分成三個部分：一是處理租賃申請書和審查信用度；二是負責簽訂租賃合同；三是處理款項支付業務。這三個部分的業務分別在三個不同的部門開展。在這種情況下，沒有一個部門或一個職員為整項完整業務負責，他們也看不到他們這部分工作對整項業務的意義，因此效率低下，平均每項租賃業務的處理時間（即制定最後決策）需要5~6天。

為了改變這種情況，美國電話電報公司成立了一個租賃公司，這個租賃公司改工作方式為團隊工作方式，將員工劃分為10~15人的小組，每個小組都負責包括上述三個部分的完整工作，小組內每個成員都有權利處理一項完整業務、解決一個完整的問題。他們有這樣一個口號：「誰接電話誰負責（Who ever get the call owns the problem）。」這是對他們工作的最簡要描述。採用這種方式後，效率提高了幾乎一倍，制定一項決策所需的週期縮短為1~2天，其年利潤額也增加了40%~50%。

5. 工作時空彈性化

工作時空彈性化是為了滿足員工需求對工作在時間和空間兩個維度上重新進行設計。相比於傳統的剛性工作時間和工作地點，工作時空彈性化使工作時間和工作地點的組合策略更加靈活多樣。幾種常見的策略包括壓縮工作周、彈性工作制、遠程辦公、任務分擔等。因為受到生活習慣和生物鐘的影響，每個員工工作效率最高的時間段可能因人而異，採用時空彈性化的方法可以使員工將工作時間調整到自己效率最高的時間段，同時員工也可以調整工作地點使工作和生活更加和諧。

在應用工作時空彈性化方法的同時，存在考勤與培訓難度加大的問題，這要求組

織根據自己的實際情況決定是否採用此方法，如若採用則要有完善的配套措施。此外，強調團隊合作工作模式的組織不適用於此方法。

閱讀案例2-6

在歐美國家，超過40%的大公司採用了彈性工作制，其中包括施樂公司、惠普公司等著名的大公司；在日本，日立制造所、富士重工業公司、三菱電機公司等大型企業也都不同程度地進行了類似的改革。在中國，也湧現出越來越多試行該種製度的企業。

2013年9月8日，韓國雇傭勞動部發布的為實現就業率70%目標的核心課題及具體規劃顯示，韓國中央政府和地方政府從2014年起實施「5小時彈性工作制」，讓員工靈活安排工作時間。按照該規劃，政府將聽取輿論意見後，從2014年起全面實施「2人5小時彈性工作制」，而韓國大多數工作單位僅實施「1人8小時全日工作制」。該規劃規定，即使員工選擇「5小時彈性工作制」，也在工資、晉升等方面與選擇「全日工作制」的員工享有同等待遇。為了普及彈性工作製度，韓國政府將與三星公司、浦項制鐵公司等30家大企業進行合作，積極引導民間企業參與，還將向實施彈性工作制的企業提供減免稅金等各種優惠。韓國政府還將制定彈性工作制員工的保護及就業促進法，並建立支援中心，以保護選擇彈性工作制的員工。

6. 工作團隊

組織的外部環境具有動態性和複雜性等特徵，而工作團隊能夠快速響應外界變化，及時做出調整，這種工作設計方法已漸漸成為當前主要趨勢。採用較多的工作團隊類型主要包括跨職能型團隊、問題解決型團隊、自我管理型團隊和虛擬型團隊。這種方法的最大特點是對工作形式進行了變革。當一項工作需要多種技能和經驗的配合才能較好地完成時，工作團隊無疑是最佳選擇。但這種方法也存在一定的問題，容易造成權責不清、出現問題不易追責、團隊成員之間互相推脫的可能性。

閱讀案例2-8

諾基亞如何建設優秀團隊

諾基亞公司曾是移動電話市場的領導廠商之一，1996—2011年，在市場競爭日益激烈的情況下，諾基亞公司的移動電話增長率持續高於市場增長率。從1998年起，諾基亞公司就位居全球手機銷售龍頭，高峰時佔有全球1/3的市場，幾乎是位居第二的競爭對手的市場份額的兩倍。高峰時，諾基亞公司在中國的投資超過116億元，建立了8個合資企業、20多個辦事處和2個研發中心，擁有員工超過5,500人。作為這樣一家擁有如此龐大員工和機構的企業，諾基亞公司的競爭優勢除來自對高科技的大量投入外，還在於其大膽實踐領導力變革。諾基亞公司究竟是如何建設一支優秀的團隊，來保證其實現並保持全球手機銷售領先者的目標呢？

1. 開放溝通，由下而上開發領導力

有效的領導力和管理團隊建設被視為企業成長、變革和再生的最關鍵因素之一。領導力是一種能夠激發團隊成員的熱情與想像力，一起全力以赴，共同完成明確目標的能力。領導者總是激勵人們獲取他們自己認為能力之外的目標，取得他們認為不可能的成績。在諾基亞公司，並非只有頂著經理頭銜的領導才需要具備領導能力，領導

能力是每個員工通過日常工作與生活經驗的培養累積而得的。這樣做的目的是讓每一個人都是主動者，是他自己的領導。

優秀的企業都高度重視培養員工的工作能力與團隊精神。諾基亞公司每年花在培訓方面的費用超過190億元——約為其全球淨銷售額的5.8%。根據員工的特殊需要進行教育培訓，可以讓員工看到自己有機會學習和成長，那麼員工對組織的責任感就會加強，員工的熱情就會產生。

諾基亞公司的領導特色首先體現在鼓勵平民化的敞開溝通政策，強調開放的溝通、互相尊重、使團隊內每一位成員感覺到自己在公司的重要性。

諾基亞公司的高層領導人率先垂範，努力倡導企業的平等文化。比如諾基亞公司原董事長兼首席執行官約瑪‧奧利拉（Jorma Ollila）每次到中國訪問，從不前呼後擁，這遠遠勝過說教，充分體現了諾基亞公司的平等文化。

據介紹，諾基亞公司在組織架構上，不是上下級等級森嚴，而是很平等，有問題可以越級溝通。諾基亞公司有許多具體制度來保證下情上傳，下面的意見不會被過濾掉。在這方面，諾基亞公司的具體做法如下：

第一，諾基亞公司每年請第三方公司開展一次員工意見調查，聽取員工對自己的工作和公司發展的看法，並和上年的情況做比較，看在哪些方面需要進行改進。

第二，諾基亞公司每年有兩次非常正式的討論，經理和員工之間討論以前的表現、今後的目標，除了評估員工的表現，也是彼此溝通的途徑。

第三，諾基亞公司在全球設有一個網站，員工可以匿名發表任何意見，員工甚至可以直接發給大老板，下屬的建議只要合理就會被接受。

除了建立正式的開放溝通渠道之外，諾基亞公司的管理層也會利用適當的時機與員工溝通。例如，諾基亞（中國）投資有限公司原總裁康宇博對員工所反應問題的處理方法是：如果牽涉某個經理人，除非是另有考慮，否則馬上把人找來，雙方當面講清楚。這樣做，可以讓下屬看到，上級領導的門永遠是敞開著的，溝通是透明的。這樣既保證溝通的透明度，又保證溝通的有序管理。掌握兩者的平衡，是領導的藝術。

諾基亞公司有一個突出的做法，就是利用員工俱樂部，組織和管理員工的活動。俱樂部在管理上體現諾基亞公司的文化，尊重個人，讓員工自己管理自己。

員工俱樂部體現了諾基亞公司尊重個人、自我做主的文化傳統，以人人容易接受的方式來進行團隊建設，把員工的興趣融化在團隊建設的活動當中，並以此提高員工在實際工作中的能力。

2. 鼓勵和嘗試創新

隨著信息技術的快速發展，產品的生命週期和研究發展重點、顧客的要求以及人才流動的速度等，都改變了企業的管理方式。假如還用老的領導思維應對新的市場變化，難免會失敗。因此，現代領導力的核心應該是如何建設優秀團隊進行領導變革和管理創新。

諾基亞公司的實踐方式具有如下特點可供借鑑：

第一，關心下屬的成長。公司關心的是市場競爭力和業績，而員工關心的是個人事業的發展和對工作的滿意度。經理人應當充當協調員的角色，將員工個人的發展和公司的發展有機結合起來。如果只是對下屬硬性壓指標，是不會有好效果的。

第二，用人不疑，疑人不用。領導一旦授權下屬負責某一個項目，定下大方向後，就放手讓他們去做，不要求下屬事無鉅細地匯報，而讓他們自己思考判斷。發現了問題由大家共同來解決，如果做出成績是大家的。

第三，鼓勵嘗試創新。領導給下屬成長空間，讓下屬敢於去嘗試，並允許犯錯誤。否則，下屬畏首畏尾，什麼都請示領導，主動性、創造性就沒了。

雖然諾基亞公司是一家大公司，很注重團隊精神，但也非常強調企業家的奮鬥精神。諾基亞公司希望其員工都能有一些企業家的思想，就是有創新想法，不要墨守成規。這樣可以更快地面對市場挑戰，加強競爭力。

3. 借企業文化塑造團隊精神

諾基亞公司的企業文化包括 4 個要點：客戶第一、尊重個人、成就感、不斷學習。諾基亞公司的團隊建設完全圍繞企業文化為中心，不空喊口號，不流於形式，而是落實到具體的行動中。諾基亞公司強調要把人們的思想和行為變成諾基亞公司與外界競爭的優勢，要提升諾基亞公司的員工成為一個工作夥伴，不僅是停留在一個雇主與員工的勞動合約關係中。唯有這樣，工作夥伴們才會看重自己，一起幫助公司積極發展業務。

諾基亞公司的團隊建設活動一直是持續進行的，各個部門都積極參與。諾基亞公司會定期舉行團隊建設活動，並和每個部門的日常工作、業務緊密相連。這方面，諾基亞學院在團隊建設和個人能力培養上發揮了很大作用，為員工提供了很多很好的機會，能夠讓員工認識到他們是團隊的一分子，每個人都是這個團隊有價值的貢獻者。

諾基亞公司在招聘之初，除了專業技能的考核外，也非常注重個人在團隊中的表現，將團隊精神作為考核指標中的主要項目之一。諾基亞公司通常會用一整天時間來測試一個人在團隊活動中的參與程度與領導能力，並考慮候選人是否能在有序的團隊中，發揮協作精神、應有的潛能以及實現資源配置。這樣就可以最大限度地保證諾基亞公司招聘的人一開始就能接近諾基亞公司要求的團隊合作的精神文化。

4. 沒有完美的個人，只有完美的團隊

移動通信行業發展快速，手機產品幾乎每 18 個月就更新換代。為反應這一行業特性，諾基亞公司在中國 5,000 多名員工的平均年齡只有 29 歲。諾基亞公司希望他們能跟上快節奏的變化，增加公司競爭力。為體現這個目標，在人力資源管理上，諾基亞公司採取「投資於人」的發展戰略，讓公司獲得成功的同時，個人也可以得到成長的機會。諾基亞中國公司注重將全球戰略與中國特色相結合，在關心員工、市場行銷、客戶服務等方面考慮到文化差異，提倡本地化的管理能力。在諾基亞公司，一個經理就是一個教練，他要知道怎樣培訓員工來幫助他們做得更好，不是「叫」他們做事情，而是「教」他們做事情。諾基亞公司同時鼓勵一些內部的調動，發掘每一個人的潛能，體現諾基亞公司的價值觀。

當經理人在教他的工作夥伴做事情、建立團隊時，可以設計合理的團隊結構，讓每個人的能力得到發揮。沒有完美的個人，只有完美的團隊，唯有建立健全的團隊，企業才能立於不敗之地。

（資料來源：諾基亞如何建設優秀團隊［EB/OL］.（2006-11-09）［2016-11-10］. http://hr.cntrades.com/show-54444.html）

第三節 工作分析實務

一、部門職責、任務清單與崗位職責的確認

（1）填寫工作日誌。各部門連續填寫10個正常工作日的工作日誌，以便查清每個崗位目前所從事的所有工作和工作任務構成，瞭解每個工作的不同職能的時間分配。工作日誌具體填寫格式如表2-1所示。

表2-1　　　　　　　　　　　　工作日誌
部門：　　　　職務：　　　　姓名：　　　　　年　月　日　時　分至　時　分

序號	工作活動名稱	工作性質 （例行/偶然）	時間消耗 （分鐘）	重要程度 （一般/重要/非常重要）	備註

（2）匯總個人工作日誌。每個人匯總自己的工作日誌，匯總要求和格式如表2-2所示。

（3）各部門匯總每個員工的工作日誌，建立初步的部門工作任務清單，匯總要求和格式如表2-3所示。

（4）在匯總的部門工作任務清單基礎上，組織全部門的人進行逐項討論，以便確認以下事項：

①該工作業務是否是本部門的工作，如果是，它與其他部門的哪些工作相關；如果不是，那麼它應當屬於哪個部門。

②在匯總的工作任務清單中，有沒有重疊或遺漏的，如果有，進行補充和修改。

③考慮企業發展要求，討論是否有目前尚未開展的工作，如果有，進行補充。

表 2-2　　　　　　　　　　　個人工作任務匯總表

部門：　　　　　　　　職務：　　　　　　　　　　姓名：

　　　　　　　　自　月　日至　月　日　　　　　　總工作時間：　時　分

序號	工作任務名稱	時間消耗（分鐘）	時間累計
1			
2			
3			
4			
5			
6			

表 2-3　　　　　　　　　　部門工作任務清單分類表

部門：　　　　　　　　　　　　　　　　　　　填表時間：

大類	子類	細目	時間消耗（分鐘）	比率（％）

（5）整理清單結構。各部門對清單進行整理，按邏輯關係和工作任務的同類性歸類。其結構如下：

第一級：部門的主體功能。

第二級：反應部門主體功能的職責。

第三級：把任務清單歸並在相應的職責內。

（6）各相關部門對工作任務清單進行集體討論，目的是解決工作任務交叉、遺漏和界定不清的問題，同時確認相關工作或任務的銜接點，以便確認和區分部門職責。

（7）將工作任務清單交上級主管領導審核確認後，提交專家組進行評審，對於不合格的部門，需返回修改。

（8）部門職責的確認。將部門任務清單中的第一級和第二級提出，形成部門的基本職責。

（9）各部門在確認的部門職責基礎上，進行權限劃分，具體做法為對每一項工作職責進行判斷，凡有以下情況者，必須列入部門職責權限表（見表2-4），並賦予相應的權限：

①需要做出決策（決定）的。
②具有關鍵責任判斷點的。
③具有需要控制環節的。
④與其他部門重要工作任務相關的。

表2-4　　　　　　　　　　　部門職務權限表

部門：　　　　　　　　　　　　　　　　　　填表日期：

序號	項目區分	摘要	權限						相互聯繫	
			提案	承辦	呈報	審核	復核	核准	協作單位	通知
一	組織規章	制訂建立組織章程的計劃							有關部門	
		擬定組織章程								
		組織章程的公告通知								
		組織章程的解釋說明								
		監督檢查組織章程實施情況								
		調整與修訂組織規章								

(10) 各部門確定本部門的崗位設置和人員編制，畫出部門結構圖（見圖 2-8），並將工作任務清單中的每一項具體工作任務劃歸各個工作崗位，形成工作任務分配表，完成部門結構設計。

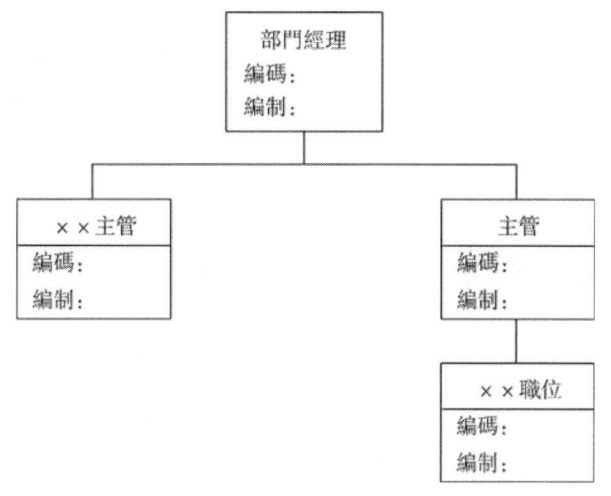

```
                    部門經理
                    編碼：
                    編制：
                   /        \
            ××主管          主管
            編碼：          編碼：
            編制：          編制：
                            |
                          ××職位
                          編碼：
                          編制：
```

圖 2-8　部門結構圖

①關於部門與職位編碼，如人事行政部編碼為 RX，人事行政部經理為 RX-01，人事行政部人事主管為 RX-01-01 等。

②初步確認編制人數。

③補充崗位（職位）職責中與管理有關的項目，如經理級的部門工作任務分派、工作指導與監督、職場管理、人員激勵、員工績效評估與績效改善、部門業績的改善與提高、衝突的處理、下屬工作中問題的協助解決、部門的工作計劃、總結和匯報等。

將部門結構、部門權限、部門職責、崗位職責等文件提交主管領導進行審核確認後，提交專家組進行評審，在需要的情況下，組織進行修改。

(11) 將修改後的文件提交高層審核批准。

二、任職資格的確認

任職資格的確認要對每一個崗位（職位）的工作職責和任務清單進行評估，以確認資格要求。其具體做法如下：

(1) 對工作職責與任務進行重要程度和時間消耗兩維評估。

①重要程度。根據發生問題對工作的影響程度和影響的持久性程度進行判斷，劃分為 5 個等級：5（極為重要）、4（非常重要）、3（比較重要）、2（不重要）、1（輕微）。

②時間消耗。根據該項工作占總作業時間的比例進行評估，劃分為 5 個等級：5（極多）、4（非常多）、3（比較多）、2（相對少）、1（極少）。

評估表格如表 2-5 所示。

表 2-5　　　　　　　　　　　　　　崗位工作職責表

部門：　　　　　　　　　職位名稱：　　　　　　　　職位編號：

重要程度 時間消耗	5	4	3	2	1
5	清單標號				
4					
3					
2					
1					

（2）對有陰影格內的工作項目進行評估，評估表格如表 2-6 所示。

表 2-6　　　　　　　　　　　　　　工作項目評估表

項目編號	學歷要求	特定知識（專業）要求	特定經驗（經歷）要求	特定能力要求

（3）整理。具體方法是把每列中內容進行歸並，如有相同要求，選取要求最高者。

（4）根據第三步的整理結果按表 2-7 進行評估。

表 2-7　　　　　　　　　　　　　　　　評估表

評估項目	評估內容	是否為招聘時必須具備的要求	是否為區分優秀員工的重要標誌	若不具備是否會給工作帶來麻煩	如果不具備這一要素是否可以勉強接受
特定知識要求		是　否	是　否	是　否	是　否
		是　否	是　否	是　否	是　否
		是　否	是　否	是　否	是　否
		是　否	是　否	是　否	是　否
特定經驗要求		是　否	是　否	是　否	是　否
		是　否	是　否	是　否	是　否
		是　否	是　否	是　否	是　否
特定能力要求	1. 領導力	是　否	是　否	是　否	是　否
	2. 協調力	是　否	是　否	是　否	是　否
	3. 計劃力	是　否	是　否	是　否	是　否
	4. 親和力	是　否	是　否	是　否	是　否
	5. 注重細節等	是　否	是　否	是　否	是　否

（5）將第三步、第四步的結果進行描述。

（6）將對任職資格的描述與本職位的工作職責與清單編排在一起。

（7）將部門職務權限表中涉及本崗位的權限逐條提出，填入表 2-8，與第六步的結果歸並在一起，添加工作的分類和識別項目，形成工作說明書（見表 2-9）。

表 2-8　　　　　　　　　　　　考核信息提取表

部門：　　　　　職位名稱：　　　　　填表人：　　　　　審核人：

考核項目名稱	流程中的職責	作業的標準	信息來源

表 2-9　　　　　　　　　　　　工作說明書模板

工作標示	崗位名稱		崗位編號	
	所屬部門及處室		工作地點	
工作關係	直接匯報對象			
	直接督導對象			
	日常協調部門			
	外部協調單位			

表2-9(續)

	工作目的：				
主要工作職責		類別	編號	概述	描述
主要職權	業務類				
	費用審批類				
	人事類				
關鍵職責績效衡量標準					
任職資格	教育背景				
	學歷學位			專業	
	證書				
	專業技能				
	語言	英語水平			
		其他			
	工作經驗				
	行業/職業			年限	職位
績優素質能力					

【本章小結】

工作分析是對組織中某個特定職務的設置目的、任務或職責、權力和隸屬關係、工作條件和環境、任職資格等相關信息進行收集與分析，並對該職務的工作做出明確的規定，確定完成該工作所需的行為、條件、人員的過程。工作分析對於人力資源管理具有非常重要的作用，在人力資源管理中，幾乎每一個方面都涉及工作分析取得的成果。全面的和深入的進行工作分析，可以使組織充分瞭解工作的具體特點和對工作人員的行為要求，為做出人事決策奠定堅實的基礎。

本章主要介紹了組織設計的主要內容、工作分析的概念、內容及作用，重點介紹了工作分析的流程、工作分析的常用方法以及工作設計的主要內容和方法。

【簡答題】

1. 什麼是組織設計？如何進行組織設計？
2. 常見的組織結構類型有哪些，各有何優缺點？
3. 什麼是工作分析？為什麼說工作分析是人力資源管理的功能的核心？
4. 工作分析的方法主要有哪些，各有何利弊？
5. 簡述工作分析的主要過程。
6. 如何編寫工作說明書？
7. 請編寫一份企業人力資源管理部經理的工作說明書。
8. 工作設計的內容和影響因素有哪些？
9. 如何進行工作設計？

【案例分析題】

A 公司的工作分析

A 公司是中國中部省份的一家房地產開發公司。近年來，隨著當地經濟的迅速發展，商品房需求強勁，A 公司有了飛速的發展，規模持續擴大，逐步發展為一家中型房地產開發公司。隨著 A 公司的發展和壯大，員工人數大量增加，眾多的組織和人力資源治理問題逐漸凸顯出來。

A 公司現有的組織機構是基於創業時的公司規劃，隨著業務擴張的需要逐漸擴充而形成的，在運行的過程中，組織與業務上的矛盾已經逐漸凸顯出來。部門之間、職位之間的職責與權限缺乏明確的界定，扯皮推諉的現象不斷發生；有的部門抱怨事情太多，人手不夠，任務不能按時、按質、按量完成；有的部門又覺得人員冗雜，人浮於事，效率低下。

在 A 公司的人員招聘方面，用人部門給出的招聘標準往往含糊不定，招聘主管往往無法準確地加以理解，使得招來的人大多差強人意。同時，A 公司目前的許多崗位不能做到人事匹配，員工的能力不能得以充分發揮，嚴重挫傷了士氣，並影響了工作

的效果。A公司員工的晉升以前由總經理直接做出，現在公司規模大了，總經理已經幾乎沒有時間與基層員工和部門主管打交道了，基層員工和部門主管的晉升只能根據部門經理的意見來決定。而在晉升中，上級和下屬之間的私人感情成為決定性的因素，有才干的人往往並不能獲得提升。因此，許多優秀的員工由於看不到自己未來的前途，而另尋高就。在激勵機制方面，A公司缺乏科學的績效考核和薪酬製度，考核中的主觀性和隨意性非常嚴重，員工的報酬不能體現其價值與能力，人力資源部經常可以聽到大家對薪酬的抱怨和不滿，這也是人才流失的重要原因。

面對這樣嚴重的形勢，人力資源部開始著手進行人力資源治理的變革，變革首先從進行職位分析、確定職位價值開始。職位分析、職位評價究竟如何開展，如何抓住職位分析、職位評價過程中的要點，為本次組織變革提供有效的信息支持和基礎保證，是擺在A公司面前的重要課題。

首先，人力資源部開始尋找進行職位分析的工具與技術。在閱讀了國內目前流行的基本職位分析書籍之後，人力資源部從中選取了一份職位分析問卷，作為收集職位信息的工具。然後，人力資源部將問卷發放到了各個部門經理手中，同時人力資源部還在A公司的內部網上也上發了一份關於開展問卷調查的通知，要求各部門配合人力資源部的問卷調查。

據反應，問卷在下發到各部門之後，一直擱置在各部門經理手中，而沒有發下去。很多部門直到人力資源部開始催收時才把問卷發放到部門每個人手中。同時，由於大家都很忙，很多人在拿到問卷之後，都沒有時間仔細思考，草草填寫完事。還有很多人在外地出差，或者任務纏身，自己無法填寫，而由同事代筆。此外，據一些較為重視這次調查的員工反應，大家都不瞭解這次問卷調查的意圖，也不理解問卷中那些生疏的治理術語，何為職責、何為工作目的，許多人對此並不理解。很多人想就疑難問題向人力資源部進行詢問，可是也不知道具體該找誰。因此，在回答問卷時，很多人只能憑藉自己的理解來填寫，無法把握填寫的規範和標準。

一個星期之後，人力資源部收回了問卷。但人力資源部發現，問卷填寫的效果不太理想，一部分問卷填寫不全，一部分問卷答非所問，還有一部分問卷根本沒有收上來。辛苦調查的結果卻沒有發揮應有的價值。

與此同時，人力資源部也著手選取一些職位進行訪談。但在試著訪談了幾個職位之後，人力資源部發現訪談的效果也不好。因為在人力資源部，能夠對部門經理訪談的人只有人力資源部經理一人，人力資源部主管和一般員工都無法與其他部門經理進行溝通。同時，由於經理們都很忙，能夠把雙方湊在一起，實在不輕易。因此，兩個星期時間過去之後，人力資源部只訪談了兩個部門經理。

人力資源部的幾位主管負責對經理級以下的人員進行訪談，但在訪談中，出現的情況卻出乎意料。大部分時間都是被訪談的人在發牢騷，指責公司的治理問題，抱怨自己的待遇不公等。而在談到與職位分析相關的內容時，被訪談人往往又言辭閃爍，顧左右而言他，似乎對人力資源部這次訪談不太信任。訪談結束之後，訪談人員都反應對該職位的熟悉程度還是停留在模糊的階段。這樣持續了兩個星期，訪談人員訪談了大概1/3的職位。人力資源部經理認為時間不能再拖延下去了，因此決定開始進入項目的下一個階段——撰寫職位說明書。

可這時，各職位的信息收集卻還不完全。怎麼辦呢？人力資源部的員工在無奈之中，不得不另覓他途。於是，他們通過各種途徑從其他公司中收集了許多職位說明書，試圖以此作為參照，結合問卷和訪談收集到一些信息來撰寫職位說明書。

在撰寫職位說明書階段，人力資源部還成立了幾個小組，每個小組專門負責起草某一部門的職位說明。人力資源部要求各小組在兩個星期內完成任務。在起草職位說明書的過程中，人力資源部的員工都頗感為難，一方面，人力資源部的員工不瞭解別的部門的工作，問卷和訪談提供的信息又不準確；另一方面，人力資源部的員工又缺乏寫職位說明書的經驗。因此，人力資源部的員工寫起來都感覺很費勁。規定的時間快到了，很多人為了交稿，不得不急急忙忙東拼西湊了一些材料，再結合自己的判定，最後成稿。

職位說明書終於出台了，人力資源部將定稿的職位說明書下發到了各部門，同時還下發了一份文件，要求各部門按照新的職位說明書來界定工作範圍，並按照其中規定的任職條件來進行人員的招聘、選拔和任用。這卻引起了其他部門的強烈反對，很多直線部門的治理人員甚至公開指責人力資源部，說人力資源部的職位說明書是一堆垃圾文件，完全不符合實際情況。

於是，人力資源部專門與相關部門召開了一次會議來推動職位說明書的應用。人力資源部經理本來想通過這次會議來說服各部門支持這次項目，但結果恰恰相反，在會上，人力資源部遭到了各部門的一致批評。同時，人力資源部由於對其他部門不瞭解，對於其他部門所提的很多問題，也無法進行解釋和反駁。因此，會議的最終結論是讓人力資源部重新編寫職位說明書。後來，經過多次重寫與修改，職位說明書始終無法令人滿意。最後，職位分析項目不了了之。

人力資源部的員工在經歷了這次失敗的項目後，對職位分析徹底喪失了信心。他們開始認為，職位分析只不過是霧裡看花、水中望月的東西，說起來挺好，實際上卻沒有什麼大用。他們還認為，職位分析只能針對西方國家那些治理先進的大公司，拿到中國的企業來，根本就行不通。原來雄心勃勃的人力資源部經理也變得灰心喪氣，但他一直對這次失敗耿耿於懷，對項目失敗的原因也是百思不得其解。

職位分析真的是他們認為的霧裡看花、水中望月嗎？該公司的職位分析項目為什麼會失敗呢？

思考題：
1. 該公司為什麼決定從職位分析入手來實施變革，這樣的決定正確嗎？為什麼？
2. 在職位分析項目的整個組織與實施過程中，該公司存在著哪些問題？
3. 該公司所採用的職位分析工具和方法主要存在著哪些問題？
4. 如果你是人力資源部新任的經理，讓你重新負責該公司的職位分析，你要如何去開展？

【實際操作訓練】

實訓項目：工作說明書的編制。

實訓目的：學會運用工作分析的方法和工作流程，收集相關信息和資料，編制出

65

規範的工作分析文件。

實訓內容：後勤部門是一個以為學生服務、讓學生滿意為宗旨的部門。後勤部門與學生的日常生活密切相關。宿管中心是協助老師為學生建設良好的生活環境、幫助學生解決問題的部門，是為學生營造一個歡暢活躍、奮發上進的學習環境的部門。為了實現宿管中心有效運行，請你實施工作分析，編制宿舍管理員的工作說明書。

1. 到宿管中心觀察宿舍管理員的有關工作情況，並進行記錄，收集相關資料。
2. 設計工作分析的問卷調查，並對宿舍管理員進行問卷調查。
3. 選擇1~2位宿舍管理員進行訪談。
4. 根據上述方法所收集的資料和信息進行整理和分析。
5. 編制宿舍管理員工作說明書。

第三章　人力資源規劃

開篇案例

手忙腳亂的人力資源部經理

　　D集團在短短5年之內由一家手工作坊發展成為國內著名的機械制造商。D集團最初從來不制訂什麼計劃，缺人了，就臨時去人才市場招聘。可是，因為D集團一年中不時地有人升職、有人平調、有人降職、有人辭職，而年初又有編制限制不能多招聘，而且人力資源部也不知道應當多招聘多少人或者招聘什麼樣的人，結果人力資源部經理一年到頭要往人才市場跑。

　　近來，由於3名高級技術工人退休，2名高級技術工人跳槽，生產線立即癱瘓。D集團總經理召開緊急會議，命令人力資源部經理3天之內招到合適的人員頂替空缺，恢復生產。

　　人力資源部經理兩個晚上沒睡覺，頻繁奔走於全國各地人才市場和面試現場之間，最後勉強招到2名已經退休的高級技術工人，使生產線重新開始了運轉。

　　人力資源部經理剛剛喘了口氣，地區分公司經理又打電話給人力資源部經理說自己的分公司已經超編了，不能接收前幾天分過去的5名大學生。

　　人力資源部經理不由怒氣衝衝地說：「是你自己說缺人，我才招來的，現在你又不要了！」地區分公司經理說：「是啊，我兩個月前缺人，你現在才給我，現在早就不缺了。」

　　人力資源部經理分辯道：「招人也是需要時間的，我又不是孫悟空，你一說缺人，我就變出一個給你？」

　　人力資源部經理感到在D集團工作壓力很大……

　　問題與思考：

　　1. 人力資源部經理的壓力來自哪裡？
　　2. 人力資源規劃對企業來說有何重要意義？

第一節　人力資源規劃概述

一、人力資源規劃的內涵及其意義

(一) 人力資源規劃的內涵

　　人力資源規劃的內涵有廣義和狹義之分。廣義的人力資源規劃是企業所有人力資

源計劃的總稱，是戰略規劃與戰術計劃（即具體的實施計劃）的統一；狹義的人力資源規劃是指為實施企業的發展戰略，完成企業的生產經營目標，根據企業內外環境和條件的變化，運用科學的方法，對企業人力資源的需求和供給進行預測，制定相宜的政策和措施，從而使企業人力資源供給和需求達到平衡，實現人力資源的合理配置，有效激勵員工的過程。

從規劃的期限上看，人力資源規劃可分為長期規劃（規劃期限在5年以上的計劃）、中期計劃（規劃期限在1～5年的計劃）和短期計劃（規劃期限在1年及1年以內的計劃）。

(二) 人力資源規劃的重要意義

1. 合理利用人力資源，提高企業勞動效率，降低人工成本，增加企業經濟效益

由於種種原因，企業內部的人力配置往往不是處於最佳的狀態，其中一部分員工可能感到工作負擔過重，另一部分員工則覺得無用武之地。人力資源規劃可以調整人力配置不平衡的狀況，進而謀求人力資源的合理化使用，提高企業的勞動效率。人力資源規劃還可以通過對現有的人力資源結構進行分析檢查，找出影響人力有效運用的主要矛盾，充分發揮人力效能，降低人工成本在總成本中的比重，提高企業的經濟效益。

2. 發揮人力資源個體的能力，滿足員工的發展需要

完善的人力資源規劃是以企業和個人兩項基礎為依據制定的。把人力資源規劃納入企業發展長遠規劃中，就可以把企業和個人的發展結合起來。員工可以根據企業人力資源規劃，瞭解未來的職位空缺，明確目標，按照該空缺職位所需條件來充實自己、培養自己，從而適應企業發展的人力需求，並在工作中獲得個人成就感。

3. 人力資源規劃是保證企業生產經營正常進行的有效手段

由於企業內外部環境的變化以及企業目標和戰略的調整，企業對人員的數量要求和質量要求都可能發生變化。人力資源規劃在分析企業內部人力資源現狀、預測未來人力需求和供給的基礎上，制定人員增補與培訓規劃，從而滿足企業對人力的動態需要。因此，人力資源規劃是保證企業生存和發展的有效工具。

二、人力資源規劃的流程

(一) 收集有關信息資料

收集有關信息資料是指分析企業所處的外部環境及行業背景，提煉對於企業未來人力資源的影響和要求；對企業未來發展目標以及目標達成所採取的措施和計劃進行澄清和評估，提煉對於企業人力資源的需求和影響。

企業正式制定人力資源規劃前，必須向各職能部門索要企業整體戰略規劃數據、企業組織結構數據、財務規劃數據、市場行銷規劃數據、生產規劃數據、新項目規劃數據、各部門年度規劃數據信息，整理企業人力資源政策數據、企業文化特徵數據、企業行為模型特徵數據、薪酬福利水平數據、培訓開發水平數據、績效考核數據、企業人力資源人事信息數據、企業人力資源部職能開發數據。人力資源規劃專職人員負責從以上數據中提煉出所有與人力資源規劃有關的數據信息，並且整理編報，為有效的人力資源規劃提供基本數據。

（二）人力資源現狀分析

人力資源現狀分析是指對現有員工數量、質量、結構等進行靜態分析，對員工流動性等進行動態分析，對人力資源管理關鍵職能進行效能分析。其具體包括企業現有員工的基本狀況、員工具有的知識與經驗、員工具備的能力與潛力開發情況、員工的普遍興趣與愛好、員工的個人目標與發展需求、員工的績效與成果、企業近幾年人力資源流動情況、企業人力資源結構與現行的人力資源政策等。

（三）人力資源需求預測

人力資源需求預測是指通過對組織、運作模式的分析以及對各類指標與人員需求關係進行分析，提煉企業人員配置規律，對未來實現企業經營目標的人員需求進行預測。需求分析的主要任務是分析影響企業人力資源需求的關鍵因素，確定企業人力資源隊伍的人才分類、職業定位和質量要求，預測未來人才隊伍的數量，明確與企業發展相適應的人力資源開發與管理模式。

（四）人力資源供給預測

人力資源供給預測分為企業內部人力資源供給預測和企業外部人力資源供給預測。企業內部人力資源供給預測主要明確的是企業內部人員的特徵，如年齡、級別、素質、資歷、經歷和技能，收集和儲存有關人員發展潛力、可晉升性、職業目標以及採用的培訓項目等方面的信息。這主要是預測通過企業內部崗位的調動，實際能對需求的補充量。企業外部人力資源供給預測包括本地區人口總量與人力資源比率、本地區人力資源總體構成、本地區的經濟發展水平、本地區的教育水平、本地區同一行業勞動力的平均價格與競爭力、本地區勞動力的擇業心態與模式、本地區勞動力的工作價值觀、本地區的地理位置對外地人口的吸引力、外來勞動力的數量與質量、本地區同行業對勞動力的需求等。

（五）確定人力資源淨需求

確定人力資源淨需求是指在對員工未來的需求與供給預測數據的基礎上，將本組織人力資源需求的預測數與在同期內組織本身可供給的人力資源預測數進行對比分析，從比較分析中測算出各類人員的淨需求數。這裡所說的淨需求既包括人員數量，又包括人員的質量、結構，既要確定需要多少人，又要確定需要什麼人，數量和質量要對應起來。這樣就可以有針對性地進行招聘或培訓，就為組織制定有關人力資源的政策和措施提供了依據。

（六）編制人力資源規劃

編制人力資源規劃是指根據組織戰略目標及本組織員工的淨需求量，編制人力資源規劃，包括總體規劃和各項業務計劃，同時要注意總體規劃和各項業務計劃以及各項業務計劃之間的銜接和平衡，提出調整供給和需求的具體政策和措施。

（七）實施和評估人力資源規劃

人力資源規劃的實施是人力資源規劃的實際操作過程，要注意協調好各部門、各環節之間的關係。人力資源規劃在實施過程中需要注意以下幾點：必須要有專人負責

既定方案的實施,要賦予負責人擁有保證人力資源規劃方案實現的權利和資源;要確保不折不扣地按規劃執行,在實施前要做好準備,在實施時要全力以赴;要有關於實施進展狀況的定期報告,以確保規劃能夠與環境、組織的目標保持一致。

在實施人力資源規劃的同時,要對其進行定期與不定期的評估。這具體從如下三個方面進行:第一,是否忠實執行了本規劃。第二,人力資源規劃本身是否合理。第三,將實施的結果與人力資源規劃進行比較,通過發現規劃與現實之間的差距來指導以後的人力資源規劃活動。

(八) 規劃的反饋與修正

對人力資源規劃實施後的反饋與修正是人力資源規劃過程中不可缺少的步驟。評估結果出來後,應進行及時的反饋,進而對原規劃的內容進行適時的修正,使其更符合實際,更好地促進組織目標的實現。

人力資源規劃流程如圖3-1所示。

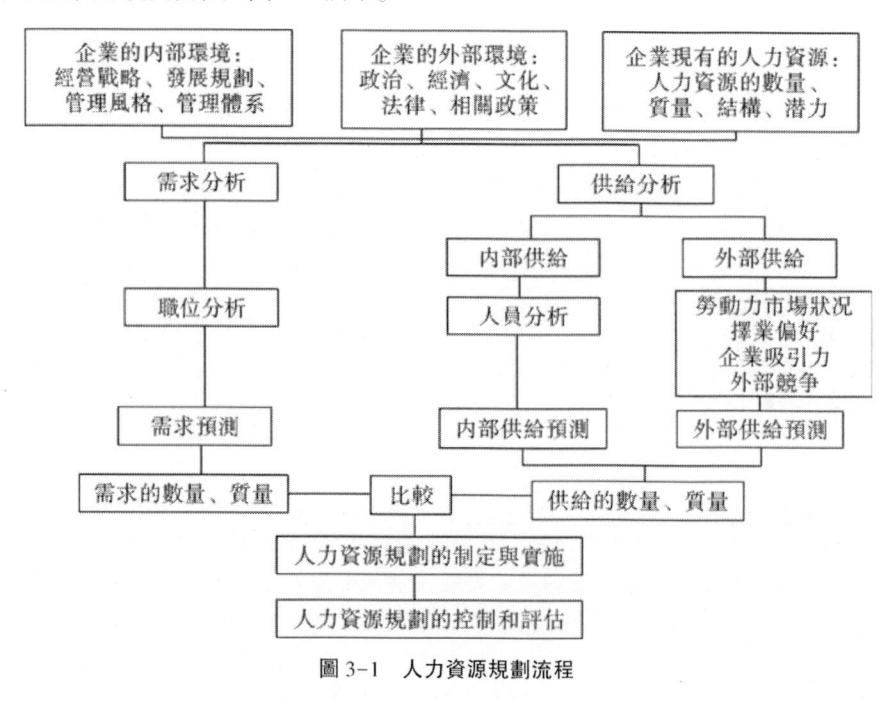

圖3-1 人力資源規劃流程

第二節 人力資源需求預測

一、人力資源需求預測的內容

人力資源需求預測是指對企業未來一段時間內人力資源需求的總量、人力資源的年齡結構、專業結構、學歷層次結構、專業技術職務結構與技能結構等進行事先估計。首先,預測要在內部條件和外部環境的基礎上做出,必須符合現實情況。其次,預測

是為企業的發展規劃服務,這是預測的目的。再次,應該選擇恰當的預測技術,預測要考慮科學性、經濟性和可行性,綜合各方面做出選擇。最後,預測的內容是未來人力資源的數量、質量和結構,這應該在預測結果中體現出來。

閱讀案例3-1

增加還是不增加?

在飛翔印刷廠的人力資源辦公室裡,二車間的王主任和人力資源部的張經理正在談論著什麼。就聽見王主任說:「張經理,我需要增加一名工人,你卻要我為此提供依據,這是什麼意思?我們車間原來有10名工人,其中有一名剛剛辭職了,所以我現在就需要一個人來頂替他。我在這裡已經工作了13年的時間,這個部門一直都是10個人,以前這個部門需要10個人,當然現在一定需要10個人。」

張經理該如何回答王主任呢?是增加還是不增加呢?

二、人力資源需求預測的影響因素

企業的人力資源需求預測不僅受到企業內部經營狀況和已有人力資源狀況等諸多內部因素的影響,還要受到政治、經濟、文化、科技、教育等諸多不可控的企業外部因素的影響。這使得企業在進行人力資源規劃、人力資源需要預測時更為複雜。在企業人力資源需要預測中還必須注意到企業人力資源發展的規律和特點,人力資源發展企業發展中的地位、作用,以及兩者的關係,分析影響人力資源發展的相關因素,揭示人力資源發展的總體趨勢。此外,在進行人力資源需求預測時,還要掌握預測中的定性、定量、時間和概率四個基本要素以及四者的相互關係。

(一) 定性要素

人力資源需求預測的定性要素是指在預測之前,必須對企業人力資源發展的性質進行敘述性的、非定量的描述,對企業人力資源發展的大致方向和趨勢有初步的瞭解。定性要素是人力資源預測的出發點,是企業進行正確的人力資源需求預測的基礎。

(二) 定量要素

人力資源需求預測的定量要素是指利用具體的數據來描述企業人力資源發展的規模、速度以及結構等多方面的特徵,對企業人力資源進行定量的、較為具體的描述。

(三) 時間要素

由於企業人力資源發展和變化是一個以時間為基本變量的函數,隨著時間的變化,企業人力資源數量、結構等狀況都會隨之發生變化。因此,時間要素是企業人力資源需求預測中不可或缺的重要因素之一。

(四) 概率要素

企業在進行人力資源需求預測時,需要對所預測的如人力資源數量、結構等預測對象實際發生變化的可能性,即概率進行估計和描述,以確定預測對象發生變化的概率。因此,概率要素也是企業人力資源需求預測中不可或缺的重要因素之一。

三、企業人力資源需求預測的步驟

人力資源需求預測分為現實人力資源需求預測、未來人力資源需求預測和未來流失人力資源需求預測三部分。人力資源需求預測的具體步驟如下：

第一，根據職務分析的結果，來確定職務編制和人員配置。

第二，進行人力資源盤點，統計出人員的缺編、超編以及是否符合職務資格要求。

第三，將上述統計結論與部門管理者進行討論，修正統計結論。

第四，該統計結論為現實人力資源需求。

第五，根據企業發展規劃，確定各部門的工作量。

第六，根據工作量的增長情況，確定各部門還需增加的職務及人數，並進行匯總統計。

第七，該統計結論為未來人力資源需求。

第八，對預測期內退休的人員進行統計。

第九，根據歷史數據，對未來可能發生的離職情況進行預測。

第十，將上述第八、第九兩項的統計和預測結果進行匯總，得出未來流失人力資源需求。

第十一，將現實人力資源需求、未來人力資源需求和未來流失人力資源需求匯總，即得到整體人力資源需求預測。

四、人力資源需求預測的主要方法

（一）經驗預測法

經驗預測法是最簡單的預測方法，在實際中得到非常廣泛的運用。經驗預測法是各級管理人員根據自己過去的工作經驗和對未來業務量變動的估計，預測未來人員需求的方法。由於經驗預測法是以管理者的經驗為基礎，因此又稱為管理估計法。但是由於預測沒有明確、可靠的量化依據，管理者的判斷和估計很大程度上是靠個人直覺，因此經驗預測法又稱為直覺預測法。雖然都是憑藉管理者的經驗、直覺進行預測，但是通過各管理者的預測形成總預測的途徑大有差異，很多專家從這個方面來研究經驗預測法，又將其稱為微觀集成法。

從微觀集成法的角度，可將經驗預測法分為自下而上和自上而下兩種方式。

1. 自下而上法

自下而上法認為，每個部門的管理者最瞭解本部門的情況，最有資格判斷本部門未來的人員需求。為切合實際，首先從企業的基層開始預測。

其步驟如下：

（1）最基層的管理者根據本單位組織的情況，憑藉經驗預測出本單位組織未來對人員的需求。

（2）下級部門向上級部門匯報預測結果，自下而上層層匯總。

（3）人力資源部門從各級部門收集信息，通過判斷、估計，對各部門的需求進行橫向和縱向的匯總，最後根據企業的發展戰略制訂出總的預測方案。

（4）預測被批准後，正式公布，經層層分解，作為人員配置計劃下達給各級管

理者。

2. 自上而下法

自上而下法認為，高層管理者最清楚企業的發展戰略，可以從宏觀上掌控企業。為與企業的發展相符，首先從企業的高層開始預測。

其步驟如下：

(1) 高層管理者先擬訂總體人力資源需求計劃。
(2) 總體人力資源需求計劃逐級下達到各個部門。
(3) 各部門根據本部門的情況，對計劃進行修改。
(4) 匯總各部門對計劃的意見，並將結果反饋給高層管理者。
(5) 高層管理者根據反饋信息修正總體預測，正式公布，將預測層層分解，作為人員配置計劃下達給各級管理者。

很多企業並非嚴格採取自下而上或自上而下的方式，而是結合兩種方式。如果結合得當，效果會比用單一的方式更好。例如，公司先提出員工需求的指導性建議，各部門按指導性建議確定具體的用人需求，人力資源部門匯總全公司的用人需求，形成人力資源需求預測，交由公司高層管理者審批，最後執行。具體採取哪種方法，應該視企業的具體情況而定。

(二) 德爾菲法

德爾菲法又叫專家預測法，是利用專家的知識、經驗和綜合分析能力，對組織未來的人力資源需求進行預測的方法。這種預測方法歷史久遠，在實際中得到普遍應用。在定性預測法中，專家預測法受到較高的關注，很多學者對其進行了研究，在命名上有些差異，如專家評判法、專家討論法、專家評估法等，事實上是指同一方法，其核心均是專家預測。

預測是以專家的分析、推測為基礎，但形成預測方案的方式可能存在較大差別。專家預測法的劃分方式有很多，但是可以根據專家間是否有直接交流，將專家預測法分為面對面和背對背兩種方式。

1. 面對面方式

在面對面方式中，專家們面對面地直接交流各自觀點，可以對別人的觀點提問、反駁，可以對自己的觀點解釋、維護。這種方法通常通過會議的形式，使專家實現面對面交流，所以這種方法又被稱為專家會議法。

其步驟如下：

(1) 事先將有關人力資源需求預測的背景資料分發給各位專家。
(2) 舉行會議，專家自由交流觀點。
(3) 在聽取各自的觀點和理由後，專家們形成比較一致的看法。
(4) 如果分歧很大，可考慮舉行第二次會議，甚至更多次會議，最終要使專家的看法趨於一致。
(5) 根據專家們的觀點，制訂人力資源需求預測方案。

與背對背方式相比，面對面方式具有一些特別的優點，也具有一些明顯的缺點。由於他們是同一種方法的兩種方式，因此在此只分析兩者具有差異的方面，這些差異可以用其各自的優缺點來表述。在此只分析其相異而形成的優點，因為分析的是差異，

所以一種方式的優點往往是另一種方式的缺點。

面對面方式具有以下與背對背方式相異的優點：

(1) 節省時間。專家們面對面交流，縮短了交流時間交流，可以通過會議直接得出結論。即使一次會議不能解決問題，要再舉行會議，但是由於專家們直接交流，可以較快地達成一致。

(2) 直接交流。專家們在事先已形成了各自的觀點，因而專家們的觀點可能相同、相異、相反。專家們自由發表完意見後，對於不清楚、不理解的問題可以直接提問，對於不支持的觀點可以直接反駁。當然，專家們可以直接解答別人的質疑，也可以繼續維護自己的觀點。通過一番激烈的爭論後，每個人都會受到別人觀點的影響，從而理性地重新思考，得出比較一致的結論。

(3) 相互啓發。在暢所慾言的交流中，專家們可以聽到不同的聲音，有些觀點可能是自己不曾重視的，有些觀點可能是自己根本沒有想到的。專家們聽到不同的和沒有想到的觀點，可以開拓思路；聽到這些觀點的陳述理由後，可以更進一步擴展自己的思維。在各種各樣的觀點碰撞下，往往會產生一些非常可貴的新思想，而這些新思想是獨立思考難以形成的。

2. 背對背方式

在背對背方式中，專家們是「背對背」地交流，即不能直接知道其他專家的想法，而是通過中間人反饋每一輪的預測結果及預測理由。交流往往是通過書面形式，專家們無需見面，甚至不用與中間人見面。

這種方法便是著名的德爾菲法（Delphi）。該方法是美國蘭德公司在20世紀40年代末首先運用的。由於德爾菲法具有許多其他方法不可比擬的優勢，因而迅速在各個領域得到運用。在預測領域中，德爾菲法佔有重要的地位。

其步驟如下：

(1) 成立研究小組，將人力資源需求預測設計成若干問題。

(2) 將人力資源需求預測的背景資料和問題發給各位專家，請專家回答。

(3) 收回專家意見，統計、歸納結果，將整理好的結果以匿名形式反饋給各位專家。

(4) 在此基礎上，專家進行新一輪的回答。

(5) 重複第 (3) 和第 (4)，直到專家的意見趨於一致。

(6) 根據專家的最終預測，制訂人力資源需求預測方案。

德爾菲法由人力資源部門組織預測，先在組織內部和外部挑選專家，專家應具有代表性，專家可以是一線管理人員、高層管理人員或外請專家。一般建議請10~15位專家（也有學者建議請20~30位專家），具體應請多少人，可以根據企業的情況和可請到專家的水平來確定。

(三) 趨勢預測法

趨勢預測法就是通過分析組織在過去若干年中的雇傭趨勢，以此來預測組織未來的人員需求。此方法一般遵循以下步驟：首先，選擇一個對人力資源需求影響比較大的、適當的商業變量或經濟變量（如銷售額）；其次，分析該變量與所需員工之間的關係，二者的比率構成一種勞動生產率指標（如銷售額/人）；再次，計算過去5年（或

更長時間）的該指標值，求出均值；最後，用平均勞動生產率去除目標年份的商業變量或經濟變量，即可得出目標年份的人員需求預測值。雖然趨勢分析法很有價值，但它是一種簡單而又初步的預測方法，而且它的成立要依靠眾多假設前提，如假定組織的生產技術構成不變、假定市場需求基本不變等，因此光靠這種方法來預測組織的人力資源需求量是遠遠不夠的。

趨勢預測法先收集企業在過去幾年內人員數量的數據，並且用這些數據繪圖，然後用數學方法進行修正，使其成為一條平滑的曲線，將這條曲線延長就可以看出未來的變化趨勢。

示例 3-1：

以某公司人力資源需求預測為例，原始數據如表 3-1 所示。

表 3-1　　　　　　　　　　公司年末在崗總人數

年份	第1年	第2年	第3年	第4年	第5年	第6年	第7年	第8年
人數（人）	450	455	465	480	485	490	510	525

我們要根據過去幾年人員的數量來分析其變化趨勢，假設是一種線性變化，人數是變量 y，年度是變量 x，那麼根據下面的公式可以分別計算出 a 和 b：

$$a = \frac{\sum y}{n} - b\frac{\sum x}{n} \qquad b = \frac{n(\sum xy) - \sum x \sum y}{n(\sum x^2) - (\sum x)^2}$$

$a = 435.357 \qquad b = 10.476$

由此得出趨勢線可以表示為：

$y = 435.357 + 10.476x$

這樣就可以預測出第 10 年的人力資源需求：

$y = 435.357 + 10.476（8+2）= 540.117 \approx 541$（人）

運用趨勢預測法必須滿足兩個前提，一是企業要有歷史數據（一般用過去 5 年的數據進行預測），二是這些數據要有一定的發展趨勢可循。很多企業都能滿足以上兩個條件，因此趨勢預測法有廣泛的運用空間。雖然這種方法很實用，但是由於過於簡單，只能預測出大概走勢，作為初步預測時很有價值。在運用趨勢預測法時，隱含了一個假設，即未來仍按過去的規律發展。這種假設過於簡單，現實中，由於很多因素在變化，很少有企業的雇傭水平按照過去的趨勢發展。特別當預測的時間變長時，大多數因素都會發生變化，導致預測結果不準確，因此趨勢預測法只能用於短期預測。如果人力資源需求在時間上顯示出明顯的均等趨勢，並且市場環境穩定、企業發展平穩，此時趨勢預測法用於短期預測會有較好的效果。

（四）迴歸分析法

在社會現象中，各種因素之間的關係非常複雜，還會受到一些隨機因素的影響，因而變量間存在不確定性關係，即一個變量不能唯一地確定其他變量。但是，這些變量間又確實存在一定的相關性，相互顯著影響。為了探求變量間的變動關係，以便對事物的發展進行推測，針對這種情況宜採用迴歸分析法。

迴歸分析法是研究自變量與因變量之間變動關係的一種數理統計方法，根據觀測

到的數據，通過迴歸分析，得到迴歸方程，即得到自變量與因變量之間的關係式。根據自變量的數量，又可將線性迴歸方程分為一元線性迴歸方程和多元線性迴歸方程。

與人力資源需求相關的因素很多，如產值、銷售量、固定投資等，但很多情況下，這些因素間的相關性也很高，會導致共線性問題，從而影響預測結果。當如果這些因素間的相關性高時，就選取其中具有代表性的因素來預測。這些因素往往是企業的目標，或者是企業較好控制的因素。人力資源需求不是企業的目標，沒有企業盲目地追求人越多越好，因為人力資源需要成本，如果增加的收益不足以補償增加的成本，就沒有增加人員的必要。人力資源需要是為企業目標服務，根據企業未來的發展計劃，制訂出相應的人力資源需求方案。由於那些影響因素大多是企業目標，容易確定，只需要將其代入方程，即可得知對應需要多少人員。

示例 3-2：

假設某醫院的護士人數與病床數有關，表 3-2 中有該醫院過去幾年的相關數據。求將病床數增加到 1,000 個所需要的護士人數。

表 3-2　　　　　　　　　病床數和護士數的數據

病床數（個）	200	300	400	500	600	700	800
護士數（人）	180	270	345	460	550	620	710

將病床數設為自變量 x，護士數設為因變量 y，兩者之間的線性關係可以表示為 $y=a+bx$，其中計算 a 和 b 的方法和趨勢預測法中使用的方法一樣。經過計算得出 $a=2.321$，$b=0.891$。迴歸方程如下：

$$y=2.321+0.891x$$

也就是說每增加一個床位，就要增加護士 0.891 人。該醫院準備將病床數增加到 1,000 個，因此需要的護士數計算如下：

$$y=2.321+0.891\times 1,000=893.321\approx 894（人）$$

（五）比率分析法

比率分析法是通過特殊的關鍵因素和所需人員數量之間的一個比率來確定未來人力資源需求的方法。該方法主要是根據過去的經驗，將企業未來的業務活動水平轉化為對人力資源的需要。

比率分析法的步驟如下：

第一，根據需要預測的人員類別選擇關鍵因素。

第二，根據歷史數據，計算出關鍵因素與所需人員數量之間的比率值。

第三，預測未來關鍵因素的可能數值。

第四，根據預測的關鍵因素數值和比率值，計算未來需要的人員數量。

選擇關鍵因素非常重要，應該選擇影響人員需求的主要因素，並且要容易測量、容易預測，還應該與人員需求存在一個穩定的、較精確的比率關係。由於選擇的關鍵因素不同，可以將比率分析法再細分為兩類，即生產率比率分析法和人員結構比率分析法。

生產率比率分析法的關鍵因素是企業的業務量，如銷售額、產品數量等，根據業務量與所需人員的比率關係，可直接計算出需要的人員數量。假如要預測未來需要的

銷售人員數量、未來需要的生產工人數量、未來需要的企業總人數，可分別用下式計算：

銷售收入＝銷售人員數量×人均銷售額

產品數量＝生產工人數量×人均生產產品數量

經營收益＝企業總人數×人均生產率

運用比率分析法的前提條件是生產率保持不變，如果生產率發生變動，則按比率計算出來的預測人員數量會出現較大的偏差。例如，一個工人一個月生產800個零件，計劃下月生產8,000個零件，如果生產率不變，則下個月需要10個工人。如果下個月因為改進設備，每個工人的月產量提高成生產1,000個零件，那只需要8個人就夠了。可見，如果生產率變動，則上述的方法將不再適用。為了擴大方法的適用範圍，也就是為了更加符合現實情況，可以把生產率變化的影響考慮進公式，從而得到下式：

$$所需要的人力資源數量 = \frac{未來的業務量}{目前人均的生產效率 \times (1 + 生產效率的變化率)}$$

使用這種方法進行預測時，需要對未來的業務量、人均生效率及其變化做出準確的估計，這樣對人力資源需求的預測才會比較符合實際，而這往往是比較難做到的。

第三節　人力資源供給預測

閱讀案例 3-2

價格不定的青椒童子雞

周經理近來很不順心，各部門都向人力資源部門要人，可一時哪有那麼多合適的人？這種情況在一年中已經出現了三次，周經理不明白是這些部門發了瘋，還是自己的工作出了錯。為了減輕工作壓力，周經理獨自來到熟悉的酒樓用餐，無意間聽到了一段酒樓經理和顧客A的對話。

顧客A徑直找到酒樓經理，一臉不悅地抱怨：「前天我和家人來時，一致認為青椒童子雞最好吃，當時青椒童子雞是限量供應特色菜，今天我專門請同事來品嘗，還特地趕了個早。不想今天青椒童子雞成了特價供應菜，害得我被同事嘲笑了一番，說我趕早是為了請大家吃便宜菜。你聽，他們還在包間裡笑。」

顯然酒樓經理和顧客A是認識的，酒樓經理不由訴起了苦：「你也不是不知道，負責採購的經理也是股東之一，他要進什麼菜我們也沒數，前天你來是雞訂少了，今天又訂多了，所以才臨時把限量供應改成特價供應。不好意思，請您體諒。要不下次來前，您先打個電話問問當天的菜？」

顧客A頗為不滿：「嘿，你怎麼不先問問下個星期的菜，提前掛出來？」

一旁的周經理不禁失笑，一個不知道外面供應什麼，一個不知道自己供應什麼，不出亂子怪。轉念一想，自己不正也犯著同樣的錯誤嗎？一方面，不清楚公司內部的人員情況，每次缺人都措手不及；另一方面，也不清楚勞動力市場供給情況，常常一時招不到合適的人。

（資料來源：宋聯可. 人力資源案例：價格不定的青椒童子雞［EB/OL］.（2014-11-25）［2016-11-10］. http://www.hr.com.cn/p/1423413901.）

一、人力資源供給預測的內容

人力資源供給預測是人力資源規劃中的核心內容，是預測在未來某一時期，組織內部所能供應的（或經培訓有可能補充的）及外部勞動力市場所提供的一定數量、質量和結構的人員，以滿足企業為達成目標而產生的人員需求。首先，預測供給是為了滿足需要，不是所有的供給都要預測，只預測企業未來需要的人員；其次，人員供給有內部和外部兩個來源，因而必須考慮內外兩個方面；再次，應當選擇適合的預測技術，用較低的成本達到較高的目的；最後，需要預測出供給人員的數量和質量。

（一）外部供給預測

外部供給預測主要是對外部影響供給的因素進行判斷，從而對外部供給的有效性和變化趨勢做出預測。

（二）內部供給預測

人力資源的內部供給來自於企業內部，是指預測期內企業所擁有的人力資源，因此內部供給預測主要是對現有人力資源的存量以及未來的變動情況做出判斷。內部供給預測主要有以下幾種：

1. 現有人力資源的分析

人力資源不同於其他資源，即使外部條件都保持不變，人力資源自身的自然變化也會影響到未來的供給，如退休、生育等，因此在預測未來人力資源的供給時，需要對現有的人力資源狀況做出分析。例如，企業現有58歲的男性員工20人；53歲的女性員工15人，那麼即使沒有其他因素的影響，由於這些人2年後要退休，2年後企業內部的人力資源供給就會減少35人。一般來說，現有人力資源的分析主要是對員工的年齡結構做出分析，因為人力資源自身的變化大多與年齡有關。此外，現有人力資源的分析還需要就員工的性別以及員工身體狀況進行分析。

2. 人員流動的分析

人員流動主要包括人員由企業流出和人員在企業內部的流動兩種。

（1）人員由企業流出。由企業流出的人員數量就形成了內部人力資源供給減少的數量，造成人員流出的原因有很多，如辭職、辭退等。

（2）人員在企業內部的流動。對這種流動的分析應針對具體的部門、職位層次或職位類別來進行。雖然這種流動對於整個企業來說並沒有影響到人力資源的供給，但是對內部的供給結構卻造成了影響。例如，當人員由B部門流入A部門時，對A部門來說，由於流入了人員，供給量增加，流入了多少人員，其內部的人力資源供給就增加了多少；而對B部門來說，由於流出了人員，供給量減少，流出了多少人員，其內部的人力資源供給就減少了多少。在分析企業內部的人員流動時，不僅要分析實際發生的流動，還要分析可能的流動，也就是要分析現有人員在企業內部調換職位的可能性，這可以預測出潛在的內部供給。分析員工可能的流動性，主要的依據是績效考核時對員工工作業績、工作能力的評價結果。

3. 人員質量的分析

人員質量的變動主要表現為生產率的變化。生產效率提高，內部的人力資源供給

相應就會增加；反之，生產效率降低，內部的人力資源供給則會減少。

二、人力資源供給預測的影響因素

企業的人力資源供給包含內部與外部兩個部分，因此供給預測影響因素既有外部區域性的影響因素，也有企業自身的影響因素。

(一) 區域性的影響因素

1. 外部勞動力市場的狀況

外部勞動力市場的狀況主要包括人口規模、人力資源素質結構、人力資源年齡結構等。外部勞動力市場緊張，外部供給的數量就會減少；相反，外部勞動力市場寬鬆，外部供給的數量就會增多。

2. 人力資源市場狀況

人力資源市場狀況主要包括地區的人才供需比例和行業人才供需狀態、勞動力市場優化配置程度、企業所在地區的薪酬總體水平、行業薪酬水平。人才失業率和新增勞動力直接影響勞動力市場對企業的供給狀況，只有當企業所提供的崗位條件與勞動力對崗位需求條件吻合才能保證雙方達成共識，企業獲得符合要求的人力資源。

3. 人們的就業意識

人才的就業心理偏好直接影響企業招聘的人員狀態，不好的擇業心理，會使企業不能很好地完成招募計劃或保證招聘質量。如果企業所在的行業是人們擇業時的首選行業，那麼人力資源的外部供給量自然就會多，反之就比較少。

(二) 企業自身的影響因素

如果企業對人們有吸引力的話，人們就願意到這裡來工作，這樣企業的外部人力資源供給量就會比較多；反之，如果企業不具有吸引力的話，企業的外部人力資源供給量就會比較少。企業自身的企業文化、企業環境、企業前景等方面對人才的吸引度和滿意度具有很大影響。對企業現階段的人力資源供給具有現實意義的內部的影響因素主要有內部員工的自然流失、非自然流失以及企業內部人力資源的流轉。

三、企業人力資源供給預測的步驟

人力資源供給預測分為內部供給預測和外部供給預測兩部分。其具體步驟如下：

(1) 進行人力資源盤點，瞭解組織員工現狀。

(2) 分析組織的職務調整政策和歷史員工調整數據，統計出員工調整的比例。

(3) 向各部門的人事決策人瞭解可能出現的人事調整情況。

(4) 將（2）和（3）步的情況匯總，得出企業內部人力資源供給預測結論。

(5) 分析影響外部人力資源供給的地域性因素，包括激勵上的得失，從而及時採取相應的措施。

①組織所在地的人力資源的整體現狀。

②組織所在地的有效人力資源的供求現狀。

③組織所在地對人才的吸引程度。

④組織薪酬對所在地人才的吸引程度。

⑤組織能夠提供的各種福利對當地人才的吸引程度。
⑥組織本身對人才的吸引程度。
(6) 分析影響外部人力資源供給的全國性因素。其主要包括：
①全國相關專業的大學生畢業人數及分配情況。
②國家在就業方面的法規和政策。
③該行業全國範圍的人才供需狀況。
④全國範圍從業人員的薪酬水平和差異。
(7) 根據（5）和（6）的分析，得出企業外部人力資源供給預測結論。
(8) 將組織內部人力資源供給預測和企業外部人力資源供給預測匯總，得出人力資源供給預測結論。

四、人力資源供給預測的主要方法

(一) 外部供給預測的主要方法

1. 相關因素預測法

相關因素預測法是找出影響勞動力市場供給的各種因素，分析這些因素對勞動力市場變化的影響程度，預測未來勞動力市場的發展趨勢的方法。

其步驟如下：
(1) 分析哪些因素是影響勞動力市場供給的主要因素，選擇相關因素。
(2) 根據歷史數據，找出相關因素與勞動力供給的數量關係。
(3) 預測相關因素的未來值。
(4) 預測勞動力供給的未來值。

人力資源供給的主要影響因素包括組織因素和勞動生產率等。以組織因素為例，在組織中，顧客數量、銷售量、產量等都可以作為預測用的組織因素。根據企業特性選擇合適的組織因素，一般而言，選取的組織因素必須滿足兩個條件：第一，組織因素應該與組織的基本特性直接相關，企業可以根據這一因素來制訂計劃；第二，組織因素應該與所需員工數量成比例。

找準相關因素後，關鍵的任務是確定相關因素與人力資源供給之間的數量關係。首先，找到相關因素的歷史數據，因為歷史原因，有的數據的統計方法不同，有的數據發生了突然變動，這時需要先對這些數據進行修正；其次，利用數學手段分析數據，尋找出相關因素之間的函數關係；最後，將相關因素的預測值代入等式，就可以得到人力資源供給的預測值。

2. 市場調查預測法

市場調查預測法是指運用科學的方法和手段，系統地、客觀地、有目的地收集、整理、分析與勞動力市場有關的信息，在此基礎上預測勞動力市場未來的發展趨勢的方法。

其步驟如下：
(1) 確定問題和預測目標。
(2) 制訂市場調查計劃。
(3) 收集信息。

（4）整理、分析信息。
（5）提出結論，預測未來勞動力市場發展趨勢。

在進行市場調查前，一定要明確調查的目的是什麼以及與目的相關的問題有哪些。由於這是為預測供給而開展的調查活動，因此調查的結果要能為預測提供依據。然而，並非所有的人力資源供給都需要通過市場調查預測法進行預測，因為這種方法的成本很高。

(二) 內部供給預測的主要方法

1. 人力資源盤點法

人力資源盤點法是對現有的人力資源數量、質量、結構進行核查，掌握目前擁有的人力資源狀況，對短期內人力資源供給做出預測。這種方法主要是確定目前的人力資源狀況，頗有盤點的意味。掌握現有的人力資源情況是基礎性工作，能否清楚地、正確地認識現有的人力資源情況將影響到其他的人力資源管理工作。人力資源盤點法非常重要，在供給預測中，它起著基礎性作用，但很難單獨成為有效的預測法。

其步驟如下：
（1）設計人事登記表。
（2）在日常人力資源管理中，做好記錄工作。
（3）定期核查現有的人力資源狀況。
（4）預測未來內部的人力資源供給狀況。

人事登記表不是簡單地記錄個人的人事信息，而是一份為供給預測服務的登記表（見表3-3）。首先，人事登記表要包括員工的個人基本信息，這是盤點的基礎。其次，人事登記表要體現員工調動工作的意願，在人員變動時作為參考，讓員工從主觀上勝任未來崗位。最後，人事登記表要反應出員工的工作能力和發展潛力，評估其調動的可能性，在客觀上確認員工能勝任未來崗位。

表 3-3　　　　　　　　　　　　　人事登記表

姓名：	性別：	出生年月：	婚姻狀況：	填表日期：
部門：	科室：	工作職稱：	工作地點：	到職日期：
教育情況					
起訖年月	學校		專業	學位種類
培訓情況					
起訖年月日	培訓機構		培訓主題	

表3-3(續)

技能情況		
獲取證書時間	技能種類	證書
個人意向		
是否願意擔任其他類型的工作？	是	否
是否願意調到其他部門工作？	是	否
是否願意接受工作輪換？	是	否
是否願意調換工作地點？	是	否
如可能，認為目前可以承擔什麼工作？		
如可能，願意將來承擔什麼工作？		
認為目前最需要什麼培訓？		
期望以後參加哪些方面的培訓？		

2. 替換圖法

替換圖法是通過繪制替換圖，預測未來替換空缺職位的人力資源供給情況的方法。這種方法在企業中得到廣泛運用，但由於該方法較為複雜，因此主要運用於預測重要崗位的人員供給。

其步驟如下：

（1）根據組織結構圖繪制替換圖的框架。
（2）評價每個人的當前績效和提升潛能。
（3）預測職位空缺可能。
（4）預測替換這些空缺職位的人力資源供給情況。
（5）綜合分析整個企業的人員替換情況，建立人力資源替換模型（此步驟是替換圖法的延伸，如有此步驟，則該方法變為人力資源供給預測中的替換計劃法）。
（6）當職位出現空缺時，根據多張替換圖預測出一系列的人員變動。

圖3-2是一張人員替換圖。如果總經理一職空缺，a1是最佳人選，因為他當前績效優秀，並且可以提升。a1提升後，A部門的職位又將空缺，c1和d1都可以提升，但是d1的當前績效更好，優先考慮提升d1。d1提升後，D部門又有新的職位空缺，再繼續用替換圖尋找合適的候選人。

已繪制好的替換圖可以為企業變動人員提供重要參考，當崗位出現變動時，需要及時更新替換圖。既然這是一個預測工具，當然希望能對未來變動進行預測，因此許多企業會在此基礎上預測職位空缺情況。職位空缺的原因很多，如離職、辭退、調動、業務擴大等原因。有些空缺是容易預測的，如退休、有計劃的調動、預期的業務擴大等，這些變動可以事先預測到，企業能掌握主動。有些空缺則是難以預測的，如辭職、臨時調動、業務突然變化等，不確定性很高，企業顯得較被動。對於前者，可以通過各項計劃較準確地預測；對於後者，可以通過過去的經驗粗略估計。將兩者相加，便

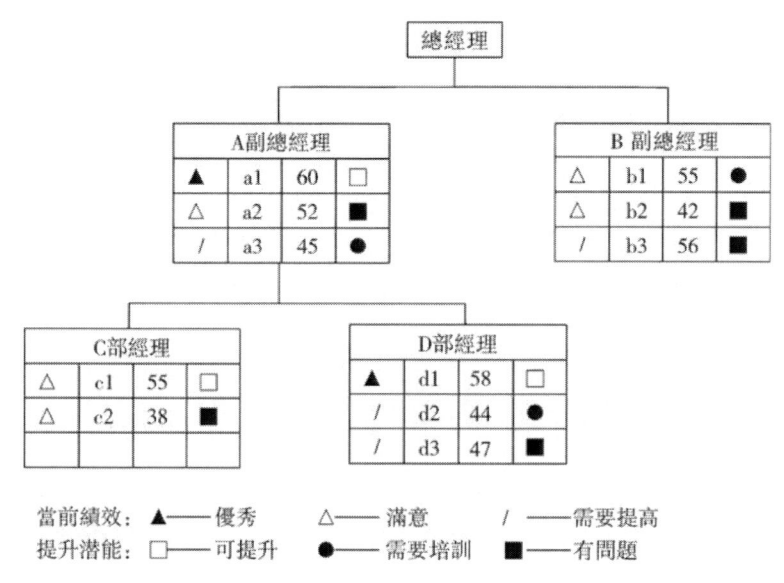

```
                        總經理
           ┌─────────────┴─────────────┐
      A副總經理                    B副總經理
   ▲  │ a1 │ 60 │ □           △ │ b1 │ 55 │ ●
   △  │ a2 │ 52 │ ■           △ │ b2 │ 42 │ ■
   /  │ a3 │ 45 │ ●           / │ b3 │ 56 │ ■
       ┌─────┴─────┐
     C部經理      D部經理
  △ │ c1 │ 55 │ □     ▲ │ d1 │ 58 │ □
  △ │ c2 │ 38 │ ■     / │ d2 │ 44 │ ●
                      / │ d3 │ 47 │ ■
```

當前績效： ▲——優秀　　△——滿意　　/——需要提高
提升潛能： □——可提升　●——需要培訓　■——有問題

圖 3-2　管理人員替換圖

可得到一個大致的職位空缺預測情況。

3. 人力資源水池模型

人力資源水池模型是在預測企業內部人員流動的基礎上來預測人力資源的內部供給，它與人員接替有些類似，不同的是人員接替是從員工出發來進行分析，而且預測的是一種潛在供給；水池模型則是從職位出發進行分析，預測的是未來某一時間現實的供給。這種方法一般要針對具體的部門、職位層次或職位類別來進行，由於其要在現有人員的基礎上通過計算流入量和流出量來預測未來的供給，就好比是計算一個水池未來的蓄水量，因此稱為水池模型。

以下通過一個職位層次分析的例子來介紹水池模型的運用。

首先，可以使用以下公式來預測每一層次職位的人員流動情況：

未來供給量=現有人員的數量+流入人員的數量-流出人員的數量（見圖 3-3）

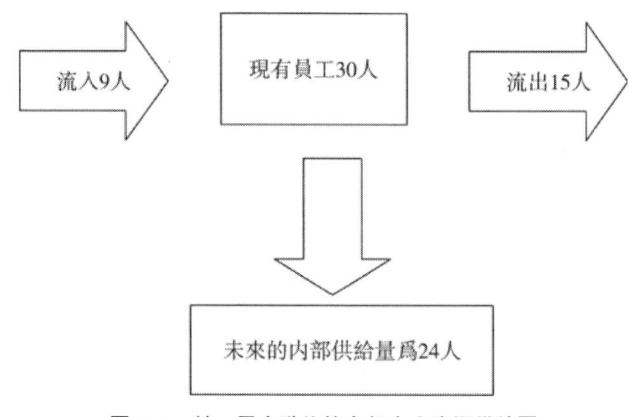

```
  流入9人  →  現有員工30人  →  流出15人
                   ↓
           未來的內部供給量為24人
```

圖 3-3　某一層次職位的內部人力資源供給圖

對每一職位來說，人員流入的原因有平行調入、向下降職和向上晉升；人員流出的原因有向上晉升、向下降職、平行調入和離職。

在分析完所有層次的職位後，將它們合併在一張圖中，就可以得出企業未來各個層次職位的內部供給量以及總的供給量（見圖 3-4）。

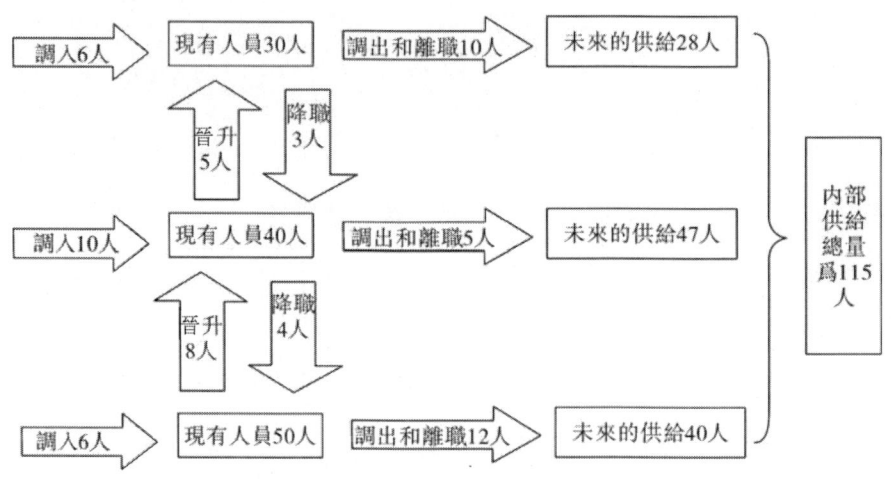

圖 3-4　人力資源水池模型

4. 馬爾科夫模型

馬爾科夫模型是根據歷史數據，預測等時間間隔點上的各類人員分佈狀況。此方法的基本思想是根據過去人員變動的規律，推測未來人員變動的趨勢。因此，運用馬爾科夫模型時，假設未來的人員變動規律是過去變動規律的延續。也就是說，轉移率要麼是一個固定比率，要麼可以通過歷史數據以某種方式推算出。

其步驟如下：

（1）根據歷史數據推算各類人員的轉移率，得出轉移率的轉移矩陣。
（2）統計作為初始時刻點的各類人員分佈狀況。
（3）建立馬爾科夫模型，預測未來各類人員供給狀況。

運用馬爾科夫模型可以預測一個時間段後的人員分佈，雖然這個時間段可以自由定義，但較為普遍的是以一年為一個時間段，因為這樣最為實用。在確定轉移率時，最粗略的方法就是以今年的轉移率作為明年的轉移率，這種方法認為最近時間段的變化規律將繼續保持到下一時間段。雖然這樣很簡便，但實際上一年的數據過於單薄，很多因素沒有考慮到，一個數據的誤差可能非常大。因為以一年的數據得出的概率很難保證穩定，最好運用近幾年的數據推算。在推算時，可以採用簡單移動平均法、加權移動平均法、指數平滑法、趨勢線外推法等，可以在試誤的過程中發現哪種方法推算的轉移率最準確。在推算時，可以嘗試用不同的方法計算轉移率，然後用這個轉移率和去年的數據來推算今年的實際情況，最後選擇與實際情況最相符的計算方法。轉移率是一類人員轉移到另一類人員的比率，計算出所有的轉移率後，可以得到人員轉移率的轉移矩陣。

$$i\text{ 類人員的轉移率} = \frac{\text{轉移出 } i \text{ 類人員的數量}}{i \text{ 類人員原有總量}}$$

人員轉移率的轉移矩陣：

$$P = \begin{vmatrix} P_{11} & P_{12} & \cdots & P_{1K} \\ P_{21} & P_{22} & \cdots & P_{2K} \\ P_{31} & P_{32} & \cdots & P_{3K} \\ \vdots & \vdots & & \vdots \\ P_{K1} & P_{K2} & \cdots & P_{KK} \end{vmatrix}$$

該方法一般是以現在的人員分佈狀況作為初始狀況，因此只需要統計當前的人員分佈情況即可。這是企業的基本信息，人力資源部門可以很容易地找到這些數據。

建立模型前，要對員工的流動進行說明。流動包括外部到內部流動、內部之間流動、內部到外部的流動，內部之間的流動可以是提升、降職、平級調動等。由於推測的是整體情況，個別特殊調動不在考慮之內。馬爾科夫模型的基本表達式如下：

$$N_{i(t)} = \sum_{j=1}^{k} N_{i(t-1)} P_{ji} + V_{i(t)}$$

式中：$i, j = 1, 2, 3, \cdots, k$；

$t = 1, 2, 3, \cdots, n$；

k 為職位類數；

$N_{i(t)}$ 為 t 時刻的 i 類人員數；

P_{ji} 為 j 類人員向 i 類人員轉移的轉移率；

$V_{i(t)}$ 為在 $(t-1, t)$ 時間內 i 類人員所補充的人員數。

只要知道各類人員的起始數量、轉移率、未來補充人數，就可以運用上式預測出各類人員的分佈情況。馬爾科夫模型可以非常清楚地推算出未來的各類人員數量，在企業中得到廣泛運用。為了使計算過程看上去更為直觀，一些企業用表格來表示預測的過程。假設一企業今年的人員分佈及計算出的轉移率如表 3-4 所示，可預測出明年的人員分佈情況如表 3-5 所示。

表 3-4　　　　　　　　　今年各類人員數量及其轉移率

初始人數（人）	人員類別	管理人員	技術人員	一般人員	離職
20	管理人員	0.9			0.1
30	技術人員	0.1	0.7		0.2
100	一般人員	0.1	0.1	0.6	0.2

表 3-5　　　　　　　　　預測明年各類人員數量分佈　　　　　　　單位：人

初始人數	人員類別	管理人員	技術人員	一般人員	離職
20	管理人員	18			2
30	技術人員	3	21		6
100	一般人員	10	10	60	20
	預測人員供給量	31	31	60	28

第四節　人力資源供求平衡對策

企業人力資源供求達到平衡（包括數量和質量）是人力資源規劃的目的。企業要經過人力資源供給與需求預測，結合企業的發展實際，瞭解現有人力資源狀況，明確企業目前人力資源是富足還是短缺、是供不應求還是供過於求，並通過平衡分析，獲得企業人員的淨需求量，進而採取有效措施，以達到企業人力資源供需的相對平衡。

實際上，企業在整個發展過程中，人力資源狀況始終不可能自然地處於供求平衡狀態，而總是處於一種動態的供需失衡的狀態，具體情況如表3-6所示。人力資源規劃就是要根據企業人力資源供求預測結果，制定相應的政策措施，使企業未來人力資源供求實現平衡。

表3-6　　　　　　　　企業發展過程中的人力資源供需狀態

企業發展時期	人力資源供需狀況描述	人力資源狀態
擴張階段	企業人力資源需求旺盛，人力資源供給不足	供不應求，人員短缺
穩定發展階段	企業的人力資源可能會達到表面上的穩定，但仍存在離職、退休、晉升、職位調整等情況	供需平衡，可能存在結構性失調的狀況
蕭條階段	人力資源需求不足，供給變化不大	供過於求

一、人力資源需求大於供給時的組織對策

當預測企業的人力資源在未來可能發生短缺時，要根據具體情況選擇不同方案以避免短缺現象的發生。

第一，將符合條件而又處於相對富餘狀態的人調往空缺職位。

第二，如果高技術人員出現短缺，應擬訂培訓和晉升計劃，在企業內部無法滿足要求時，應擬訂外部招聘計劃。

第三，如果短缺現象不嚴重，並且本企業的員工又願意延長工作時間，則可以根據相關法律法規，制訂延長工時且適當增加報酬的計劃，這只是一種短期應急措施。

第四，提高企業資本技術有機構成，提高工人的勞動生產率，形成機器替代人力資源的格局。

第五，制訂聘用非全日制臨時用工計劃，如返聘已退休者，或者聘用小時工等。

第六，制訂聘用全日制臨時用工計劃。

總之，以上這些措施雖然是解決組織人力資源短缺的有效途徑，但最為有效的方法是通過科學的激勵機制以及培訓提高員工生產業務技能，改進工藝設計等方式，來調動員工積極性，提高勞動生產率，減少對人力資源的需求。

二、人力資源需求小於供給時的組織對策

企業人力資源過剩是當前中國企業面臨的主要問題之一，是中國現有企業人力資

源規劃的難點問題之一。解決企業人力資源過剩的常用方法如下：

第一，永久性辭退某些勞動態度差、技術水平低、勞動紀律觀念差的員工。

第二，合併和關閉某些臃腫的機構。

第三，鼓勵提前退休或內退，對一些接近而還未達退休年齡者，應制定一些優惠措施，如提前退休者仍按正常退休年齡計算養老保險工齡；有條件的企業，還可一次性發放部分獎金（或補助），鼓勵提前退休。

第四，提高員工整體素質，如制訂全員輪訓計劃，使員工始終有一部分在接受培訓，為企業擴大再生產準備人力資本。

第五，加強培訓工作，使企業員工掌握多種技能，增強競爭力。鼓勵部分員工自謀職業，同時可撥出部分資金，開辦第三產業。

第六，減少員工的工作時間，隨之降低工資水平，這是西方企業在經濟蕭條時經常採用的一種解決企業臨時性人力資源過剩的有效方式。

第七，採用由多個員工分擔以前只需要一個或少數幾個人就可以完成的工作和任務，企業按工作任務完成量來計發工資的辦法。這與上一種方法在實質上是一樣的，即都是減少員工工作時間，降低工資水平。

三、人力資源供求結構不匹配時的組織對策

企業人力資源供求完全平衡的情況極少見，甚至不可能，即使是供求總量上達到平衡，也會在層次、結構上發生不平衡。對於結構性的人力資源供需不平衡，企業應依具體情況制定供求平衡規劃。

第一，進行人員內部的重新配置，包括晉升、調動、降職等，來彌補那些空缺的職位，滿足這部分的人力資源需求。

第二，對現有人員進行有針對性的專門培訓，使他們能夠從事空缺職位的工作。

第三，進行人員的置換，清理那些企業不需要的人員，補充企業需要的人員，以調整人員的結構。

在制定平衡人力資源供求的政策措施的過程中，不可能是單一的供大於求或供小於求，往往可能出現的是某些部門人力資源供過於求，而另外幾個部門則可能人力資源供不應求，也許是高層次人員供不應求，而低層次人員卻供給遠遠超過需求。因此，企業應具體情況具體分析，制定出相應的人力資源部門或業務規劃，使各部門人力資源在數量、質量、結構、層次等方面達到協調平衡。

第五節　人力資源規劃實務

一、東通公司人力資源現狀分析

東通公司自 2012 年成立以來，堅持以人為本的管理思想，重視人力資源開發，採取了一系列的舉措和政策，穩定人才，培養人才，吸引了許多中高級人才的加盟，基本滿足了東通公司發展對人才的需求，初步形成了一支素質較好、層次較高的人才隊伍。但隨著東通公司規模的發展壯大和業務範圍的不斷拓展，其對於人才的要求也逐

漸強烈，如何始終確保一支素質好、層次高的中高層管理隊伍困擾著東通公司人力資源的建設。

東通公司現有的人力資源狀況從員工數人數、員工年齡與性別結構、員工學歷結構、員工職稱結構等方面進行分析。

(一) 員工總人數

截至2015年12月31日，東通公司有在職管理員工39人（其中返聘1人，臨時聘用2人）。

(二) 員工年齡與性別結構

男員工32人，女員工7人。其中，25歲以下的員工7人；26~30歲的員工12人；31~35歲的員工10人；36~40歲的員工3人；41~45歲的員工1人；46~50歲的員工3人；51~55歲的員工1人；56~60的員工2人（見表3-7）。

表3-7　　　　　　　　　　公司員工年齡、性別情況表

公司名稱	男女比例		年齡結構（歲）						
	男員工數	女員工數	≤25	26~30	31~35	36~40	41~45	46~50	51~55	55以上
東通公司(人)	32	7	7	12	10	3	1	3	1	2
比例(%)	82	18	18	31	26	7	3	7	3	5

(三) 員工學歷結構

碩士學歷5人，本科學歷23人，大專學歷8人，中專(技校)學歷3人（見表3-8）。

表3-8　　　　　　　　　　公司員工學歷情況表

公司名稱	學歷結構				
	碩士	本科	大專	中專（技校）	函授及其他
東通公司（人）	5	23	8	3	0
比例（%）	13	59	20	8	0

(四) 員工職稱結構

截至2015年12月31日，東通公司員工有高級職稱的4人，中級職稱的6人，初級職稱的18人（見表3-9）。

表3-9　　　　　　　　　　公司員工職稱情況統計表

公司名稱	職稱結構			
	高級	中級	初級	無
東通公司	4	6	18	11
比例（%）	10	15	46	29

（五）東通公司現狀分析

（1）從東通公司目前的管理人員的數量來看，基本能夠滿足東通公司生產的需要，可以東通公司目前的各項管理工作，但人員的數量較為精簡，人員的工作負荷程度較高。

（2）東通公司目前的管理人員的年齡結構基本合理，高層管理人員有5人分佈在31～50歲的範圍，較為均勻。東通公司應重視對於年輕幹部的培養，26～35歲的人員中基本集中了東通公司的中層幹部，是東通公司的中堅力量。

（3）從東通公司目前的管理人員的資質來看，管理人員本科及以上學歷占到72%，資質較高，但是受境外管理成本、崗位編制限制等客觀因素影響，人員水平差別較大，單純靠境外人員儲備、培養等手段實現中高層人才梯隊建設「AB角」配備較為困難，不利於隊伍建設。

（4）人員結構需要進一步優化，高級職稱人員只占10%，中級職稱人員只占15%，東通公司整體的技術含量偏低，應進一步增加高級、中級職稱的人員數量。

（5）東通公司目前的薪資水平相對還是比較有競爭力的，但是需要進行全面系統的績效考核設計，充分發揮激勵因素，調動員工積極性。

二、東通公司三年人力資源規劃

（一）東通公司人力資源理念

人是一切物質和精神財富的創造者，是企業發展振興的力量源泉，企業的一切管理活動，始終遵循以人為本的管理思想。企業應倡導終身學習，不斷為員工創造實現職業理想的機會，使員工掌握終生就業的本領。企業應為開拓者搭建成功的階梯，為進取者提供創業的舞臺，創造條件成就員工的理想，為員工創造施展才華的機會，提供充分發揮自身潛能和實現自我價值的空間。

（二）東通公司人力資源戰略和策略

根據東通公司的人力資源現狀，結合面向未來的發展戰略，東通公司的人力資源戰略如下：

（1）一定時期內，公司機制的作用大於人的作用；要建立發展、發揮大多數人能力的機制。

（2）關鍵人才繼續以內部培養為主，適當引進職業化人才；同時考慮更有效地利用外部人力資源。

（3）強化協作，營造團隊文化，鼓勵團隊績效、團隊能力。

（4）側重非經濟性激勵，適當提升經濟性激勵的水準和有效性。

（5）重視長期績效，短期效益服從於長期績效；強調對人的素質開發和培養。

（三）東通公司人力資源規劃

1. 公司人員定編規劃

目前東通公司人員的數量較為精簡，人員的工作負荷程度較高，隨著東通公司發展精細化程度越來越高，該人員數量無法滿足東通公司發展需要。東通公司要在保證

關鍵崗位基礎上，招聘、培養管理、使用屬地化人員。

東通公司現有管理員工 39 人，3 年內中方管理人員編制 35 人，減少 4 人，屬地化管理人員配備 10 人以上，分佈至各部門、項目部。

2. 宏觀定編制

現狀：高層（領導層，即總經理助理及以上）6 人，占 15.38%；中層（部門經理、部門副經理、高級業務主管、項目經理）23 人，占 58.97%；基層（業務主管及以下、項目其他管理人員）10 人，占 25.64%。

規劃：截至 2018 年 12 月 31 日，高層（領導層，即總經理助理及以上）占 10%；中層（部門經理、部門副經理、高級業務主管、項目經理）占 20%；基層（業務主管及以下、項目其他管理人員）占 70%，該數據含屬地化管理人員。

三、東通公司人員配置規劃

員工職位確認後，職位調整應按規定統一調整，職位調整遵循員工個人業績及素質傾向的原則。

(一) 人員職位晉升

按職位層級規劃，每年調整一次。各部門同類職位工作人員間按比例調整，績效優異的低層級的員工向上晉升。

(二) 人員職位降級

按職位層級規劃，每年調整一次。各部門同類職位工作人員間按比例調整，績效評價差的低層級的員工向下降級。

(三) 人員職位異動調整

職位異動是指不同類職位間的調整，不同類職位間的調整統一採取競爭上崗的辦法。

四、東通公司教育培訓規劃

(一) 第一階段

2016 年完成培訓系統建設，搭建健全的培訓管理體系，實現培訓工作的全面科學管理，為邁向學習型組織做好基礎性工作；通過培訓提升員工技能，提高工作績效，提升員工競爭能力。

(二) 第二階段

截至 2017 年 12 月 31 日，進行文化建設，塑造東通公司的學習文化，形成良好的學習氛圍。

(三) 第三階段

截至 2018 年 12 月 31 日，效益優化，實現學習文化的價值轉化，達到文化和效益的結合。

五、東通公司招聘選拔規劃

（一）2016 年人員需求招募計劃

總需求：××人。
預計流失人員：××人。
預計需招募人員：××人。

（二）2017 年人員需求招募計劃

總需求：××人。
預計流失人員：××人。
預計需招募人員：××人。

（三）2018 年人員需求招募計劃

總需求：××人。
預計流失人員：××人。
預計需招募人員：××人。

六、東通公司整體人員規劃

東通公司整體人員規劃如表 3-10 所示。

表 3-10　　　　　　　東通公司整體人員規劃　　　　　　　單位：人

名稱	2015 年年底（現狀）	2016 年年底	2017 年年底	2018 年年底
總人數	39	35	35	35
預計回國人數(境外機構)	2	17	1	1

七、東通公司重點崗位三年內人員規劃

東通公司重點崗位三年內人員規劃如表 3-11 所示。

表 3-11　　　　　東通公司重點崗位三年內人員規劃　　　　　單位：人

崗位	2015 年年底（現狀）	2016 年年底	2017 年年底	2018 年年底
總經理	1	1	1	1
常務副總經理	1	1	1	1
副總經理	0	1	1	1
三總師	2	2	2	2
總經理助理	1	1	1	1
三副總師	0	1	1	1
部門經理	4	5	5	5
項目經理	10	8	8	8
項目總工	2	3	3	3
商務經理	1	1	1	1

八、東通公司各專業序列三年內人員規劃

東通公司各專業序列三年內人員規劃如表 3-12 所示。

表 3-12　　　　　　　東通公司各專業序列三年內人員規劃　　　　　　單位：人

崗位	2015 年年底（現狀）	2016 年年底	2017 年年底	2018 年年底
市場經營人員	3	3	3	3
商務人員	5	5	5	5
財務管理人員	2	2	2	2
審計人員	5（兼）	5（兼）	5（兼）	5（兼）
工程技術人員	1	2	2	2
材料管理人員	4	4	4	4
人力資源管理人員	1	1	1	1
綜合管理人員	1	1	1	1
法律管理人員	0	1（兼）	1（兼）	1（兼）

【本章小結】

人力資源規劃是企業建立戰略型人力資源管理體系的前瞻性保障，通過對企業人力資源的供需分析，可以預見人才需求的數量和質量要求，以此確定人力資源工作策略。人力資源規劃諮詢服務從企業戰略出發，詳盡分析企業所處行業和地域等外部環境，透澈瞭解企業現有的人力資源基礎，結合強大的數據基礎，準確預測企業未來發展所需的各類人力資源的數量、質量、結構等方面的要求，結合市場供需確定企業人力資源工作策略，制訂切實可行的人力資源規劃方案。人力資源規劃是組織發展戰略的重要組成部分，同時也是實現組織戰略目標的重要保證。

本章主要闡述了人力資源規劃的含義與作用、人力資源規劃的程序、影響人力資源需求與供給的因素，重點介紹了人力資源需求預測與供給預測的方法以及人力資源供需平衡的對策等。

【簡答題】

1. 什麼是人力資源規劃？人力資源規劃有哪些作用？
2. 如何進行人力資源規劃？
3. 影響人力資源需求的因素有哪些？
4. 人力資源需求預測的方法有哪些？
5. 人力資源供給預測的方法有哪些？
6. 應當怎樣平衡人力資源的供給和需求？

【案例分析題】

萬科五年人力資源規劃（2011—2015 年）

一、萬科概述

萬科企業股份有限公司（以下簡稱萬科）成立於 1984 年 5 月，是目前中國最大的專業住宅開發企業。1988 年萬科進入住宅行業，1993 年萬科將大眾住宅開發確定為公司核心業務，2006 年萬科的業務覆蓋以珠三角地區、長三角地區、環渤海地區三大城市經濟圈為重點的 20 多個城市。經過多年努力，萬科逐漸確立了在住宅行業的競爭優勢：「萬科」成為行業第一個全國馳名商標。

以理念奠基、視道德倫理重於商業利益，是萬科的最大特色。萬科認為，堅守價值底線、拒絕利益誘惑，堅持以專業能力從市場獲取公平回報，致力於規範、透明的企業文化建設和穩健、專注的發展模式是萬科獲得成功的基石。憑藉公司治理和道德準則上的表現，萬科載譽不斷。

近年來，隨著中國經濟的持續發展、政府政策的不斷支持、各項法規的逐步完善、住宅消費群體的日益成熟，中國的住宅產業日漸繁榮。面臨良好的市場機遇，未來 5 年，憑藉一貫的創新精神及專業開發優勢的萬科將以上海、深圳、廣州為核心城市，選擇以上海為龍頭的長三角地區和以廣州為龍頭的珠三角地區進行區域重點發展，同時還將選擇以瀋陽為中心的東北地區，以北京、天津等核心城市和成都、武漢等腹地區域經濟中心城市作為發展目標，進一步擴大萬科在各地的市場份額，實現成為行業領跑者的目標。

二、萬科人力資源戰略目標

深入分析企業人力資源面臨的內外部環境，發現問題和潛在的人員流失風險，提出應對措施。合理預測企業中長期人力資源需求和供給，規劃和控制各部門人力資源發展規模，建立完善的人力資源管理體系。規劃核心人才職業生涯發展，打造企業核心人才競爭優勢，持續培養專業化、富有激情和創造性的職業經理隊伍，加強對專業性人才的培養和引進。規劃員工隊伍發展，提高員工綜合素質，培養最出色的專業和管理人才，並為其提供最好的發展空間和最富競爭力的薪酬待遇。

三、萬科未來五年人力資源需求預測

由於社會經濟的高速發展，人們對於住宅的不同種需求近幾年呈現上升態勢，萬科結合市場和企業發展的因素，加大了市場的開發力度，近幾年的員工數量呈現上升態勢。萬科的員工數量從 2006 年的 15,914 人上升到 2010 年的 18,190 人（見表 3-13）。

表 3-13　　　　　　　　　　萬科員工人數　　　　　　　　　　單位：人

年度	2006	2007	2008	2009	2010
員工人數	15,914	16,464	17,034	17,614	18,190

根據表 3-13 顯示的信息，對於萬科 2011—2015 年的人員需求計算如下：

通過分析 2006—2010 年的員工數量,運用一元線性迴歸分析法:$y = a + bx$,求得 2011 年人員需求為 18,765 人,2012 年人員需求為 19,340 人,2013 年人員需求為 19,915 人,2014 年人員需求為 20,490 人,2015 年人員需求為 21,065 人。由於未來的不確定性,人員需求數量定位(預測數字的增減)100 人上下浮動。

四、萬科的部門體系及人員招聘

萬科的部門體系如圖 3-5 所示。

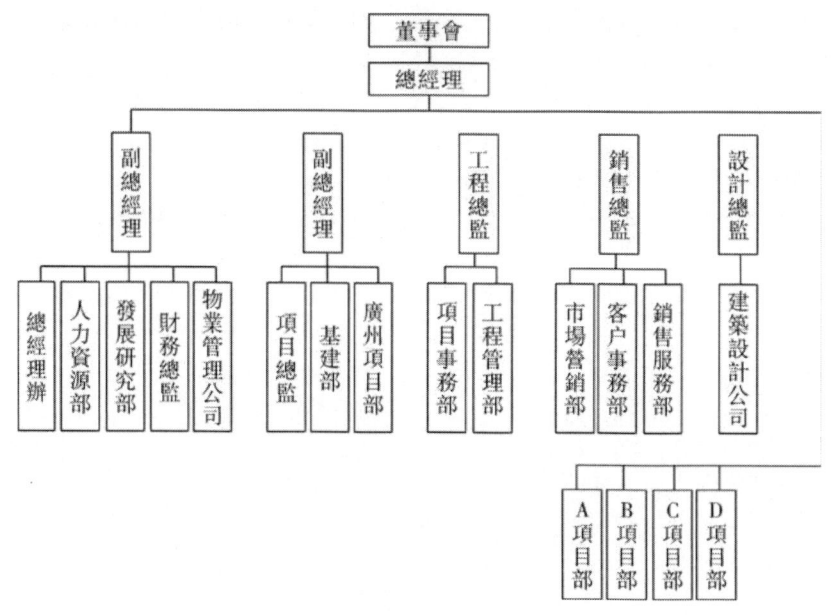

圖 3-5　萬科的組織結構圖

2011—2015 年,由於市場投資環境的變化和企業的發展,員工可能需要承受的各方面壓力加大,為了幫助員工更好地調節自己,企業需要設立員工心理諮詢協會等類似部門。而市場又是不能完全預測的,為了規避不必要的風險和獲取更多的利潤,企業可能會成立投資管理部、企業發展部等類似部門,新增部門的人員或多或少地會得不到滿足。這些空缺的職位首先向集團內員工提供,以此滿足員工個性化的發展要求,鼓勵員工流動到更能發揮自己能力的崗位,其次通過招聘等一系列工作來填補崗位的空缺。

萬科內部人員流動矩陣如表 3-14 所示。

表 3-14　　　　　　　　　萬科內部人員流動矩陣

層次 \ 職位	人員流動概率				
	高層領導	中層領導	基層領導	員工	離職
高層領導	0.95				0.05
中層領導	0.05	0.80			0.15
基層領導		0.10	0.75		0.15
員工			0.10	0.70	0.20

綜合表3-14的數據我們可以看出，在任何一年中，平均95%的高層領導仍在萬科，而5%的高層領導會退出；75%的基層領導會留在原來的崗位，10%的基層領導會晉升為中層領導，15%的基層領導會離職。根據這些數據和目前的崗位人數，我們就可以推算出未來的人員變動（供給量）狀況，從而制訂有效的招聘計劃。

五、萬科人力資源規劃政策的實施

（一）員工招聘：控制人員規模，提升人員質量，加強雇主品牌建設

按項目開發數量和進度，合理配置人員，通過改進工作模式，提升工作效率，嚴格控制人員規模；加強新進人員質量控制，在專業能力基礎上更加重視培養潛質和職業態度；通過專業外包及勞務派遣方式，逐步優化減少物業地產服務人員隊伍；加強對於市場人才狀況的瞭解，拓寬人才吸納渠道，有針對性地獲取高級人才；加強在市場及高校中的雇主品牌建設，以吸引更多的優秀人才。對於內部空缺崗位，在滿足內部流動和晉升的前提之下開展招聘工作，在員工招聘方面需重點考察個人素質，或者說是「Soft Skills」（軟性技能），比如誠信、有責任心、有激情、常常保持好奇心、具備團隊協作精神等，這些特徵需與萬科的核心價值觀一致。

（二）培訓與文化策略：加強戰略及文化價值觀宣導落地，建立貼近業務的培訓體系

對於新入職的員工，開展新人入職培訓，由萬科承認的專業培訓師對新入職人員進行全方位的培訓，包括企業文化、核心價值觀、企業宗旨等各個方面，以便於新入職員工能夠快速融入萬科。對於新入職的員工，萬科安排優秀的老員工對其進行職場領導，同時加強公司戰略的宣導，使員工明確戰略導向，並指導工作；加強萬科企業文化的固化和提煉宣傳，防止規模擴張對文化的稀釋；推進價值觀的行動化，在行動中深化價值觀；建立貼近業務的培訓體系，推進新方法、新工藝的實際應用，提升員工工作能力和管理效能；打造學習型組織，提升員工及組織的學習總結能力，從而加強優秀經驗轉化，提升工作能力。

（三）薪酬策略：提高基層薪酬吸引力，加強績優員工保有和激勵

提升公司薪酬吸引力，保持在市場的75%~90%分位線；建立並完善系統全面的薪酬體系，適應公司多元化的人才結構，起到有針對性的激勵作用；依據為卓越加薪的方針，持續加強對績優員工的激勵和保有。倡導「健康豐盛的人生」，致力於保持員工、企業雙贏的關係。在薪酬體系方面，實行浮動的薪酬體系，結合地區、職務級別和績效等多方面因素進行考核；在獎懲製度方面，對萬科具有巨大貢獻的員工實行豐厚的獎勵製度。對於企業員工，萬科提供在職發展培訓，對於優秀員工，萬科在給予獎勵的同時優先考慮其晉升。同時，萬科可以根據每一年的公司收益，不斷完善公司的薪酬福利製度，讓績效與市場化的薪酬相匹配，最大力度地保留和激勵員工。對於一些有潛力的員工，萬科可以採取內部晉升的方式，從而最大力度地保留和激勵員工。

（四）組織績效策略：落實適應未來的組織變革，推進有效的績效管理體系

建立與公司規模發展相匹配的公司組織架構模式和授權體系；推進片區化項目管理模式落實，並在此基礎上進一步建立高效項目管理架構；建立系統全面的績效管理體系，推進公司戰略分解執行，並通過績效監控，確保組織目標實現；建立系統完善的獎懲體制，全面應用績效激勵。

（五）優才培養策略：加速人才梯隊培養，提供切實有針對性的職業發展指導

建立全面系統的優才體系，加強人才梯隊的培養，為滿足規模擴張做儲備；建立系統的優才培養製度，為各層級的優才提供有針對性的培養；加強對優才的關注和職業發展輔導，以幫助其盡快成長。

（六）員工關懷策略：加強服務貼近前線，深化網狀員工關係體系作用

關注基層員工，人力資源服務貼近前線，並能及時快速地幫助員工解決問題；加強系統的員工關懷網路建設，以確保各級管理人員都能及時瞭解員工動向，採取相應的激勵對策；營造和諧、富有激情的工作環境，提升員工的敬業度和忠誠度。

思考題：

1. 萬科公司人力資源規劃工作的具體程序是怎樣的？
2. 萬科公司人力資源規劃有哪些值得借鑑的地方？又有哪些需要完善和改進的地方？

【實際操作訓練】

實訓項目：人力資源規劃。

實訓目的：在學習相關理論知識的基礎上，進一步掌握人力資源規劃的制定，能夠編制出規範的人力資源戰略規劃方案。

實訓內容：

1. 到某企業實地調查，瞭解其現有人力資源配備情況，收集企業組織結構、內外環境、人力資源現狀等資料。
2. 對相關部門的領導進行訪談，瞭解企業整體戰略規劃和發展目標。
3. 根據前期收集的資料進行匯總和分析。
4. 根據調研獲得的數據和資料，選用所學的方法，對企業人力資源需求和供給進行預測。
5. 編制該企業的人力資源規劃方案。

第四章　招聘與配置

開篇案例

ABC 集團的招聘哲學

ABC 塑化集團（以下簡稱 ABC 集團）的董事長王某白手創業，對人才的引進非常重視，並形成了自己的一套招聘哲學。ABC 集團在剛剛起步時，在報紙上刊登公開向社會招聘高級技術管理人才的廣告。一時間，200 餘名專業技術人員前來報名，自薦擔任 ABC 集團的經理、部門主管、總工程師、總會計師等職位。在應聘人員中，有搞了幾十年機床設計的高級工程師，也有搞飛機制造、船舶動力裝置設計的高級工程師，還有化工、物理、電器等專業的技術人員。王某專門從北京大學聘請來人力資源管理方面的專家組成招聘團，並由自己親自主持招聘。隨後，招聘團對應聘者進行了筆試、口試等選拔測試。經過幾輪激烈競爭的考試，自薦者各自顯示出自己的才干。答辯中，原某化工公司的高級工程師黃某對 ABC 集團的某型號產品得到質量金牌未有讚詞，卻提出了居安思危、改進產品的新設想。他說：「目前塑料製品的生產技術歐美居於領先地位，我們要將別人的技術加以消化吸收，形成自主開發、獨立設計、制造新產品的能力，爭取開創世界一流水平。」黃某的一番話給招聘團員留下了深刻的印象，王某高興地說：「我在這裡看到了人才流動將會給集團輸送多少優秀的管理人才和技術人才啊！」最後經過多方面的考察和調查，包括黃某在內的一批人才被 ABC 集團高薪聘用。

這次公開招聘人才的嘗試，確實給 ABC 集團帶來了新的生機和活力。新招聘的高級技術管理人員到任不久，便與 ABC 集團領導、技術人員、工人們密切合作，開發出許多新產品，使 ABC 集團在亞洲市場的競爭中取得了優勢，ABC 集團迅速成長壯大為國際知名的企業集團。

人才是企業興衰的關鍵，因此大多數企業都爭相到企業外去招攬人才。王某不完全同意這種做法，他認為人才往往就在身邊，因此求才應首先從企業內部去尋找。他說：「尋找人才是非常困難的，最主要的是企業內部管理工作先要做好；管理上了軌道，大家懂得做事，單位主管有了知人之明，有了伯樂，人才自然就被發掘出來了。企業內部管理先行健全起來，是條最好的尋人之道。」

如今企業家求才若渴，大多到外邊尋找人才，卻大嘆求才之難。對此，王某指出：「企業家對企業內有無人才渾然不知，對人才不給予適才適用的安置，有人才也是枉然。身為企業家，應該知道哪個部門為何需要此種人才。」基於這個道理，ABC 集團每當人員缺少時，往往並不對外招聘，而是調任本企業內部的其他部門的人員。

問題與思考：
1. ABC 集團為什麼要選擇內部招聘？
2. 在此案例中，ABC 集團的內部招聘採取了哪種方式？

第一節　招聘概述

隨著社會經濟的發展，企業之間的競爭愈發激烈，這種競爭從根本上來說還是人才的競爭。能否招聘並選拔出合適的員工使得企業擁有富有競爭力的人力資本是一個企業興衰成敗的關鍵。作為人力資源管理的一項基本職能活動，招聘與配置是人力資源進入企業或具體職位的重要入口，招聘與配置的有效實施不僅是人力資源管理系統正常運轉的前提，也是整個企業正常運轉的重要保證。

一、招聘的內涵

（一）招聘的概念

招聘，即人員招聘，是人力資源管理工作的一項基本活動。從字面上理解，「招聘」可以分為「招」和「聘」兩個部分。「招」就是徵召，「聘」就是選擇。

本書認為，招聘是指企業根據自身發展需要，按照人力資源規劃和工作分析的要求，尋找候選人，並從中選出合適人員予以錄用的過程。企業通過發布招聘信息和進行科學的甄選，使企業獲取所需的合格人選，並把他們安排到合適的崗位上去工作。

準確地理解招聘的含義，需要把握以下兩點：一是員工招聘的基礎工作是人力資源規劃和工作分析。通過人力資源規劃，管理者可以瞭解企業的崗位需求；而進行工作分析則可以幫助管理者瞭解什麼樣的人應該被招聘進來填補這些空缺。只有做好這兩項工作，企業才能發布準確的招聘信息，根據崗位要求選拔候選者。二是企業招聘的目標人才不一定是最優秀的，而應該是最適合的、最恰當的。

（二）招聘的影響因素

企業在招聘的過程中會受到多種因素的影響，這些因素分為外部環境因素、組織因素和應聘者因素。

1. 外部環境因素

（1）宏觀政策和法規。國家的政策和法律法規從客觀上界定了人力資源招聘的選擇對象和限制條件，是約束企業招聘和錄用行為的重要因素。例如，《中華人民共和國勞動法》規定企業在招聘員工時必須遵循平等就業、相互選擇、公開競爭、照顧特殊群體、禁止未成年人就業等原則。又如，很多國家的法律規定，在招聘信息中不能有優先招聘哪類性別、種族、年齡、宗教信仰等人員的表述，除非這些人員是因為工作崗位的真實需要。

（2）地域特徵。中國經濟發展不平衡，在很大程度上造成各地區人才分佈的不均衡。經濟發達地區人才相對充足，為人員招聘提供了更多的機會，而經濟欠發達地區環境艱苦、人才匱乏，增加了人員招聘的難度。

（3）勞動力市場。勞動力市場是開展招聘工作的主要場所和條件，企業招聘工作的成敗會受到勞動力供給數量與質量的雙重影響。就現階段而言，招聘崗位所需的技能要求越低，勞動力市場的供給就越充足，招聘工作越容易；反之，招聘崗位所需的

技能要求越高，勞動力市場的供給就越緊缺，招聘難度越大。

（4）經濟因素。經濟因素對招聘的影響包括兩個方面：一方面是宏觀經濟形勢。當經濟發展速度放慢時，各類企業對人員的需求減弱；而當經濟高速發展時，各類企業對人力資源的需要量會大幅度增加。另一方面是產業發展形勢。例如，進入21世紀後，勞動力市場對信息、金融、經管類的人才的需求急遽上升。

（5）技術進步。技術進步對就業者的基本素質提出了新的、更高的要求。技術進步改變了對職位技能的要求，對應聘者的任職資格提出了更高的要求。對企業而言，技術進步導致生產率提高，而生產率提高又導致員工數量的減少，同時也催生了許多新興行業和職業。

2. 組織因素

（1）企業的聲望。企業是否在應聘者心中樹立了良好的形象以及是否具有強大的號召力，將從精神方面影響著招聘活動。例如，一些知名的大公司，以其在公眾中的聲望，就能很容易地吸引大批的應聘者。

（2）組織的發展戰略。組織發展戰略規定了組織在一定時期內的發展方向和發展目標，對人力資源招聘與配置工作會產生很大影響。實施成長性戰略的企業，為不斷增強自身的力量，必須加大招聘力度，吸引更多人才；實施穩定性戰略的企業，在有限度引進人才的同時，更加關注做好內部員工的調配工作；實施緊縮性戰略的企業，其規模和經營領域等都有所減少，因而面臨裁員的問題。

（3）企業的招聘政策。企業的招聘政策影響著招聘人員選擇的招聘方法。例如，對於要求較高業務水平和技能的工作，企業可以利用不同的來源和招聘方法，這取決於企業高層管理者是喜歡從內部還是從外部招聘。目前，大多數企業傾向於從內部招聘上述人員，這種內部招聘政策可以向員工提供發展和晉升機會，有利於調動現有員工的積極性。其缺點是可能將不具備條件的員工提拔到領導崗位或重要崗位。

企業內的用人是否合理、是否有良好的上下級關係、升遷路徑的設置如何、進修機會的多少等，對有相當文化層次的人員來說，在一定程度上比工資待遇更重要。

（4）招聘的成本。由於招聘活動必須付出一定的成本，因此企業的招聘預算對招聘活動有著重要的影響。充足的招聘資金可以使企業選擇更多的招聘方法，擴大招聘的範圍；有限的招聘資金會使企業進行招聘時的選擇大大減少，對招聘效果產生不利的影響。

3. 應聘者因素

（1）應聘者的求職強度。應聘者的個人背景和經歷、個人的財政狀況等會影響其求職強度。通常，人們的求職強度和個人的財政狀況成負相關的關係。有研究表明，在職人員尋找新工作的時間比沒有工作的人要少；人們每星期找工作的次數與無工作時的收入之間的關係成反比；經濟壓力大的人，求職動機會更強烈。此外，求職強度高的應聘者容易接受應聘條件，應聘成功率高；求職強度低的應聘者對應聘條件較挑剔，應聘成功率低。

（2）應聘者的職業興趣。職業興趣也是影響人們求職的一大重要因素。有研究表明，員工離職的原因中，除了經濟因素外，職業興趣是導致員工離職的重要原因。人們在職業生涯發展初期受非職業興趣的影響較大，而隨著職業生涯的不斷成熟，對於

99

職業興趣的考量越來越重視，尤其是在自己有充分選擇餘地的情況下，職業興趣成為求職動機的最重要的影響因素。

（三）招聘的原則

1. 效率優先原則

效率優先原則，即以盡可能少的招聘成本錄用到合適的人員。這一原則要求選擇最適合的招聘渠道、考核手段，在保證任職人員質量的基礎上，節約招聘費用，避免長期職位空缺造成的損失。

2. 能崗匹配原則

人的能力有大有小，而工作也有難有易。招聘工作不一定要招聘到最優秀的人才，應量才錄用，做到人盡其才，用其所長，職得其才，這樣才能持久、高效。招聘到最優秀的人才不是最終目的而是手段，最終目的是每一個崗位上用的都是最適合、成本又最低的人員，達到組織整體的效益最優。

作為中國最有影響力企業之一的華為公司，在招聘中有獨到的心得。華為公司認為，看一個企業的招聘是否有效，主要體現在以下三個方面：一是能否及時招到所需人員以滿足企業需要；二是能否以最少的投入招到合適的人才；三是把所錄用的人員放在真正的崗位上是否與預想的一致、適合公司和崗位的要求。

3. 公開公正原則

人員招聘首先必須公開，公示招聘信息、招聘方法。一方面，給予社會上的人才以公平競爭的機會，達到廣招人才的目的；另一方面，使招聘工作置於社會公眾的監督之下，防止不正之風。在人員招聘過程中，要努力做到公平公正，以嚴格的標準、科學的方法對候選人進行全面考核，公開考核結果，擇優錄取。

4. 全面考核原則

全面考核原則不僅指要全面考核應聘者的知識能力、品德等，而且指在做出決策前，決策者對應聘者各方面的素質條件進行綜合分析和考慮，從總體上對應聘者做出判斷，選拔那些德才兼備的人。

二、招聘的基本流程

招聘流程是指企業從出現空缺崗位到候選人正式進入組織工作的整個過程。這是一個系統連續的程序化操作過程，同時涉及人力資源部門及企業內部各個用人部門及相關環節。員工招聘可以通過確定招聘需求、制訂招聘計劃、發布招聘信息、甄選、錄用和評估招聘效果六個環節來完成。一個完整的人員招聘流程如圖4-1所示。

（一）確定招聘需求

確定招聘需求是整個招聘工作的起點。人力資源部根據人力資源規劃和工作分析的內容以及各部門提出所缺崗位人員的信息，識別、認定是否存在崗位空缺，存在多少崗位空缺，這些空缺崗位需要什麼樣的人來填補。確定招聘需求不僅要瞭解人力資源的現實需求，還要及時發現潛在的人員需求。

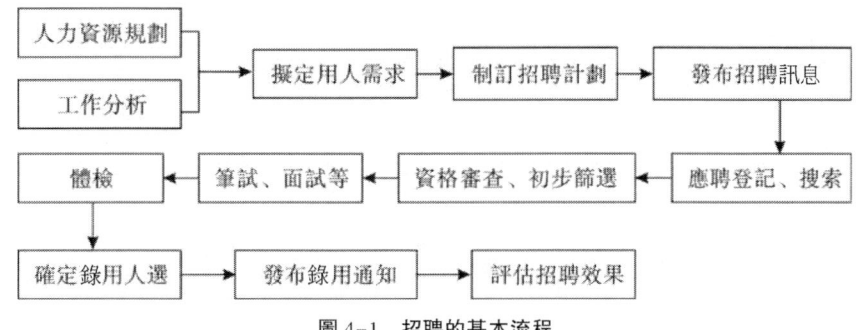

```
┌──────────────┐
│  人力資源規劃  │─┐
├──────────────┤ │    ┌──────────┐   ┌──────────┐   ┌──────────┐
│   工作分析    │─┼───▶│擬定用人需求│──▶│制訂招聘計劃│──▶│發布招聘訊息│
└──────────────┘ ┘    └──────────┘   └──────────┘   └──────────┘
                                                           │
  ┌──────┐   ┌──────────┐   ┌──────────────┐   ┌──────────────┐
  │ 體檢 │◀──│筆試、面試等│◀──│資格審查、初步篩選│◀──│應聘登記、搜索│
  └──────┘   └──────────┘   └──────────────┘   └──────────────┘

  ┌──────────────┐   ┌──────────────┐   ┌──────────────┐
  │ 確定錄用人選  │──▶│  發布錄用通知 │──▶│  評估招聘效果 │
  └──────────────┘   └──────────────┘   └──────────────┘
```

圖4-1　招聘的基本流程

（二）制訂招聘計劃

招聘計劃是組織根據發展目標和崗位需求對某一階段招聘工作所做的安排，是進行招聘的基礎，在招聘工作中居於首要的地位。要想吸引優秀的人才，取得良好的招聘效果，就要制訂好招聘計劃。具體來講，員工招聘計劃包括以下內容：

（1）招聘的崗位、人員需求量、崗位的具體要求。
（2）招聘信息發布的時間、方式、渠道與範圍。
（3）招聘對象的來源和範圍。
（4）招聘方法。
（5）招聘測試的實施部門。
（6）招聘成本預算及預付薪資。
（7）招聘結束時間與新員工到位時間。

在制訂招聘計劃時，人力資源部門需要對招聘時間、招聘成本和招聘規模進行精確的估算，以提高招聘的效率。

1. 確定招聘時間

招聘時間是指整個招聘活動的大體時間。招聘時間的確定主要考慮兩個因素：一是人力資源需求因素，二是人力資源供給因素。從人力資源需求因素考慮，時間的估算如下：

招聘日期＝用人日期–準備週期＝用人日期–培訓週期–招聘週期

其中，培訓週期是指對新招員工進行上崗培訓的時間，招聘週期是指從開始報名、確定候選人名單、面試，直到最後錄用的全部時間。

此外，需要安排招聘各個環節的進度，並據此制定招聘時間表。例如，從公布招聘信息到報名截止時間為7天；選擇一部分人，向他們發出初次面試通知的時間間隔為4天；發出通知後5天開始面試；等等。

2. 確定招聘預算

招聘預算是人力資源管理總預算的一部分。招聘單位成本的計算可以使用以下公式：

招聘單位成本＝招聘總費用÷雇用人數

一般來說，招聘總費用包括：
（1）人事費用，即招聘工作人員的薪酬、福利、差旅費、生活費補助和加班費等。

（2）業務費用，即招聘廣告預算、招聘測試預算、體檢預算及其他預算等。這幾項費用的比例一般為4：3：2：1。

（3）一般開支，即設備租用費、辦公室用具設備、水電及物業管理費等。

3. 確定招聘規模

招聘規模是指企業準備通過招聘活動吸引多少數量的應聘者。招聘活動吸引的人員數量要控制在一個合適的規模。一般來說，企業是通過招聘錄用的金字塔模型來確定招聘規模的。假設某公司的人員招聘和選拔過程分為報名、確定名單、初試、確定候選名單和選拔聘用五個階段，如果該公司希望錄用50名員工，候選與錄用的比例為2：1，則需要100名候選人；初試與候選人的比例為3：2，則參加初試的人應有150人，以此類推，如圖4-2所示。

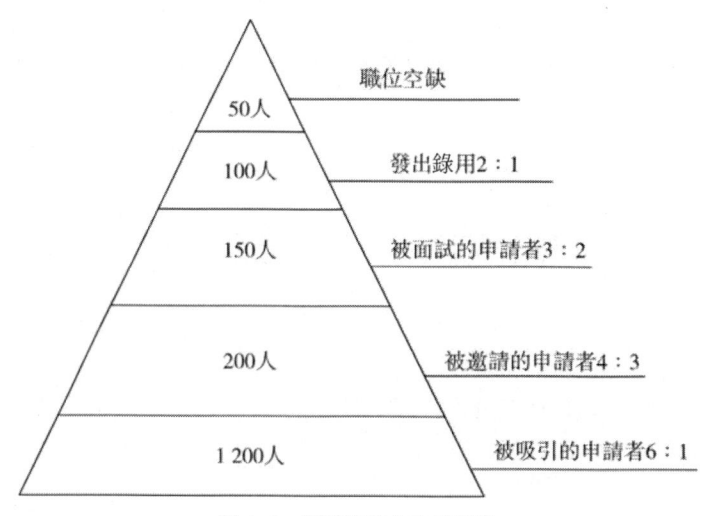

```
           職位空缺
    50人
           發出錄用2：1
   100人
           被面試的申請者3：2
  150人
           被邀請的申請者4：3
  200人
           被吸引的申請者6：1
  1 200人
```

圖4-2　招聘錄用金字塔模型

（三）發布招聘信息

發布招聘信息是一項十分重要的工作，直接關係到招聘任務完成的質量。企業要將招聘信息通過多種渠道向社會發布，向社會公眾告知用人計劃和要求，確保有更多符合要求的人員前來應聘。發布招聘信息要注意以下三個問題：

1. 信息發布面要廣泛

發布信息覆蓋面越廣，接收到信息的人就越多，招聘到合適人選的概率也就越大，企業可以通過多樣化的渠道，如網路、報紙、校園等來獲得較大的覆蓋面。

2. 信息發布時機要及時

在條件許可的情況下，招聘信息應該盡早向外界發布，這樣可以使更多的人在第一時間獲得招聘信息，企業也可以盡快地發現所需人才，加快招聘進程。

3. 信息發布要有針對性

企業在發布信息時，要注意招聘崗位的要求和特點，有針對性地向特定人群發布招聘信息。例如，招聘崗位對工作經驗的要求比較高，那麼招聘信息的發布應該通過社會招聘而不是校園招聘。

（四）甄選

甄選是指組織運用適當的標準和方法從應聘者中挑選合適人才的過程。員工甄選直接關係到組織今後人力資源的質量，因而是整個招聘過程中最為重要的一個環節。甄選的過程一般包括對應聘者情況進行初步審查和篩選、筆試、面試等，以確定最終的錄用者。

（五）錄用

對經過篩選合格的應聘者，應做出錄用決策。通知被錄用者可以通過電話或信函進行聯繫，聯繫時要講清企業向被錄用者提供的職位、工作職責和月薪，並強調報到時間、報到地點以及報到應注意的事項等。對決定錄用的人員，在簽訂勞動合同後，要有3~6個月的試用期。如果錄用者試用合格，試用期滿便按勞動合同規定享有正式合同工的權利和責任。

（六）評估招聘效果

在一次招聘工作結束後，需要對整個過程進行一個總結和評價，以期提高下一次招聘的工作效率。對招聘效果的評估，一般從以下幾個方面進行：

1. 招聘的時間

針對在招聘計劃中對招聘時間所做的估計，在招聘活動結束後要將招聘過程中各個階段所用的時間與計劃的時間進行對比，對計劃的準確性進行評估和分析，為以後更加準確地確定招聘時間奠定基礎。

2. 招聘的成本

對招聘成本的評估包括兩個方面：一方面是將實際發生的費用與預算的費用進行對比，以便下次更準確地制定預算；另一方面是計算各種招聘方法的招聘成本，從而找出最優的招聘方法。其他條件相同時，招聘成本越低，說明這種招聘方法越有效。

$$招聘成本 = 招聘費用 \div 應聘者人數$$

除此之外，還需要對招聘成本所產生的效果進行分析，包括招聘總成本效用分析、招聘成本效用分析、人員選拔成本效用分析和人員錄用成本效用分析等。

$$總成本效用 = 錄用人數 \div 招聘總成本$$
$$招聘成本效用 = 應聘人數 \div 招募期間的費用$$
$$人員選拔成本效用 = 被選中人數 \div 選拔期間的費用$$
$$人員錄用成本效用 = 正式錄用的人數 \div 錄用期間的費用$$

3. 應聘比率

這是對招聘效果數量方面的評價，其計算公式如下：

$$應聘比率 = 應聘人數 \div 計劃招聘人數 \times 100\%$$

4. 錄用比率

這是對招聘效果質量方面的評價，其計算公式如下：

$$錄用比率 = 錄用人數 \div 招聘人數 \times 100\%$$

閱讀案例4-1

寶潔公司的校園招聘程序

寶潔公司良好的薪金製度和巨大的發展空間讓其成為大學生向往的企業。寶潔公司完善的選拔制度也得到商界人士的肯定。

寶潔公司的校園招聘程序如下：

（1）前期的廣告宣傳。

（2）邀請大學生參加其校園招聘介紹會。

（3）網上申請。從2002年開始，寶潔公司將原來的填寫郵寄申請表改為網上申請。應屆畢業生通過訪問寶潔公司的網站，點擊「網上申請」來填寫自傳式申請表及回答相關問題。這實際上是寶潔公司的一次篩選考試。

（4）筆試。筆試主要包括三部分：解難能力測試、英文測試、專業技能測試。

（5）面試。寶潔公司的面試分兩輪。第一輪為初試，一位面試經理對一個求職者面試，一般都用中文進行。面試人通常是有一定經驗並受過專門面試技能培訓的公司部門高級經理。一般這個經理是應聘學生所報部門的經理，面試時間大概在30～45分鐘。通過第一輪面試的學生，寶潔公司將出資請應聘學生來廣州寶潔中國公司總部參加第二輪面試，也是最後一輪面試。為了表示寶潔公司對應聘學生的誠意，除免費往返機票外，面試全過程在廣州最好的酒店或寶潔公司中國總部進行。第二輪面試大約需要60分鐘，面試官至少是3人，為確保招聘到的人才真正是用人單位（部門）所需要和經過親自審核的，復試都是由各部門高層經理來親自面試。如果面試官是外方經理，寶潔公司還會提供翻譯。

（6）發出錄用通知書給本人及學校。通常，寶潔公司的校園招聘時間大約持續兩個週期左右，而從應聘者參加校園招聘會到最後被通知錄用大約有1個月左右的時間。

第二節　招聘的渠道和方法

企業在制訂招聘計劃時，需要考慮從何處獲取人力資源。而在招聘的過程中，招聘的渠道和招聘的方式在很大程度上影響著企業吸引到合適應聘者的數量及質量。按照招聘渠道的不同，招聘工作一般分為內部招聘和外部招聘。

一、內部招聘

內部招聘，即內部選拔，是員工招聘的一種特殊形式，是指在組織內部，通過內部晉升、工作調配和內部人員的重新培養等方式挑選出組織所需人員的一種方法。一個企業出現空缺崗位後，一般首先看該企業內部是否有合適的人員來填補空缺。實際上，社會組織中大多數工作崗位的空缺都是由組織的現有員工來填充的。因此，組織內部是最大的招聘來源。《基業長青》一書在總結了眾多企業共同的特點和規律後指出，很多人認為在選擇首席執行官時，從各界擇優引進明星式領袖才是最好的辦法，其實優秀企業自行培養選拔的首席執行官占絕大多數。

(一) 內部招聘的方法

內部招聘常用的方法主要有以下幾種：

1. 職位公告

這是最常用的一種內部招聘方法，是通過向員工通報現有工作崗位空缺，從而吸引有才能、有意願的員工來申請競聘這些空缺崗位。

企業採用此種方法進行內部選拔應注意要提前將公告信息向員工發布，一般而言，組織至少在內部招聘前一周發布崗位空缺和需要招聘人員的信息；確定保留時間、張榜的時間長度，通知競爭者做選擇的時間限制，保證所有申請人收到有關申請書的反饋信息，盡可能地以書面形式將決定通知所有競爭者。信息的覆蓋面應包含組織的全體員工，使每位員工都有平等競爭的機會。在發布的公告中，應包括空缺職位的名稱、工作內容、資格要求、工作時間和薪資待遇等信息。

示例 4-1

內部職位公告

公告日期：　　年　　月　　日

結束日期：　　年　　月　　日

在本公司的＿＿＿＿部門有一個全日制職位＿＿＿＿可供申請。此職位對/不對外部候選人開放。

薪酬支付水平：

最低：＿＿＿元。中間點：＿＿＿元。最高：＿＿＿元。

職責：參見公告所附職務描述。

該職位所要求的技術或能力（候選人必須具備此職位所要求的所有技術和能力，否則不予考慮）如下：

（1）在現在/過去的工作崗位上表現出良好的工作績效，其中包括有能力完整、準確地完成任務；能夠及時地完成工作並能夠堅持到底；有同其他人合作共事的良好能力；能進行有效的溝通；可信、良好的出勤率；比較強的組織能力；積極的解決問題的態度和正確的解決問題的方法；積極的工作態度，如熱心、自信、開放、樂於助人和獻身精神。

（2）可優先考慮的技術和能力（這些技術和能力將使候選人更具有競爭力）＿＿＿＿＿＿＿＿＿＿＿＿＿＿＿＿＿＿＿＿＿＿＿＿＿＿＿＿＿＿＿＿＿＿＿＿＿。

員工申請程序如下：

（1）電話申請請打號碼＿＿＿＿＿，每天上午×點至×點，下午×點至×點。

（2）確保在同一天將已經填好的內部職位申請表連同截至目前的履歷表一同交到（寄到）＿＿＿＿＿＿＿。

（3）申請者也可以通過公司內部網路進行申請，申請表可以從網上下載。

機會對每個人都是一樣的。我們將根據上述的資格和能力要求對所有提交申請者進行初步審查。

該項工作由人力資源管理部負責，聯繫人：＿＿＿＿＿。

2. 內部晉升

內部晉升是從企業內部提升員工來填補高一級的職位空缺，晉升促使企業的人力資源垂直流動，激發組織內其他員工的士氣，保持組織的工作效率不斷提高。當某個職位需要那些熟悉組織人員、工作程序、政策及組織特性的人去做時，或者企業內部員工更有能力勝任空缺崗位時，可以採取內部晉升的方式來選拔人員。在企業內部進行有效的晉升，可以激勵員工更好地工作，從時間和經濟兩個方面來看，內部晉升更為經濟。

但是，在採用內部晉升的方式進行選拔時，要注意嚴格審查候選人的任職資格。內部晉升有可能會挑選不到最勝任工作的人，而且會引發內部衝突以及目光短淺等弊端。如果一個組織有內部晉升政策，它必須對候選人進行鑒定、篩選並施加壓力。內部晉升一般適用於中層管理人員。

閱讀案例4-2

索尼公司的內部選拔

有一天晚上，索尼公司董事長盛田昭夫按照慣例走進職工餐廳與職工一起就餐、聊天。他長期來一直保持著這個習慣，以培養員工的合作意識以及與員工的良好關係。這天，盛田昭夫忽然發現一位年輕職工鬱鬱寡歡，滿腹心事，悶頭吃飯，誰也不理。於是，盛田昭夫就主動坐在這名員工對面，與他攀談。幾杯酒下肚之後，這名員工終於開口了：「我畢業於東京大學，有一份待遇十分優厚的工作。進入索尼公司之前，我對索尼公司崇拜得發狂。當時，我認為我進入索尼公司，是我一生的最佳選擇。但是，我現在才發現，我不是在為索尼公司工作，而是為課長干活。坦率地說，我的這位科長是個無能之輩，更可悲的是，我所有的行動與建議都得不到科長批准。我自己的一些小發明與改進，科長不但不支持、不解釋，還挖苦我。對我來說，這名課長就是索尼公司。我十分洩氣，心灰意冷。這就是索尼公司？這就是我的索尼公司？我居然要放棄了那份優厚的工作來到這種地方！」這番話令盛田昭夫十分震驚，他想，類似的問題在公司內部員工中恐怕不少，管理者應該關心他們的苦惱，瞭解他們的處境，不能堵塞他們的上進之路，於是產生了改革人事管理製度的想法。之後，索尼公司開始每周出版一次內部小報，刊登索尼公司各部門的「求人」公告，員工可以自由而秘密地前去應聘，他們的上司無權阻止。另外，索尼公司原則上每隔兩年就讓員工調換一次工作，特別是對於那些精力旺盛、干勁十足的人才，不是讓他們被動地等待工作，而是主動地給他們施展才能的機會。在索尼公司實行內部招聘製度以後，有能力的人才大多能找到自己較中意的崗位，而且人力資源部門可以發現那些「流出」人才的上司所存在的問題。

3. 工作調動

工作調動主要是指企業內人員的橫向流動，在職務級別保持不變的前提下，調換員工的工作崗位。工作調動不僅能填補崗位空缺，而且能夠為員工提供一個更為全面瞭解企業的機會。參加過工作調換的員工能將相關崗位的知識技能結合起來，從而更有效地工作。知識的豐富化和系統化還能激發員工的創造力，使其為企業創造更多的價值。當員工不適合現任職位時，也可以通過職位調動做到人盡其用。

4. 工作輪換

工作輪換是指派員工在不同階段從事不同工作。工作調動一般是永久性的，而工作輪換是臨時性的。工作輪換有助於豐富員工的工作經驗，培養員工的技術水平。

由於工作輪換的臨時性，因此通常適用於一般員工，既可以使有潛力的員工在各方面累積經驗，為晉升做準備，又可以減少員工因長期從事某項工作而帶來的枯燥與無聊，減輕員工的工作壓力。例如，海爾集團提出「屆滿輪流」的人員管理思路，即在一定的崗位上任期滿後，由集團根據總體目標並結合個人發展需要，將員工調到其他崗位上任職。

5. 檔案記錄

人力資源部門可以根據員工的檔案資料，瞭解員工的教育、培訓、經驗、技能等方面的信息。人力資源部門通過對員工檔案進行審查，可以發現員工現在所從事的工作與其教育水平或技能水平之間的關係，哪些人的工作技能是低於現任崗位的，哪些人的工作技能是高於現任崗位的，哪些人又具備從事某空缺崗位工作的背景要求。人力資源部門利用檔案信息可以在組織內發掘合適的候選人，節約成本和時間。但這種方法要求檔案信息要準確、可靠、全面。這一方法常常和其他方法結合使用。

6. 重新召回原有員工

這種方法是將那些暫時離開工作崗位的人員重新召回到原有的工作崗位。這種方法支出的費用較少，適用於週期性特徵顯著的行業。由於重新召回的員工較新員工更為熟悉組織的工作流程，瞭解組織的文化，有更豐富的工作經驗，因而更容易適應工作環境及新的工作。通常，原有員工比新進員工更加忠誠、穩定、流動性低。

(二) 內部招聘的優點

內部招聘主要具有以下優點：

1. 較強的激勵作用

企業通過內部選拔能夠給員工提供晉升的機會，使員工的成長與企業的成長同步，給予員工美好的願景，鼓舞員工的士氣，形成積極進取、追求成功的氛圍。獲得晉升的員工能為其他員工做出榜樣，發揮帶頭作用，增加其對企業的忠誠度和歸屬感。

2. 員工的適應性更強

現有的員工對企業的運作模式、企業文化和領導風格更加瞭解，因而能夠快速適應新的崗位和工作環境，迅速「上崗」，減少由於陌生而必須繳納的各種「學費」，包括時間、進度和可能的失誤等。

3. 降低招聘成本

一次大規模的公開招聘，需要消耗相當多的時間和金錢。內部招聘可以減少企業的費用開支，使人才獲取的費用大幅度降低。內部招聘不需要大量的廣告費、招聘人員的差旅費等直接支出，還節約了新員工的上崗培訓費等間接開支。此外，從內部選拔的人員對企業現有的薪酬體系不會提出太大的異議，其工資待遇要求更符合企業的實際。

4. 保持企業內部的穩定性

從外部招聘新員工可能會引起企業文化、價值觀和政策等方面的碰撞，其結果可能會擾亂企業的日常秩序和運作，從而出現不穩定。而通過內部招聘，將優質的人力

資源補充到合適的崗位,不會出現劇烈的波動,可以保持企業內部的穩定性,避免由於人員更替而帶來的不良影響。

5. 規避識人用人風險

對於從企業內部選拔的員工,企業對其能力、業績以及個性都有較長時間的瞭解,從而可以做到識人、用人的準確性,有效地規避識人、用人的風險。日本企業長期採用內部謹慎而緩慢的晉升製度,其主要作用是盡量多地規避用人失誤的風險,盡量少地承受由於識人、用人失誤帶來的損失。

(三) 內部招聘的缺點

雖然內部招聘有諸多的優點,但任何事物都有兩面性,企業在獲取內部招聘所帶來的收益的同時,也要警惕內部招聘的弊端。內部招聘的缺點主要體現在以下幾個方面:

1. 引發組織內部成員的矛盾和鬥爭

內部招聘需要競爭,而競爭的結果必然有成功與失敗,而且成功的人可能只占少數。競爭失敗的員工有可能會心灰意冷、士氣低落,甚至會產生怨恨。另外,內部競爭也可能會出現不公正的現象,如按資歷或人際關係來選拔人才,而不是按業績和能力來選拔人才,這樣的結果容易造成內部矛盾,削弱企業的競爭力。

2. 近親繁殖,缺乏創新

同一組織內的員工有相同的文化背景和思維習慣,可能會產生近親繁殖、群體思維等現象,這些可能會抑制個體創新,給組織帶來災難性的後果。尤其是當組織內重要的職位由基層員工提拔,進而僵化思維意識,不利於組織的長期發展。

3. 滋生裙帶關係

內部招聘有可能是按資歷、人際關係或領導喜好行事,而非員工的業績與能力。這種招聘的結果會滋生組織中的小團體,出現裙帶關係等不良現象,從而引發組織內的鬥爭,降低組織效率,也給有能力的員工的職業生涯發展設置障礙,導致優秀人才被埋沒或外流,最終削弱企業的競爭力。

4. 失去外部的優秀人才

有的企業為了規避識人、用人的風險,會選擇內部招聘。當企業高速發展時,這種由內部晉升的方法不僅不能滿足工作的需要,而且「以次充好」的現象將十分嚴重,使企業失去從外部獲取優秀人才的機會,從而大大降低企業的競爭力。

二、外部招聘

當企業在內部補充機制不能及時、完全地滿足組織對人力的需求時,就需要考慮從外部勞動力市場進行招聘。外部招聘是組織根據一定的標準和程序,從組織外部尋找可能的人員來源,吸引他們到組織應徵的過程。

(一) 外部招聘的方法

由於外部招聘的來源都是在組織的外部,因此招聘方法的選擇顯得非常重要,否則應聘者就無法獲知企業的招聘信息。外部招聘的方法主要有以下幾種:

1. 廣告招聘

廣告招聘是通過廣播電視、報刊、網路等媒體，向公眾傳送企業就業需求信息的一種招聘方法。廣告招聘是應用非常廣泛的一種方法，它可以比較容易地從勞動力市場中招聘到所需的人才。由於閱讀廣告的不僅有應聘者，還有潛在的工作申請人以及客戶和一般大眾，因此企業的招聘廣告代表著企業的形象。在進行廣告招聘時，企業需要重點考慮廣告媒體的選擇和招聘廣告的內容。一份優秀的招聘廣告要充分顯示組織對人才的吸引力和組織的自身魅力。例如，使用鼓勵性、刺激性的用語，清晰明了地說明招聘的崗位、人數、待遇等。

示例 4-2

創意招聘廣告

致未來小夥伴的一封信：有沒有一種無力感，我們就此過完這一生嗎？

小時候的夢想，如何才能實現？是否只有在夢中？

夢想總是遙不可及，是不是應該放棄？生活就像一把無情的刻刀，改變了我們模樣。你的腦海中是不是會想起這首歌？未曾綻放就要枯萎嗎？

聽聽我們的獨白，或許你也曾和我們一樣迷茫過。

我們是誰？

我們是一支還在路上的創業小團隊，我們需要未來的你有冒險家的精神。我們這裡有從華爾街回來的首席執行官（CEO），但大多時候我們喊他潘哥。

如果你喜歡藝術，我們的首席營運官（COO）或許會和你聊聊他對藝術的看法。工作以外的時間，他自稱是一位藝術家。

如果你印象中的「碼農」是不修邊幅，腦子裡只有「if…else…」那我們的首席技術官（CTO）鐵定會讓你大跌眼鏡，你可以和他隨意聊王朔、聊哲學，只有你想不到的，沒有他不知道的。據小道消息報導，他還是一位作家。

在這裡，你會遇到各種「文藝範兒」的小夥伴，畫家、詩人、遊者……在這裡，你會看到世界另外一種樣子。

我們尋求多元化的個性，你可以盡情地發揮你的多元化，但我們需要你在工作上全力以赴。

未來的你將會有各種機會參與公司核心層面的討論，發揮核心的價值。在你所在的崗位，你將獲得最前沿的行業動態，獲得高效的成長。我們共同的夢想是在我們自己的手中讓「米袋」慢慢變大。

如果你願意，請將簡歷、應聘崗位以及生活照發給我們，以便有助於我們更快速、全面地認識你。

如果你有激情、有能力，想在創業公司實現自身的價值，就來加入我們吧！

加分項：

（1）曾經在互聯網金融公司、廣告公司和媒體公司任職。

（2）你可以「熱幽默」，也可以「冷幽默」，但需要你的文筆風趣，惹人喜愛。

（3）正經營或曾開過固定博客，至少有個活躍度高的個人微博。

（4）社交廣泛，相信一個朋友多的人資訊能力一定不會差，情商高。

2. 員工推薦

企業將有關工作空缺的信息告訴企業的現有人員，讓他們向企業推薦潛在的應聘者。員工推薦既可用於內部招聘，也可用於外部招聘。一些組織會提供少量報酬以激勵雇員推薦合適的應聘者，尤其是在勞動力短缺的條件下，採用這種方法會省時、省力，並能取得較好的效果。研究表明，這種方法在缺乏某種技術人員的企業中會十分有效。通過內部員工推薦進入企業的新員工和推薦人往往保持著良好的人際關係，因此在工作中會具有一定的團隊合作基礎。此外，新應聘者進入企業後也能較快地進入角色，縮短啟動和開始發揮作用的時間。但是，採取這種方法時，我們也要注意裙帶關係和利益關係給企業帶來的弊端。美國微軟公司40%的員工都是通過內部員工推薦的方式獲得的；思科公司有40%~45%的人也是通過內部員工的介紹加入公司的。

3. 就業仲介機構

就業仲介機構是為用人單位和求職者之間方便聯繫而建立的服務機構。其基本功能是為用人單位推薦用人，為求職者推薦工作，同時也舉辦各種形式的人才交流會等。就業仲介機構的作用是幫助企業選拔人員，節省企業的時間，特別在企業沒有設立人力資源部門或需要立即填補空缺時，可以借助仲介機構。企業通過與合適的、專業的仲介機構接觸，告知所需工作的任職資格，專業機構承擔尋找和篩選求職者的工作，並向企業推薦優秀的求職者以便進一步篩選。一般來講，通過就業仲介服務機構幫助獲得的求職者，主要是藍領工人或低層次的管理者，很難獲得專業技術人員和高級人才。

現在有些企業已將自己的招聘工作外包給專業的仲介機構來完成，但是這種方法也存在一定的弊端。由於仲介機構對企業的情況並不是完全熟悉，招聘的人員可能會不完全符合企業的要求，而且這些機構往往收費較高，會增加招聘成本。

4. 獵頭公司

獵頭公司的全稱是經理搜尋公司，最早出現於二戰後的美國。獵頭公司是一種特殊的職業仲介，專門幫助雇主搜尋符合特定職位的中高級管理人員和特殊技術人員。獵頭公司在找到合適的人選後，會用各種方式與目標接近和溝通，並根據瞭解到的個人情況，投其所好地許諾為他們提供優厚的待遇條件或寬鬆的發展環境等，最終達到使他們離開原來公司到客戶公司工作的目的。獵頭公司可以幫助企業的最高管理者節省很多招聘和選拔高級人才的時間。但是，獵頭公司的收費都比較高，企業在選擇獵頭公司招聘時，應該做好衡量。

5. 校園招聘

校園招聘是指企業直接從應屆專科生、本科生、碩士研究生、博士研究生中招聘企業所需的人才。作為儲備和培養人才的重要手段，校園招聘越來越受到企業特別是實施投資人力資源戰略的企業的重視。校園招聘的優點較多：一是針對性強，企業可以根據自己的需要，選擇學校、專業等；二是選擇面大，學校是培養人才的基地，可供選擇的人數多，具備各種專長的人才也大有人在；三是形式靈活，運作方便，成本低；四是成功率高。

每年的11月至次年5月，很多企業會直接派出招聘人員到各個高校去公開招聘，派出的招聘人員一般要對校園生活、校園環境、大學生的心理狀態有一定的瞭解，便於直接聯繫和溝通。此外，有些企業還會和學校聯手定向培養人才，這些培養的人才

具有非常強的針對性，畢業後基本都會去參與培養的企業工作，這種方式通常用於某些特殊專業的專門人才。

企業採用校園招聘的方式選拔人才，通常都會由人力資源部門來擬定專門的流程。一般來說，校園招聘的流程如下：

（1）準備工作。準備好宣傳冊和現場演示資料、文件和相關設備，選擇進入招聘的學校和專業，並組成招聘小組。

（2）準備面試題。面試題主要是測試學生的知識面、應變能力、素質和潛力。

（3）與校方聯繫，確定招聘的時間和地點。

（4）在校園內提前進行企業招聘的宣傳，吸引更多的應屆生到招聘現場。

（5）進行現場演示，介紹企業的歷史、文化、發展前景、薪資福利等情況。

（6）請應聘者遞交簡歷。

（7）對簡歷進行初步篩選，通知並組織面試。

（8）向學校相關部門瞭解應聘學生的在校表現。

（9）初步決策，與學生簽訂意向性協議。

閱讀案例 4-3

麥當勞公司的校園招聘

麥當勞公司是世界著名的餐廳品牌和世界零售食品服務業的領先者，在全球 100 多個國家和地區擁有超過 32,000 家餐廳，每天為約 6,000 萬顧客提供優質食品，務求成為顧客最喜愛的用餐場所及用餐方式。

招聘流程：在線或當場簡歷申請→測評中心→崗位體驗→二次面試→錄用

特色：招聘程序全面、嚴謹；招聘嚴格；招聘富有人性化

科學的評估體系。在二次面試之前有一個崗位體驗的流程，與一般的企業不同，麥當勞公司的招聘評估體系趨向全面深入，更為科學和更有針對性。麥當勞公司改變了招人看證書，憑印象來判斷的表面考核製度，從深層次、多方位考核應聘人，以事實為依據來考核應聘者的綜合素質和能力。

招聘範圍廣，力度大。麥當勞公司在全國多所高校進行校園宣講會，幾乎包含全國各個城市。麥當勞公司網羅所有應屆畢業生，將其宣傳做到位，吸引足夠多的學生參加招聘會。

招聘亮點 1：快速發展計劃。

剛畢業兩年的大學生，對自己的職業發展有何期許？在麥當勞（中國）公司全國校園招聘中，推出了一項「快速發展計劃」，面向全國招募 200 名餐廳見習經理，在短短 2 年時間內將他們培養成為餐廳總經理。在熱鬧紛繁的校園招聘季中，這一獨特的職業發展計劃一經推出，受到了追求成長和發展的 90 後大學生們的關注和熱議。

招聘亮點 2：企業文化——永遠年輕。

麥當勞公司的企業文化是一種家庭式的快樂文化，強調其快樂文化的影響，和藹可親的麥當勞大叔、金色拱門、乾淨整潔的餐廳、面帶微笑的服務員、隨處散發的麥當勞優惠券等消費者所能看見的外在的麥當勞文化。麥當勞公司的創始人雷·克洛克認為，快餐連鎖店要想獲得成功，必須堅持統一標準，並持之以恆地貫徹落實。

6. 網路招聘

現今，互聯網的高速發展和普及，使得招聘方式有了新的變化，很多企業發現，利用網路進行招聘會更加快捷和高效。網路招聘有兩種方式：一種方式是由人才交流公司或人力資源組織代辦完成網上招聘；另一種方式是企業直接上網招聘。現在，越來越多的求職者、用人單位通過網路來進行接觸和溝通，市場上也應運而生了很多專業的招聘網站，如智聯招聘、中華英才網等網站。

對於用人單位來說，網路招聘的優勢非常明顯。首先，網上發布的招聘信息可以讓不同地域的更多的求職者閱讀，從而提高找到合格人才的概率。其次，企業可以在線接收簡歷，並通過相關的軟件對簡歷進行分類、保存和篩選，建立企業的人才數據庫。通過人才數據庫，用人單位可以節省大量的時間和成本，避免重複的工作。最後，在網站上發布的招聘信息一般不受篇幅的限制，企業可以提供除職位外的企業介紹、發展歷程等內容，使求職者對企業的瞭解更加清晰明了。但是，我們也要看到網路招聘的不足之處，如信息可靠性不高、保密性不好、網路複製現象嚴重、雙方缺乏感性認識、成功率低等。

(二) 外部招聘的優點

外部招聘主要具有以下優點：

1. 為組織帶來新鮮血液，有利於組織創新

組織的內部員工經過長期的磨合，已經被組織文化同化，他們既看不出組織有待改進之處，也缺乏自我提高的意識和衝動。如果組織的成員長期保持穩定的隊伍，將漸漸失去競爭的意識和氛圍。從外部招聘的員工對現有組織文化有自己的理解和認識，他們可以給企業帶來新的觀念、新的思想方法、新的價值觀以及新的人群和社會關係，會給企業帶來思想的碰撞和新的活力，這對於需要創新的企業來說非常關鍵。同時，根據「鯰魚效應」，組織從外部招聘的優秀人才會對現有員工形成壓力，激發他們的工作積極性。

2. 有利於瞭解外部信息，樹立企業形象

外部招聘是一種有效地與外部進行信息交流的手段，通過與候選人的面試溝通，可以幫助企業瞭解外部市場的行情、企業的動態、招聘崗位的市場薪資狀況等。同時，外部招聘會起到了廣告的作用，可以讓更多的人認識企業、瞭解企業，樹立良好的企業形象，從而形成良好的口碑。

3. 選擇面廣，有利於得到更多更好的人才

外部招聘一般是根據崗位的標準和要求，通過嚴格的初審、考核、面試等程序，從一定數量的候選人中認真甄別和挑選出來的，因此引進的人才已經基本上具備了任職的資格和條件。特別是那些通過獵頭公司選拔的人才，一般具有較豐富的實踐經驗和較高的專業技術水平，從而使企業節約了大量的培訓費用，相對縮短和減少了在崗鍛煉培養的時間和領導精力的投入。

(三) 外部招聘的缺點

外部招聘的缺點主要有以下方面：

1. 招聘成本高

無論是招聘高層次人才，還是中低層次人才，均要支付相當高的招聘費用，包括招聘人員的費用、廣告費、專家顧問費等。

2. 給現有員工不安全感

從外部獲取的新員工會使老員工產生不安全感，致使工作熱情下降，影響員工隊

伍的穩定性。

3. 篩選時間長，決策難度大

由於應聘者眾多，組織又希望能比較準確地測量應聘者的能力、性格等素質，從而預測他們在未來工作崗位上是否能達到組織所期望的要求，因此組織耗費在篩選、審查上的時間將會增加，同時決策也比較困難。

4. 新員工進入角色慢

新入職員工需要花較長的時間來進行培訓和定位，才能瞭解組織的崗位職責、工作流程和運作方式。從外部招聘的人員有可能出現「水土不服」的現象，進而導致人際關係複雜，工作不順利。

5. 新聘員工缺乏對組織的忠誠度

外聘人員與組織內部價值觀、政策等的融合度不高，相較於內部員工，更容易流動，從而影響企業的穩定性。

第三節　甄選

一、甄選的主要方法

人員甄選是指通過運用一定的工具和手段對已經招募到的求職者進行鑑別和考察，區分它們的人格特點與知識技能水平、預測他們的未來工作績效，從而最終挑選出企業所需要的、合適的職位空缺填補者。

人員甄選是為企業把好關的一項工作，是整個招聘過程的關鍵環節。研究表明，同一職位上最優秀的員工比最差的員工效率高出 3 倍，可見甄選工作對組織運作效率的提高有至關重要的作用。近年來，隨著人事測評技術的應用於發展，員工甄選的方法也在不斷地完善和豐富，主要有簡歷與求職申請表、筆試法、面試法、心理測試法和評價中心等。

(一) 簡歷與求職申請表

在招聘過程中，絕大多數企業都需要應聘者提供書面的申請材料和個人簡歷，這樣可以瞭解應聘者的知識經驗是否滿足崗位的最低要求；瞭解應聘者的背景和基本情況，作為基本審查的材料。為了保證選拔的效果，甄選工作首先要對人員進行初步篩選。初步篩選是對應聘者的簡歷和求職申請表進行評價與初步的資格審查，為下一步的甄選提供人選。

1. 簡歷

簡歷是求職者用來向企業提供其背景資料和進行自我情況陳述的一般方法，沒有嚴格、統一的規格。簡歷一般由求職者自動遞交給企業，由人力資源部或招聘部門進行評價。個人簡歷的形式靈活多樣，有利於求職者充分進行自我表達，但由於缺乏規範性，簡歷的內容比較隨意，不能系統、全面地提供企業所關注的所有信息。此外，由求職者自己製作的簡歷還可能存在自我誇大的傾向，需要招聘企業對所提供的信息予以核查。

2. 求職申請表

為了避免個人簡歷的弊端，越來越多的企業都會製作一份申請表，讓求職者填寫，這樣不僅能夠得到企業所需要的信息，還可以提高篩選效率。

一張完整的申請表應該包含以下信息：

(1) 申請人的客觀信息，如姓名、年齡、性別、受教育情況等。

(2) 申請人過去的成長與進步情況，如申請人的工作經歷、過去工作所取得的成績、所擔任的工作崗位、所獲得的獎勵與肯定。

(3) 申請人的工作穩定性和求職動機，如工作遷移的次數、離職的原因。

(4) 可以幫助企業瞭解求職者實際工作績效的信息。

員工求職申請表的設計要以職務說明書為依據，每一欄目均有一定的目的，不要繁瑣、重複。另外，申請表的設計還需要符合國家的法規與政策。例如，美國的法律規定種族、膚色、宗教、性別等項目不得列入求職申請表。

示例 4-3

員工求職申請表如表 4-1 所示。

表 4-1　　　　　　　　　　　　員工求職申請表

求職職位：		填表日期：		希望薪酬：		可入職日期：	
姓　　名		性別		出生年月		婚否	相片
籍　　貫		身高		政治面貌		民族	
最高學歷		專業		畢業時間		職稱	
家庭電話				戶籍地			
聯繫手機				現居住地			

學習與培訓經歷	起止時間	學校名稱	專　　業	所獲證書	證明人姓名或電話

工作簡歷	起止時間	所在企(事)業名稱	職　　位	離職薪酬	離職原因	原單位電話

您從事工作（實習）的成績與感受：

家庭主要成員	姓名	關係	年齡	工　作　單　位	職務	聯繫電話

本人保證：

1. 本人與以前工作過的單位已經全部解除勞動合同，如未解除所引起的法律責任，由本人全部承擔。

2. 以上所填資料屬實，如有虛假情況，××公司有權單方面解除勞動合同，不予支付任何補償。

保證人簽名：　　　　　　　　　　　　　　　　日期：

3. 篩選簡歷

在篩選簡歷的過程中，應注意以下幾個問題：

（1）**分析簡歷的結構**。簡歷的結構在一定程度上反應了求職者的組織和溝通能力，結構合理的簡歷一般不超過兩頁，重點內容一目了然，語言表述通俗易懂。

（2）**審查客觀內容**。簡歷內容可以分為主觀內容和客觀內容兩個部分，主觀內容往往存在誇大或虛假成分，招聘者應對此多加分析和判斷。對於客觀內容，招聘者應更加關注，這些內容主要包括個人信息、受教育經歷、工作經歷和個人成績等幾個方面。

（3）**判斷是否符合崗位技術和經驗要求**。從簡歷中的一些信息可以看出求職者的專業資格和經歷是否符合崗位要求，如果不符合，就不需要再瀏覽其他內容，可以直接篩選掉。

（4）**審查簡歷的邏輯性**。簡歷的邏輯性可以反應求職者的思維能力，也可以幫助招聘者從中挖掘出一些矛盾的信息。

4. 求職申請表篩選

求職申請表更加規範和系統，可以幫助招聘者更為有效地進行篩選。在篩選申請表時，應注意以下幾點：

（1）**判斷求職者的態度**。對於那些填寫不完整和字跡潦草難以辨認的申請表，可以直接排除，因為申請表的填寫反應了求職者的求職態度。

（2）**關注與職業相關的問題**。與應聘崗位相關的以往所任職務、技能、知識等信息可以有效地反應出求職者的工作狀態，幫助招聘者快速判斷求職者是否符合職位要求。

（3）**註明可疑之處**。簡歷和申請表中的信息或多或少存在虛假誇大的成分，在篩選時，應把可疑之處標出來，以便在面試時將此作為重點對求職者進行提問。

（二）筆試法

筆試法作為一種重要的考試方法，其主要作用是測試求職者在基礎知識、專業知識、管理知識、相關知識及綜合分析文字表達能力等方面的差異。

筆試法在甄選中有許多優點，具體如下：

（1）試卷的評比客觀公正。

（2）題目編制經過長時間的累積和推敲，有較高的信度和效度。

（3）可大範圍進行，成本較低，效率較高。

（4）涵蓋知識點更加廣泛。

但是，由於筆試一般不是面對面的，因此招聘者無法考察求職者的工作態度、應變能力和操作能力等，容易出現高分低能的現象。

在運用筆試法進行甄選時，最為重要的是筆試試卷的設計。筆試的目的是選擇合適的員工，因此在設計試題時，要始終圍繞這個目的來進行。一般來說，專業知識考試（如機電知識、會計知識）和一般知識考試（如英語、計算機知識），往往採用筆試的形式。筆試法主要適用於一些專業技術要求很強和對錄用人員素質要求很高的大型企事業單位。

（三）面試法

面試是一種在特定的場景下，經過精心設計，以主考官與應試者雙方面對面的觀

察、交談為主要手段，使主考官瞭解求職者的素質特徵、能力狀況及求職動機等的一種甄選方法。面試給企業和求職者提供了雙向溝通的機會，能使企業和求職者之間相互瞭解，從而雙方都可以準確地做出聘用與否、受聘與否的決定。由於面試法是企業挑選員工的一種重要方法，因此本書將面試作為單獨的內容在後面進行講解。

（四）心理測試法

心理測試也稱心理素質測試，是通過客觀、標準化的測量程序與方法，瞭解不同個體間的心理特徵差異。在過去幾十年，心理測試技術得到了很大的發展，在社會生活的各個領域都有廣泛的應用。近年來，心理測試越來越受到招聘企業的重視，有調查表明，心理測試在企事業單位招聘和甄選決策中的應用頻率高達83%。

在員工甄選的過程中，最為常用的心理測試通常有以下三種類型：

1. 能力測試

能力是指人們順利完成某種活動所必需的那些心理特徵，是個性心理特徵的綜合表現。一個人的能力大小會影響一個人的工作業績以及他能否勝任工作。能力測試是一種用於測定某項工作所具備的某種潛在能力的一種心理測試。能力測試分為一般能力測試（如智力測試）、特殊能力測試和能力傾向測試。

2. 性格測試

個性包括性格、興趣、愛好、氣質、價值觀等，是由多方面內容組成的。因此，一次測試或一種測試無法把人的所有個性都瞭解清楚，需要對個性的不同方面分別進行測試，以準確全面地瞭解一個人的整體個性。在招聘中，可以通過個性測試瞭解一個人個性的某一方面，再結合其他指標來考慮他適合擔任哪些工作。個性測試的方法有很多，如薩維爾和霍爾茲沃恩的職業個性問卷（OPQ）、明尼蘇達多項人格量表（MMPI）、加利福尼亞心理調查表（CPI）、愛德華個人愛好量表（EPPS）等。

3. 興趣測試

興趣揭示了人們對工作的喜好，可以從中發現求職者的工作動機和工作態度。興趣會影響人們對工作的投入程度，如果求職者的職業興趣與應聘的職位不相符，就會影響其工作熱情。如果能準確掌握求職者的職業興趣，並依次進行人事配置，則可最大限度地發揮求職者的潛力。興趣測試可以表明一個人最感興趣的並最可能從中得到滿足的工作是什麼，用於瞭解一個人的興趣方向以及興趣序列。興趣測試常用的方法有斯莊格職業興趣表（SVIB）和庫得興趣記錄（KPR）等。

（五）評價中心

評價中心最早起源於德國心理學家哈茨霍思等人在1929年建立的一套用於挑選軍官的多項評價程序，這種技術是對候選軍官的整體能力而不是單項能力做出評價。評價中心技術實際上是把應聘者放置到一個模擬的工作環境中，採用多種評價方法，考察和評價應聘者在模擬的工作環境中的行為表現。其目的是測評應聘者是否具備從事應聘崗位工作的能力，預測應聘者的潛力，從而預測應聘者職業生涯發展的趨勢。評價中心技術比較注重實踐性和操作性，重點考察和評價應聘者的各項工作能力。常用的測評方法包括文件筐測驗、無領導小組討論、角色扮演、事實判斷、案例分析、管理遊戲和演講等。

二、面試

面試是企業在招聘過程中使用最為廣泛的一種選拔方法。有調查顯示，70%的企業在招聘錄用中使用了某種形式的面試方法。在招聘中，面試官可根據應聘者的回答情況，考察其知識的掌握程度和分析問題的能力；也可根據應聘者的行為表現，觀察其衣著外貌、風度氣質，最終判斷應聘者是否符合崗位的任職標準和要求。

(一) 面試的流程

面過的流程一般包括以下五個環節：

1. 面試前的準備

在面試前，招聘人員需要明確面試的目的，認真閱讀應聘者的求職申請表，確定招聘崗位所需的知識、技能和能力，制定面試提綱。提綱應主要圍繞企業想要瞭解的主要內容、需要證實的疑點和問題而展開，針對不同的對象應有所側重。招聘人員要制定面試評價表，確定面試的時間、地點、人員及組織形式。

2. 面試初始階段

在面試初始階段，面試者要努力創造一種和諧的面談氛圍，使面談雙方建立一種信任、親密的關係，解除應聘者的緊張和顧慮。常用的方法是寒暄、問候，從介紹自己的情況開始，或從應聘者可以預料到的問題開始發問。面試者要解釋面試的目的、流程、時間要求，讓應聘者把握時間，從而對面試活動進行控制。

3. 正式面試階段

這一階段主要圍繞考察目的，對應聘者的情況進行實際性考察。在這一階段中，發問與聆聽是成功的關鍵。提問盡量採用開放性的題目，避免應聘者用「是」或「否」來回答問題。問題的內容盡量與應聘者的過去行為有關，盡量讓應聘者充分表達自己的認識與想法，盡量讓應聘者用言行實例來回答，避免引導性的提問和帶有提問者本人傾向的問題。

示例 4-4

表 4-2 列舉了一些在面試中的常用問題。

表 4-2　　　　　　　　　　常用的面試問題

類別	問題
個人情況	簡單介紹一下自己？ 你有什麼優缺點？ 請你告訴我你的一次失敗的經歷？
工作經驗	你現在或最近所做的工作的職責是什麼？ 你認為你在工作中的成就是什麼？ 你以前在日常工作中主要處理什麼問題？
應聘動機與期望	你為什麼選擇來我公司，對我公司有哪些瞭解？ 你喜歡什麼樣的領導和同事？ 你最喜歡的工作是什麼？為什麼？ 你喜歡什麼樣的公司？

表4-2(續)

類別	問題
工作態度	你如何看待超時和節假日加班？ 你在工作中喜歡與主管溝通嗎？ 你認為公司管得鬆一點好還是緊一點好？
人際關係	你喜歡和什麼樣的人交朋友？ 從一個熟悉的環境轉入陌生環境，你怎樣去適應？需要多久？ 你喜歡獨立工作還是與別人合作？

在正式面試階段，面試官在提問的時候應該注意一定的技巧。在面試中問、聽、觀、評是面試官幾項重要而關鍵的基本功。

(1) 開放式提問：讓應聘者自由地發表意見或看法，以獲取信息，避免被動。開放式提問分為無限開放式提問和有限開放式提問。無限開放式提問沒有特定的答覆範圍，目的是讓應聘者說話，有利於應聘者與面試官進行溝通。有限開放式提問要求應聘者的回答在一定範圍內進行，或者對回答問題的方向有所限制。

(2) 封閉式提問：讓應聘者對某一問題做出明確的答覆。封閉式提問比開放式提問更加深入、直接。封閉式提問可以表示兩種不同的意思：一是表示面試官對應聘者答覆的關注，一般在應聘者答覆後立即提出一些與答覆有關的封閉式問題；二是表示面試官不想讓應聘者就某一問題繼續談下去，不想讓應聘者多發表意見。

(3) 清單式提問：鼓勵應聘者在眾多選項中進行優先選擇，以檢查應聘者的判斷力、分析與決策能力。

(4) 假設式提問：鼓勵應聘者從不同角度思考問題，發揮應聘者的想像能力，以探求應聘者。

(5) 重複式提問：讓應聘者知道面試官接收到了應聘者的信息，檢驗獲得信息的準確性。

(6) 確認式提問：鼓勵應聘者繼續與面試官交流，表達出對信息的關心和理解。

(7) 舉例式提問。這是面試的核心技巧，又稱行為描述提問。在考察應聘者的工作能力、工作經驗時，可針對其過去工作行為中特定的例子加以詢問。基於連貫性原理，所提問題應涉及工作行為的全過程，而不應當集中在某一點上，從而能較全面地考察一個人。當應聘者回答該問題時，面試官可以通過應聘者解決某個問題或完成某項特定任務所採取的方法和措施，鑑別應聘者所談問題的真假，瞭解應聘者解決實際問題的能力。面試中一般可讓應聘者列舉應聘職務要求的且與其過去從事的工作相關的事例，從中總結和評價應聘者的相應能力。

4. 面試結束階段

在面試結束前，面試人員應給應聘者一個機會，主動詢問應聘者是否有問題要問，準確把握面試時間，及時結束面試，並對應聘者表示感謝。不論應聘者是否會被錄取，面試均應在友好的氣氛中結束。不必急於對第一次面試做出結論，還可以根據情況安排第二次面試。最後，面試人員應整理好面試相關的資料。

5. 面試評價

面試結束後，面試人員要根據面試記錄對應聘者進行評估。評估既可採用評語式評估，也可採用評分式評估。

示例 4-5

面試記錄表如表 4-3 所示。

表 4-3　　　　　　　　　　　　　　面試記錄表

第一輪　初試面試測評表			
姓名　　　　性別　　　　應聘部門　　　　　　應聘崗位　　　　　　應聘日期			
受教育情況（學歷、專業）			
工作經驗（專長、相同崗位工作經驗）			
儀表及態度	差　1　　2　　3　　4　　5　優		
精神面貌與健康狀況	差　1　　2　　3　　4　　5　優		
溝通及語言表達能力	差　1　　2　　3　　4　　5　優		
分析和解決問題的能力	差　1　　2　　3　　4　　5　優		
過去雇用的穩定性	（　）非常穩定　（　）比較穩定　（　）經常變動		
個性氣質類型	（　）外向　（　）偏外向　（　）中性　（　）偏內向 （　）內向		
應聘的動機	（　）應屆畢業　（　）尋求發展　（　）提高收入 （　）人際關係　（　）其他，需說明：		
優勢（自述）：	不足（自述）：		
目前待遇（工資、職位）：	可到崗時間：		
初試面試人評語及簽字：　□建議聘用　　□擬予復試　　□不予考慮			
行政人事部意見： 日期：	用人部門意見： 日期：		
第二輪　復試面試測評表			
與所招聘崗位的綜合符合度	□差	□一般	□良好　　□優秀
崗位所需專業技能掌握程度	□差	□一般	□良好　　□優秀
所希望待遇與公司薪資符合度	□比公司薪資標準低	□符合	□比公司薪資標準高
復試面試人評語及簽字：　□建議聘用　　□擬予終試　　□不予考慮 日期：			
第三輪　終試面試測評表			
終試面試人評語及簽字：　□聘用　　□不予考慮			
常務副總：_____　　　總經理：_____ 日期：			

(二) 面試的類型

按照不同的標準，面試可以劃分為不同的類型。

1. 根據面試的結構的規範化程度不同，面試可分為結構化面試、非結構化面試和半結構化面試

（1）結構化面試。結構化面試是指依據預先確定的內容、程序、分值結構進行的面試形式。面試過程中，主試人必須根據事先擬定好的面試提綱逐項對被試人測試，不能隨意變動面試提綱，被試人也必須針對問題進行回答，面試各個要素的評判也必須按分值結構合成。也就是說，在結構化面試中，面試的程序、內容以及評分方式等標準化程度都比較高，使面試結構嚴密、層次性強、評分模式固定。

（2）非結構化面試。非結構化面試是指在面試中事先沒有固定的框架結構，也不使用有確定答案的固定問題的面試。非結構化面試沒有應遵循的特別形式，面試官和應聘者可以隨意交談，談話可向各方面展開，面試官可以根據求職者的最後陳述進行追蹤提問。這種面試的主要目的在於給應聘者充分發揮自己能力的機會，面試官通過觀察應聘者的知識面、價值觀、談吐和風度，瞭解其表達能力、思維能力、判斷力和組織能力等。這是一種高級面試，需要主持人有豐富的知識和經驗，對招聘的工作崗位非常熟悉，並掌握高度的談話技巧。這種方法適用於招聘中高級管理人員。

（3）半結構化面試。半結構化面試只對重要問題提前做出準備並記錄在標準化的表格中。這種面試要求面試人能夠制訂一些計劃，但是允許在提出什麼樣的問題及如何提問方面保持一定的靈活性。這種面試所獲得的信息雖然在不同的面試官間的信度不如結構性面試高，但所獲得的信息會更豐富，而且與工作的相關性更強。

2. 根據面試對象不同，面試可分為單獨面試和小組面試

（1）單獨面試。單獨面試是一位面試官和一位應聘者進行一對一的交談。其優點是面談雙方可以直接就很多問題交換意見，互相徵詢，從中確定對應聘者的評價。這種方法效率高、應聘者壓力小，但容易出現舞弊行為。

（2）小組面試。小組面試是由多位應聘者同時面對面試官的情況，如無領導小組討論。

3. 根據面試的進程不同，面試可分為一次性面試和分階段面試

（1）一次性面試。一次性面試是指用人單位對應聘者的面試集中於一次進行。

（2）分階段面試。分階段面試可分為兩種類型，一種是依序面試，另一種是逐步面試。依序面試一般分初試、復試與綜合評定三步。逐步面試是由用人單位面試小組成員按照由低到高的順序，依次對應聘者進行面試。

4. 根據面試的風格不同，面試可分為壓力面試和非壓力面試

（1）壓力面試。壓力面試是將應聘者置於一種人為的緊張氣氛中，讓應聘者接受如挑釁性的、刁難性的刺激，以考察其應變能力、壓力承受能力、情緒穩定性等的一種面試方法。在面試開始時，主面試官會給應聘者提出一個意想不到的問題，問題通常帶有「敵意」或「攻擊性」，給應聘者以意想不到的一擊，主面試官以此觀察應聘者的反應。採用這種方法可以識別應聘者的敏感性和壓力承受力。因此，壓力面試多用於選拔公關人員和銷售人員等，有些工作不需要具備這些能力，則不可濫用。

（2）非壓力面試。非壓力面試是指在沒有壓力的情景下考察應聘者有關方面的素質。

示例 4-6

壓力面試問題示例

（1）你自我感覺不錯，但我們沒有錄取你，你會怎麼想？
（2）你周圍的同事對你的評價如何，指出你最大的缺點是什麼？
（3）這就是你的簡歷嗎？怎麼這麼差？
（4）我對你的著裝（打扮）很不滿意，你為什麼要這樣著裝（打扮）？
（5）如果這是一份非常艱苦的工作，你能承受嗎？
（6）如果你和你的上級（同事）意見不一，你怎麼協調？
（7）你怎樣看待付出了卻沒有得到相應成果的問題？
（8）你覺得你努力了，但並沒有得到別人的認可怎麼辦？你覺得問題可能出在哪裡？
（9）你認為自己的哪項技能需要加強？
（10）你覺得什麼人在工作中難以相處？

5. 根據面試內容設計的重點不同，面試可分為常規面試、情景面試和綜合性面試
（1）常規面試。常規面試是指面試官和應聘者面對面以問答形式為主的面試。
（2）情景面試。情景面試突破了常規面試中面試官和應聘者那種一問一答的模式，引入了無領導小組討論、公文處理、角色扮演、演講、答辯、案例分析等人員甄選中的情景模擬方法。
（3）綜合性面試。綜合性面試兼有前兩種面試的特點，而且是結構化的，內容主要集中在與工作職位相關的知識技能和其他素質上。

第四節　錄用配置

在經過一系列的篩選、筆試、面試、測評後，招聘人員對應聘者的勝任能力和綜合素質有了全面的瞭解。此時，招聘就要進入錄用階段。這一階段的工作包括錄用決策、背景調查、體檢、辦理入職手續、簽訂試用合同等。在這個階段，招聘者和應聘者都要做出自己的決策，以達成個人和工作的最終匹配。員工的錄用流程如圖 4-3 所示。

一、背景調查

背景調查是指通過從外部求職者提供的證明人或以前的工作單位那裡收集資料，核實求職者的個人資料的行為，是一種能直接證明求職者情況的有效方法。背景調查可以提供候選人的教育和工作經歷、個人品質、人際交往能力、工作能力以及過去或現在的工作單位重新雇用候選人的意願等信息。在做出初步的錄用決定後，人力資源部門要對候選人進行背景調查。調查的目的主要是進行驗證，幫助企業確認找到了能為其創造價值的人才，同時避免被追究法律責任。對錄用人員，特別是對關鍵崗位人員、重要人員進行背景調查不僅是必要的，而且是必需的。

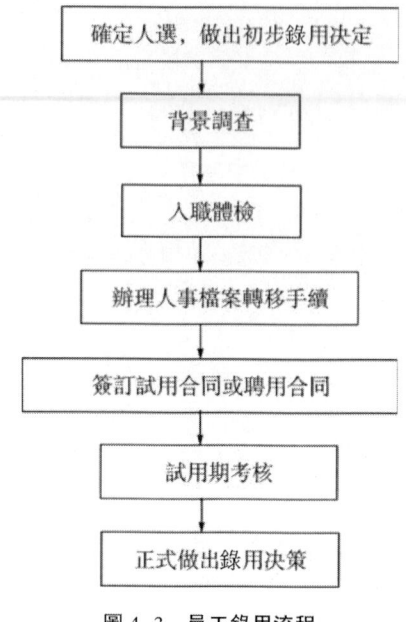

```
┌─────────────────────────┐
│ 確定人選，做出初步錄用決定 │
└─────────────────────────┘
            ↓
      ┌──────────┐
      │ 背景調查  │
      └──────────┘
            ↓
      ┌──────────┐
      │ 入職體檢  │
      └──────────┘
            ↓
   ┌──────────────────┐
   │ 辦理人事檔案轉移手續 │
   └──────────────────┘
            ↓
   ┌──────────────────┐
   │ 簽訂試用合同或聘用合同│
   └──────────────────┘
            ↓
      ┌──────────┐
      │ 試用期考核 │
      └──────────┘
            ↓
   ┌──────────────────┐
   │ 正式做出錄用決策   │
   └──────────────────┘
```

圖 4-3　員工錄用流程

閱讀案例 4-4

　　ABC 廣告公司在業內赫赫有名，發展迅速，萬總計劃開拓上海周邊城市業務。最近，ABC 公司蘇州分公司剛剛成立，事情特別多，萬總幾乎每周兩頭跑，萬總的主要精力放在蘇州分公司市場開拓上，令他最不放心的是 ABC 公司在上海的廣告業務。因為 ABC 公司的廣告業務以前都是萬總親自抓，為了 ABC 公司的順利發展，萬總決定引入一位市場總監來管理 ABC 公司在上海的業務。在年初的招聘會上，萬總百裡挑一，相中了業務及管理能力突出的張某。開始的 6 個月，張某在崗位上表現出色，萬總非常滿意。可是，讓萬總非常意外的是，工作滿 6 個月的張某毅然提出辭職，原因是覺得在 ABC 公司的發展不適合自己。萬總覺得理由很牽強，於是苦苦挽留，但張某還是走了，萬總非常惋惜。讓萬總震驚的是張某離職後的 3 個月，ABC 公司幾個重要客戶流失了。經過調查瞭解，是張某帶走的，張某被另一家廣告公司以更高的薪酬和提成挖走了。經過對張某的進一步瞭解，萬總發現原來張某的簡歷造假，在 3 個公司的工作經歷都沒有滿 6 個月，而這些經歷都沒有在簡歷上體現出來，而是通過延長其他工作經歷的時間來掩蓋這個事實，張某在其他的公司也有類似的行為。萬總後悔莫及，責怪自己面試時太大意了。另一邊是流失了重要客戶，一邊是職位空缺而自己分身術，忙不過來。

（一）背景調查的內容

　　背景調查的內容主要有候選人的職位、工作時間、擔任的職務、工作內容和業績表現；簡歷的真偽、學歷（證書）真假、離職原因、薪資待遇、家庭情況；候選人的優缺點、職業道德情況、有無與原公司發生勞動糾紛、與原公司上下級的關係狀況、

個性、管理風格等。

1. 候選人的學歷（證書）調查

對學歷（證書）的調查，比較容易，現在很多學歷（證書）從網上都可以查證。一般採取證書編號網上查詢或直接找其畢業學校請求配合調查的方法。除非是一些年代比較久遠的學校或是已經不存在的學校，一般學校的檔案館都會存放學生的學歷證明，通過調查很快會得出結論。

2. 任職時間調查

有不少經理人喜歡在任職時間上造假，一般表現形式是虛報任職時間。很多經理人知道，頻繁的跳槽對於應聘新的崗位是個很大的障礙，因為頻繁的跳槽給人的感覺是能力不夠、心浮氣躁，或是忠誠度不高等。因此，為了留下好的印象，部分經理人對其任職時間進行了修改。

3. 任職職位調查

職位不實這個現象是最普遍的。第一種表現是給自己「升職」。例如，任職是經理，說成是總監；任職是總監，說成是副總經理或總經理。第二種表現是捏造任職經歷。例如，不曾在某公司任職過，但對該公司比較瞭解，就謊稱在該公司任職。

4. 具體工作內容調查

候選人之前擔任職務應該負責的工作有哪些，一定要調查清楚。例如，有的候選人可能在前一個公司剛剛提拔為經理，大部分時間是主管，卻在簡歷上寫擔任經理職位兩年的時間。通過背景調查，可以挖掘出一些不真實的信息。

5. 工作表現調查

候選人之前的業績如何，與其他同事比較起來表現如何，應看看瞭解到的情況是否和簡歷中的描寫一致。在調查中，調查人員還應瞭解候選人之前的上司和下屬對候選人的評價，因為他們對候選人的工作表現是最瞭解的。有些候選人喜歡吹噓，使決策者做出錯誤的判斷，通過調查，可以避免這些失誤。

6. 人際關係調查

候選人與之前同事相處得如何，是喜歡單打獨鬥，還是喜歡團隊合作？是和同事相處融洽，還是關係緊張？人際關係技能對於從事管理類工作的候選人是非常重要的，對於這類職位的候選人，要做好調查。

7. 離職原因調查

候選人真實的離職原因是什麼，若有機會他的原上級或公司是否還願意雇用他。調查人員應看看調查結果與候選人自己說的是否一致，也許能發現候選人在某些地方有掩飾。

8. 個性和誠信上的表現調查

調查人員應調查候選人的個性怎樣，是內向還是外向，是熱情還是冷淡，是否待人真誠，誠信方面有無問題，是否發生過經濟問題。誠信是所有企業經營發展的基礎。一個不講誠信的人無論在什麼樣的企業都是不受歡迎的。對個人誠信品格的調查非常重要，對不講誠信的人，無論能力多強，企業都是不能聘用的。

(二) 調查的方式

1. 電話調查

一般會要求候選人提供 2~3 名證明人，明確證明人的姓名、聯繫方式、職位等信息。調查人員通過電話的方式與證明人取得聯繫，在確認身分的情況下，按部就班地諮詢相關問題。由於候選人一般會和證明人事先說明，因此通過電話調查的方式，也能夠取得證明人的信任。

2. 書面調查

人力資源部門作為官方的調查渠道，在進行調查時，肯定是要和候選人原服務單位的人力資源部門打交道的。一般來說，原單位的人力資源部門都願意配合調查。人力資源部門的要求一般是書面的正式函件，通過這樣的調查效果往往較好。

3. 實地調查

針對一些重要的工作崗位，有必要採用上門拜訪的方式，對候選人原先所在的公司情況進行調查，並多方面地對候選人的情況進行訪問。這種方式往往能獲得大量的一手信息。

4. 其他方式調查

利用人際關係網路，從比較熟悉、瞭解候選人，並且能保守秘密的朋友進行調查；從候選人的親朋好友中進行調查；從候選人的同學、老師中進行調查。

背景調查表如表 4-4 所示。

表 4-4　　　　　　　　　　**背景調查表**

項目		記錄情況
工作起止時間	他在貴公司工作的日期是＿＿年＿月到＿＿年＿月	
崗位名稱	他的崗位/職務是什麼（工作名稱與描述）	進入公司＿＿＿＿ 離開公司＿＿＿＿
匯報關係	他的直接上級是＿＿＿＿＿，他的下屬有＿＿＿＿位， 分別為＿＿＿＿崗位	
工資收入	他離開公司時的月薪/年薪是＿＿＿＿＿＿＿＿＿，是否屬實？	
離職原因	導致他離開公司最根本的原因是什麼？ ◇ 發展或提升的機會　◇ 工作本身 ◇ 公司/產品前景　◇ 與上級之間的關係 ◇ 與同事之間的關係　◇ 薪金水平 ◇ 福利待遇　◇ 工作條件 ◇ 其他原因（請註明）＿＿＿＿＿＿＿＿	
性格特點	他的個性、優缺點是什麼？	
工作態度	他是否服從和接受上級領導工作安排，對安排的工作是否感興趣，工作是否需要督促？	
敬業精神	他是否有團體觀念，集體榮譽感是否強烈，是否怕困難工作，是否勤奮肯幹？	

表4-4(續)

項目		記錄情況
工作/技術水平 工作/領導能力	他對分配的工作完成質量如何，能否滿足本部門的需要，能否達到所期望的水平？他在能力方面有什麼差距或不足，工作效率如何？	
團隊合作 溝通協作	他與同事關係相處得如何？他與周邊同事交流溝通，合作是否愉快，是否樂於接受和容易得到別人幫助？他的上級及下屬如何評價他？	
勞動紀律	他是否嚴格要求自己，是否自覺地遵守各項管理規定，是否主動按業務規範標準工作？	
犯罪背景和 安全意識	他是否發生過有意或無意洩露訊息的行為？ 他是否發生過電腦中木馬病毒的事件？ 他是否有治安拘留/犯罪記錄？	
其他訊息	進一步補充說明的內容	

二、入職體檢

在企業做出初步的錄用決定並進行了背景調查之後，就要通知候選人按照一定的程序進行入職體檢。入職體檢旨在保證員工的身體狀況適合從事該專業工作的要求，在集體生活中不會造成傳染病流行，不會因其個人身體原因影響他人。

三、辦理人事檔案轉移手續

在經過前面的背景調查、體檢合格通過後，候選人就要到企業辦理入職手續，關於員工的入職，每個企業都有自己的規定與流程。

四、簽訂試用合同或聘用合同

新員工入職後還要和企業簽訂試用合同或聘用合同，以保證員工在工作期間的合法權利和履行義務。企業在擬定試用合同或聘用合同的條款時，要遵循法律法規的規定。《中華人民共和國勞動法》第十九條規定：「勞動合同應當以書面形式訂立。」這明確了勞動合同要採用書面的形式，而不允許口頭訂立勞動合同。勞動合同的內容包括：勞動關係主體，即訂立勞動合同的雙方當事人的情況；勞動合同客體，即勞動合同的標的，是指訂立勞動合同雙方當事人的權利義務指向的對象，這是當事人訂立勞動合同的直接體現，也是產生當事人權利義務的直接依據；勞動合同的權利義務，即勞動合同當事人享有的勞動權利和承擔的勞動義務。

同時，在擬定勞動合同時，應根據企業生產經營的特點對勞動合同的期限做出規定，保證企業既有相對穩定的職工隊伍，又有合理流動的勞動人員，相互作用與補充。

第五節　招聘與配置實務

一、總則

（一）適用範圍

本流程適用於公司基層及管理層的招聘管理。

（二）基本原則

公開招聘、擇優錄用。

二、招聘職責

（一）人力資源部職責

根據公司各部門用人需求制訂招聘計劃，進行招聘過程的組織與實施。

（二）用人部門職責

提出人員需求計劃，參與面試甄選並提出錄用建議。

三、招聘實施管理

（一）匯總招聘需求

人力資源部根據公司發展需要匯總公司整體用人需求。

（二）制訂招聘計劃

人力資源部對各部門人員需求進行匯總，制訂招聘計劃，確定招聘方式，用人員需要傳遞表傳送到招聘部。

（三）發布招聘信息

招聘部根據崗位類別選擇合適的渠道（網路、招聘會、報紙、內部舉薦）形式發布招聘信息，並填寫招聘網站統計表（見表4-5）備案。

表4-5　　　　　　　　　　　招聘網站統計表

渠道 崗位	網路 51job、智聯	網路 其他（QQ群、論壇）	招聘會 社會招聘	招聘會 校園招聘	內部舉薦	報紙	仲介獵頭	戶外社區廣告
銷售崗位	√	√	√	√	√	√	—	√
管理崗位	√	—	—	—	√	—	√	—
技術崗位	√	√	√	√	√	—	—	—

(四) 簡歷篩選及面試通知

通過簡歷篩選初步符合崗位需求的應聘者，招聘部下發面試通知書，告知應聘者面試時間、地點及攜帶相關證件。

(五) 面試

1. 招聘評審小組成員構成

招聘評審小組成員構成如表 4-6 所示。

表 4-6　　　　　　　　　招聘評審小組成員表

崗　位	第一輪（初試）	第二輪（復試）	第三輪（測評）
基層崗位	招聘經理	部門經理、人資經理	人資經理、招聘經理
主管崗位	招聘經理	總經理、人資經理	人資經理、招聘經理
經理崗位	招聘經理	總經理、董事長	人資經理、招聘經理

2. 人員面試甄選流程

(1) 基層崗位人員面試流程。

① 初試流程。

第一，單獨面試：適用於社會招聘實施環節。

面試通知→面試接待→填寫應聘人員登記表→公司崗位說明→進入單獨初試環節。

公司崗位說明流程如圖 4-4 所示。

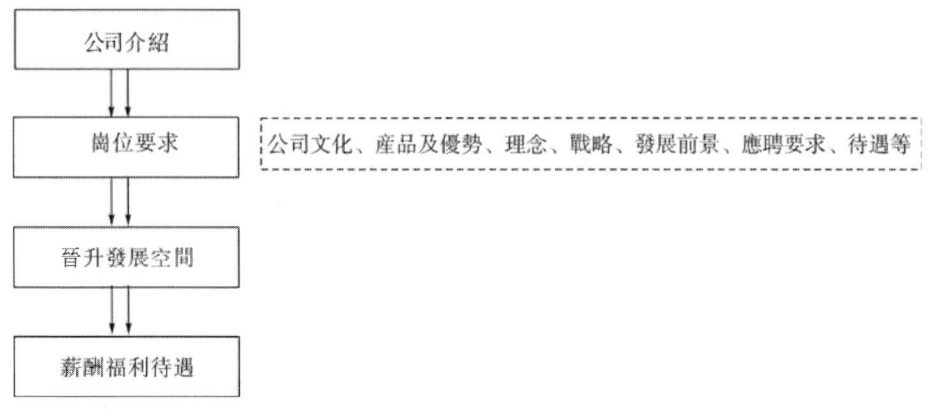

```
公司介紹
   ↓
崗位要求 ── 公司文化、產品及優勢、理念、戰略、發展前景、應聘要求、待遇等
   ↓
晉升發展空間
   ↓
薪酬福利待遇
```

圖 4-4　崗位說明流程

首先，由招聘經理進行初試，瞭解應聘者基本信息和能力信息。

● 應聘者自我介紹：考察語言表達及邏輯思維能力。

● 社會背景：瞭解家庭狀況、生活環境，考察價值取向、工作動力。

● 工作經歷：瞭解以往工作內容、業績表現、離職原因、工作經歷連續性，考察工作適應度和穩定性。

● 崗位能力：通過提問瞭解應聘者基本素質能力，包括責任心、上進心、抗壓性、

專業技能，考察崗位勝任力。
- 職業取向：瞭解應聘者的求職意向、興趣愛好、個人規劃，考察崗位與職業取向匹配度。

其次，對應聘者提出的問題給予解答。

最後，第一輪初試結束後，由面試官進行綜合評定，給出初試意見，確定是否進入第二輪復試，並填寫初試結果評價表傳送人力資源部，由人力資源部依據初試結果安排復試。

第三，集體面試：適用於校園招聘實施環節。

校園宣講會→簡歷收取→面試通知→面試接待→進入集體面試環節。

校園宣講會流程如圖 4-5 所示。

```
┌─────────────┐
│  播放宣傳片  │
└──────┬──────┘
       ↓
┌─────────────┐      ┌──────────────────────────────────────┐
│   公司介紹   │──────│ 公司文化、產品及優勢、理念、戰略、發展前景等 │
└──────┬──────┘      └──────────────────────────────────────┘
       ↓
┌──────────────────┐
│ 晉升通路及培養方向 │
└────────┬─────────┘
         ↓
┌─────────────┐
│ 解答學生提問 │
└─────────────┘
```

圖 4-5　校園宣講會流程

首先，人力資源部組成評審小組進行初試環節，將應聘學生分組。

其次，面試官進行集體提問，由應聘者進行一一回答，瞭解應聘者基本信息和能力信息。
- 應聘者自我介紹：考察語言表達及邏輯思維能力。
- 家庭情況：瞭解家庭成員、生活環境，考察個人性格、價值取向。
- 學校和社會實踐活動：瞭解學生在校生活狀態，考察其主動性、獨立性、個性能力。
- 興趣、愛好：瞭解業餘生活狀態，考察個人目標、工作動力、抗壓性。
- 職業方向：瞭解求職意向、個人規劃，考察潛在的穩定性及崗位匹配度。

再次，面試官解答學生所關注的企業或崗位信息的問題。

最後，面試結束後，由面試官進行綜合評定，給出初試意見，確定是否錄用，並填寫初試結果評價表傳送人力資源部，由人力資源部依據初試結果安排到崗日期。

② 復試流程。

測評：由人力資源部門和用人部門經理根據崗位需求安排求職者進行相應測評，具體崗位測評如表 4-7 所示。

表 4-7　　　　　　　　　　測評表

崗位	測評方式	測評時間	備註
基層崗位	壓力測試	20 分鐘	適用於銷售及銷售支持類崗位
	團隊角色測試		
	DISC 測試		
校園招聘	筆試、壓力測試	40 分鐘	適用於基層崗位校園招聘
技術專業類崗位	實際操作測評	20 分鐘	適用於維修、噴漆、鈑金、財會崗位
	團隊角色測試		
行政類崗位	團隊角色測試、筆試	40 分鐘	秘書另須速記測試
管理類崗位	職業性向測試	40 分鐘	適用於管理層招聘

專業化面試如下：
- 人力資源部組織用人部門參加並分發專業知識測試題和面試評分表。
- 人力資源部向各位面試官講解評分細則，並介紹參加復試者基本情況。
- 各部門根據應聘崗位專業化面試提問分別進行打分。
- 提問結束後，由用人部門進行問題補充。
- 人力資源部對應聘者提出的問題給予解答。
- 面試結束後，人力資源部和用人部門進行綜合評定給出復試意見，確定錄用部門及崗位，並填寫復試結果評價表備案。

（2）管理崗位人員面試流程。

① 初試流程。

由招聘經理進行初試後給出意見，確定復試人選，並填寫初試結果評價表傳送人力資源部，由人力資源部依據初試結果安排復試。

② 復試流程。

主管崗位由總經理、人力資源部經理、部門總監組成評審小組進行復試，做出錄用決策。

經理崗位由總經理和董事長進行復試，做出錄用決策。

所有復試結束後均應填寫復試結果評價表傳送人力資源部備案。

以上復試錄用結果在當日內由人力資源部通知招聘部。

（六）發出錄用通知

招聘部在復試通過後 2 個工作日內，以電話、郵件形式向符合要求的人員發出錄用通知書。錄用通知書應包括報導時間、地點及攜帶證件、物品等。關鍵崗位人員在發出錄用通知前須進行背景調查和驗證，並填寫背景調查報告書上交人力資源部。

（七）辦理錄用手續

招聘部負責把錄用者的相關表格傳遞給人力資源部，並出具新員工入職手續辦理傳遞單由人力資源部負責辦理入職手續。

（1）填寫員工簡歷表。

（2）簽訂新員工入職須知及員工入職承諾書。
（3）提交以下相關材料及資質證明文件：
① 身分證原件、複印件（A4紙複印）。
② 最高學歷證明原件、複印件。
③ 與原單位終止、解除勞動合同的證明文件。
④ 近期免冠1寸的彩色照片3張。
⑤ 關鍵崗位人員必須提供職稱證、結婚證、戶口本等原件及複印件。

三、入職管理工作

（一）入職前需要溝通確認的事情

1. 集團概況
（1）企業簡介：公司性質、成立時間、資產規模、產業結構、公司業績與榮譽。
（2）企業文化：企業精神、核心價值觀、企業宗旨。
（3）其他：組織結構、領導簡介、遠景規劃、戰略目標。
2. 工作內容
（1）部門定位與職能。
（2）崗位工作職責。
（3）部門崗位設置與人員配置情況。
3. 入職管理
（1）背景調查時間與方式。
（2）入職體檢流程與要求。
（3）入職手續辦理流程。
（4）準備學歷證書、身分證、職稱證書等證件原件。
（5）提供原單位離職證明與工作交接手續。
4. 入職培訓
（1）入職培訓。
（2）在職培訓。
5. 績效管理
試用期轉正考核流程與注意事項。
6. 薪酬福利
（1）試用期開始時間、試用期期限。
（2）試用期工資待遇。
（3）轉正後工資待遇。
（4）通信費。
（5）住宿安排。
（6）工作餐安排。
（7）辦公條件。
（8）名片印製。
（9）公司班車路線。

（10）購房優惠。

（11）節假日津貼（節假日補助、帶薪休假）。

（12）發放撫恤金（結婚、喪葬、生育等）。

7. 勞動關係管理

（1）就業協議簽訂。

（2）勞動合同簽訂。

（3）工作關係調入流程。

（4）戶口、檔案、黨團關係辦理流程。

（5）「五險一金」、繳費比例、轉繳手續。

8. 休假管理

（1）作息時間。

（2）每周休息時間。

（3）法定節假日休息時間。

9. 其他

（1）員工行為規範。

（2）獎懲製度。

（二）入職體檢

（1）對於面試通過的應聘者，在正式辦理入職手續之前3個工作日內，由用人單位人力資源管理部門組織應聘者在指定醫院進行體檢。

（2）體檢結束後，由人力資源管理部門負責從醫院取回應聘者體檢結果，並在取回體檢結果一天內向應聘者反饋。體檢合格者，寄送員工錄用通知書，通知前來辦理入職手續；體檢不合格者，不予錄用。

（3）新接收的應屆畢業生報到後，由公司人力資源部統一安排體檢，體檢不合格者不予錄用。

（4）員工入職前體檢所發生的費用，在試用期轉正之後，員工可憑體檢單據在其所在單位的財務部門報銷。

（三）員工報到應準備的材料

（1）公司人力資源部開具的員工錄用通知書。

（2）與原單位解除勞動合同的憑證。

（3）畢業證書、學位證書、職稱證書、身分證等原件。

（4）彩色免冠照片，建立員工內部人事檔案使用。

（5）工作生活用品。

四、試用期管理工作

第一，各用人單位引進的人員原則上必須經過3~6個月的考核、試用，經考核合格後，方可轉為正式員工。

第二，試用期間，由用人單位指定引導人對新員工進行指導。新員工引導人的確定及職責履行，由用人單位人力資源管理部門負責協調落實。

第三，所有的新入職員工在試用期內，都要進行新員工入職培訓，否則不得轉正。

第四，試用期間，由用人單位對新員工進行嚴格試用期考核。

第五，新員工試用期滿，由個人提交轉正申請（轉正申請中包括並不僅限於：試用期培訓和學習的內容與成果；試用期主要工作內容、完成情況、創新及改進情況、崗位適應情況；目前本人存在的問題及下一步的打算；其他需要說明的問題），人力資源管理部門與其本人、直接領導、同事、下屬進行詳細的溝通，並出具考核報告，並將轉正審批表報送本單位總經理，審批合格者，按期給予轉正。

第六，新員工試用期滿，經考核評價後不能達到所應聘崗位的任職資格要求的，可以根據情況延長試用1~3個月或調換崗位重新試用，延長試用後，經考核評價仍不合格者予以辭退。

【本章小結】

員工的招聘與配置是人力資源管理的一項重要內容，招聘工作作為吸引人才的必要途徑，越來越受到企業的重視。企業規模的擴大，需要引進大量的人才，而隨著市場環境的變化，員工的離職率越來越高，招聘工作的重要性也就越來越突出。

本章介紹了人員招聘的概念、影響因素、原則和基本流程；分析闡述了內部招聘和外部招聘的渠道和方法，並對這兩種招聘進行了比較；在甄選階段，介紹了人員甄選的方法，主要有簡歷與求職申請表、筆試法、面試法、心理測試法和評價中心等，重點介紹了面試法，這是企業在人員選拔中使用的最為廣泛的一種方法；在錄用配置環節中，用示例闡述了背景調查、入職流程以及簽訂試用合同等問題。

【簡答題】

1. 試比較內部招聘和外部招聘的優缺點。
2. 面試中有哪幾種提問的方式？
3. 內部招聘有哪幾種方式？
4. 外部招聘有哪幾種方式？
5. 結構化面試有什麼特點，適用什麼情況？
6. 什麼是壓力面試？其有什麼特點？
7. 背景調查需要調查哪些內容？
8. 入職申請表和簡歷有什麼區別？

【案例分析題】

天洪公司是一家發展中的公司，在15年前創立，現在擁有10多家連鎖店。在近幾年的發展中，天洪公司從外部招聘來的中高層管理人員大約有50%的人不符合崗位的要求，工作績效明顯低於天洪公司內部提拔起來的人員。在過去的兩年中，天洪公司外聘的中高層管理人員中有9人不是自動離職就是被解雇。

從外部招聘來的商業二部經理因年度考評不合格而被免職之後，終於促使董事長召開了一個由行政副總裁、人力資源部經理出席的專題會議，分析這些外聘的管理人員頻繁離職的原因，並試圖得出一個全面的解決方案。

人力資源部經理先就招聘和錄用的過程進行了一個回顧。天洪公司是通過職業介紹所或報紙上刊登招聘廣告來獲得職位候選人的。人員挑選的工具包括一份申請表、3份測試卷（一份智力測試卷和兩份性格測試卷）、有限的個人資歷檢查以及必要的面試。

行政副總裁認為，他們在錄用某些職員時，犯了判斷上的錯誤，一部分人的履歷表看起來不錯，他們說起來也頭頭是道，但是工作了幾個星期之後，他們的不足就明顯暴露出來了。

董事長則認為，根本的問題在於沒根據工作崗位的要求來選擇適用的人才。「從離職人員的情況來看，幾乎我們錄用的人都能夠完成領導交辦的工作，但他們很少在工作上有所作為，有所創新。」

人力資源部經理提出了自己的觀點，即公司在招聘中過分強調了人員的性格和能力，並不重視應聘者過去在零售業方面的記錄。例如，在7名被錄用的部門經理中，有4人來自與其任職無關的行業。

行政副總裁指出，大部分被錄用的職員都有共同的特徵，如他們大都在30歲左右，而且經常跳槽，曾多次變換自己的工作；他們雄心勃勃，並不十分安於現狀；在加入公司後，他們中的大部分人與同事關係不是很融洽，與直屬下級的關係尤為不佳。

會議結束後，董事長要求人力資源部經理：「徹底解決公司目前在人員招聘中存在的問題，採取有效措施從根本上提高公司人才招聘的質量。」

思考題：
1. 天洪公司在人員招聘中存在什麼問題？
2. 你對改善這些問題有什麼更好的建議？

【實際操作訓練】

實訓項目：人力資源招聘。
實訓目的：學會運用招聘面試的方法，設計企業實際崗位的招聘流程。
實訓內容：在掌握招聘與甄選相關知識的基礎上，能運用人員甄選的方法與技術，設計招聘流程，舉辦企業模擬招聘會。
要求：
1. 制訂企業招聘計劃。
2. 設計企業招聘廣告。
3. 準備招聘啓事展板及相關招聘材料。
4. 確定甄選方法及流程。
5. 擬定面試提問要點。
6. 組織招聘會。

第五章 員工培訓

開篇案例

迪士尼樂園的員工培訓

到東京迪士尼去遊玩,人們不大可能碰到迪士尼樂園的經理,門口賣票和剪票的人員也許只會碰到一次,碰到最多的還是掃地的清潔工。因此,東京迪士尼樂園對清潔員工非常重視,將更多的訓練和教育大多集中在他們的身上。

一、從掃地的員工培訓起

有些東京迪士尼樂園的掃地員工是在暑假工作的學生,雖然他們只工作兩個月時間,但是培訓他們掃地要花 3 天時間。

(一) 學掃地

第一天上午要培訓如何掃地。掃地有 3 種掃把:一種是用來扒樹葉的;一種是用來刮紙屑的;一種是用來撣灰塵的。這三種掃把的形狀都不一樣。怎樣掃樹葉,才不會讓樹葉飛起來?怎樣刮紙屑,才能把紙屑刮得很乾淨?怎樣撣灰,才不會讓灰塵飄起來?這些看似簡單的動作卻都要嚴格培訓。而且掃地時還另有規定,如開門時、關門時、中午吃飯時、距離客人 15 米以內等情況下都不能掃地。這些規範都要認真培訓,嚴格遵守。

(二) 學照相

第一天下午學照相。十幾臺世界上最先進的數碼相機擺在一起,各種不同的品牌,每臺都要學,因為客人會叫員工幫忙照相,可能會帶世界上最新的照相機,來這裡度蜜月、旅行。如果員工不會照相,不會操作照相機,就不能照顧好顧客,因此學照相要學一個下午。

(三) 學包尿布

第二天上午學怎麼給小孩子包尿布。孩子的媽媽可能會叫員工幫忙抱一下小孩,但如果員工不會抱小孩,動作不規範,不但不能給顧客幫忙,反而增添顧客的麻煩。抱小孩的正確動作是:右手要扶住臀部,左手要托住背,左手食指要頂住頸椎,以防閃了小孩的腰,或弄傷頸椎。員工不但要會抱小孩,還要會替小孩換尿布。給小孩換尿布時要注意方向和姿勢,應該把手擺在底下,尿布折成十字形,這些都要認真培訓,嚴格規範。

(四) 學辨識方向

第二天下午學辨識方向。有人要上洗手間,「右前方,約 50 米,第三號景點東,那個紅色的房子」;有人要喝可樂,「左前方,約 150 米,第七號景點東,那個灰色的房子」;有人要買郵票,「前面約 20 米,第十一號景點,那個藍條相間的房子」……顧

客會問各種各樣的問題，因此每一名員工要把整個迪士尼樂園的地圖都熟記在腦子裡，對迪士尼樂園的每一個方向和位置都要非常明確。

訓練3天後，員工領取3把掃把，開始掃地。在迪士尼樂園裡面碰到這種訓練有素的員工，人們會覺得很舒服，下次會再來迪士尼樂園。

二、會計人員也要直接面對顧客

有一種員工是不太接觸顧客的，那就是會計人員。迪士尼樂園規定：會計人員在前兩三個月中，每天早上上班時，要站在大門口，對所有進來的顧客鞠躬、道謝。因為顧客是員工的衣食父母，員工的薪水是顧客給予的。感受到什麼是顧客後，會計人員再回到會計室中去做會計工作。迪士尼樂園這樣做，就是為了讓會計人員充分瞭解顧客。

三、其他重視顧客、重視員工的規定

（一）怎樣與小孩講話

迪士尼樂園有很多小孩，這些小孩要跟大人講話。迪士尼樂園的員工碰到小孩在問話，統統都要蹲下，蹲下後員工的眼睛跟小孩的眼睛要保持一個高度，不要讓小孩抬著頭去跟員工講話。因為那是未來的顧客，將來都會再回來的，所以要特別重視。

（二）怎樣送貨

迪士尼樂園裡面有喝不完的可樂、吃不完的漢堡、買不完的糖果，但從來看不到送貨的。因為迪士尼樂園規定在客人遊玩的地區是不準送貨的，送貨統統在圍牆外面。迪士尼樂園的地下像一個隧道網一樣，一切食物、飲料統統在圍牆的外面下地道，在地道中搬運，然後再從地道裡面用電梯送上來，因此客人永遠有吃不完的東西。這可以看出，迪士尼樂園多麼重視客人，於是客人就不斷地去迪士尼樂園。去迪士尼樂園玩10次，大概也看不到一次經理，但是只要去一次就看得到迪士尼樂園的員工在做什麼。這就是顧客站在最上面，員工去面對顧客，經理站在員工的底下來支持員工，員工比經理重要，顧客比員工重要。

（資料來源：東京迪士尼樂園員工培訓案例［EB/OL］．（2005-04-06）［2016-11-10］．http://bbs.chinahrd.net/thread-68756-1-1.html．）

問題與思考：

1. 迪士尼樂園在員工培訓方面做了哪些工作？
2. 培訓在企業發展中的地位和作用如何？

第一節　員工培訓概述

企業要想跟上時代發展的步伐，要想在激烈的競爭中脫穎而出，就必須不斷地更新管理理念，運用現代管理方法，更加注重人力資源的作用，不斷開發人力資源的潛力，充分發揮人力資源的優勢。因此，很多企業逐漸重視並努力開展員工的培訓工作。

一、員工培訓的內涵

培訓就是為了企業利益而有組織地提高員工工作績效的行為。培訓的最終目的是

使員工更好地勝任工作，進而提高企業的生產力和競爭力，從而實現組織發展與個人發展的統一。

員工培訓是指企業有計劃地實施有助於員工學習與工作相關能力的活動。這些能力包括知識、技能和對工作績效起關鍵作用的行為。

二、員工培訓的具體流程

培訓工作具體可分為四個步驟進行，即培訓需求分析、培訓計劃制訂、培訓實施、培訓效果評估。

（一）培訓需求分析

培訓需求分析是指在規劃與設計每項培訓活動之前，由培訓部門、主管人員、工作人員等採取各種方法和技術，對各種組織及其成員的目標、知識、技能等方面進行系統的鑑別與分析，以確定是否需要培訓及培訓內容的一種活動或過程。培訓需求信息的收集多採用問卷調查、個人面談、團體面談、重點團隊分析、觀察法、工作任務調查法。

（二）培訓計劃制訂

培訓計劃是指對企業組織內培訓的統籌安排。企業培訓計劃必須密切結合企業的生產和經營戰略，從企業的人力資源規劃和開發戰略出發，滿足企業資源條件與員工素質基礎，考慮人才培養的超前性和培訓效果的不確定性，確定職工培訓的目標，選擇培訓內容、培訓方式。

（三）培訓實施

制訂好培訓計劃後，接下來的工作就是計劃的實施，即培訓實施。要做好這項工作，需注意以下幾點：

（1）領導重視。
（2）要讓員工認同培訓。
（3）做好外送培訓的組織工作。
（4）培訓經費上的大力支持。
（5）制定獎懲措施。

在培訓實施方面，國內外的研究者關注得比較多的是採取怎樣的培訓方式進行培訓，認為多樣化的培訓方式比傳統的講授式培訓能夠達到更好的效果。

（四）培訓效果評估

培訓效果評估是研究培訓方案是否達到培訓的目標，評價培訓方案是否有價值，判斷培訓工作給企業帶來的全部效益（經濟效益和社會效益）以及培訓的重點是否和培訓的需要相一致。科學的培訓評估對於分析企業培訓需求、瞭解培訓投資效果、界定培訓對企業的貢獻非常重要。目前使用得最廣泛的培訓效果評估方法是柯克帕特里克的培訓效果評估體系。成本—收益分析也是一個比較受推崇的方法，這種方法可將培訓的效果量化，讓企業可以直觀地感受培訓的作用。

第二節　員工培訓工作的主要內容

一、培訓需求分析

培訓需求分析必須在組織中的三個層次上進行，首先培訓需求分析必須在工作人員個體層次上進行，第二個層次是組織層次，第三個層次是戰略層次。

1. 培訓需求分析的個體層次

培訓需求分析的個體層次主要分析工作人員個體現有狀況之間的差距，在此基礎上確定誰需要和應該接受培訓及培訓的內容。

不同的組織以及組織內部的不同單位，培訓需求分析的主體是不一樣的，但是一般說來，任何組織和單位都要通過培訓部門、主管人員、工作人員來進行。

（1）培訓部門。培訓部門通常是選擇誰需要和誰會獲得培訓的關鍵參與者。培訓部門經常要負責績效測試，這種測試是引起新增培訓的工作分配或技能提高過程的一部分。為了未來的發展，需求分析中心可以選擇一些有潛力的經理人員與行政人員參加培訓。

培訓部門經常負責檢查和執行委託培訓項目，雖然培訓部門不是單獨為此類活動負責，但其一般起主要作用。

培訓部門同主管人員與工作人員相互作用，來指導、勸告、通知和鼓勵。培訓部門發布布告和清單，與個體工作人員會談討論各項選擇，與面臨各種問題的主管人員一起工作。複雜的培訓部門都有針對每個工作人員的培訓詳細目錄，在其中記載了每一個工作人員曾經參加的培訓，並且提出了未來培訓和開發的可能性。

（2）主管人員。主管人員也是確定誰會獲得培訓的關鍵參與者。主管人員能夠使培訓決策成為績效評價系統的一部分。績效評價本身是需求分析與缺失檢查的一種類型，為培訓決策的制定提供了警告性參數。

作為分析和開發過程的一部分，主管人員應該鼓勵工作人員提出員工開發計劃，或者強調過去培訓和開發的員工任務完成報告。員工開發計劃需要工作人員詳細指明改進知識、技能及能力和策略，而不管其現有水平。

主管人員能夠制訂出包括單位內多數或所有工作人員在內的部門性培訓計劃表。主管人員有責任考慮呈現於工作人員之中的精選的知識、技能和能力是否能夠解釋疾病、磨損及意想不到的工作的增加。交叉培訓工作人員是幫助主管人員確信不同的工作人員瞭解一種工作或一系列技能的一項技術。

（3）工作人員。工作人員通過評估他們自己的需要，經常急於改進與其工作有關的技能、知識、能力，並積極尋找培訓機會。工作人員需要組織內外的培訓規劃，他們或者是用公司時間，或者是用個人時間參加培訓活動。

2. 培訓需求分析的組織層次

培訓需求的組織分析主要是指通過對組織的目標、資源、環境等因素的分析，準確找出組織存在的問題，即現有狀況與應有狀況之間的差距，並確定培訓是否是解決這類問題的最有效的方法。

培訓需求的組織分析涉及能夠影響培訓規劃的組織的各個組成部分，包括詳細說明組織目標、組織培訓氣候的確定、組織資源的分析等方面。

（1）詳細說明組織目標。明確、清晰的組織目標既對組織的發展起決定性作用，也對培訓規劃的設計與執行起決定性作用，組織目標決定培訓目標。

當組織目標不清晰時，設計與執行培訓規劃就很困難，詳細說明在培訓過程中應用的標準也不可能。

（2）組織培訓氣候的確定。組織培訓氣候是指一個單位或部門所存在的群體培訓氣氛。正像描述組織目標所呈現出的複雜性一樣，僅僅確定組織目標還不能產生任何作用。

組織培訓氣候對培訓具有重要作用，當培訓規劃和工作環境不一致時，培訓的效果很難保證。

閱讀案例 5-1

路樂爾和戈德斯丁進行了一項研究，他們通過擁有和經營 102 家快餐店的特許權來研究他們的模型。該研究主要是分別考查每一個組織單位的轉換氣候和分配給各個組織單位的受訓者的轉換行為。受訓者都是一些助理經理人員，他們都完成了 9 個星期的培訓規劃，然後被隨機分配到 102 家快餐店中的任意一家中去。被分配到具有正轉換氣候的單位的受訓者，在工作中往往表現出更多的轉換行為。而且正如期望的一樣，在培訓中學得較多的受訓者，在工作中表現得更出色，但是轉換氣候同培訓之間的相互作用並不明顯。這就提供了一個證據，即不受培訓者在培訓規劃中學習程度影響的正轉換氣候的程度，影響到所學行為方式轉換到工作中去的程度。可見，轉換氣候是組織應該考慮的促進培訓轉換的強有力工具。

（3）組織資源的分析。資源分析應該包括組織人員安排、設備類型、財政資源等的描述。更為重要的是，人力資源需求必須包括反應未來要求的人事計劃。1983—1989 年，美國在更新設備上的投資每年以 15% 的速度增長，同時這些技術也被大量地應用於培訓規劃。因此，如果一個組織計劃實施這些技術，其就需要進行一個資源分析，以確定其是否有人能參加培訓來應用這些技術。

3. 培訓需求分析的戰略層次

傳統研究中，人們習慣於把培訓需求分析集中在個體需求方面和組織需求方面，並以此作為設計培訓規劃的依據。實踐表明，一味地集中過去和現在的需求將會引起資源的無效應用。因此，一個新的重點被放置在圍繞著未來需求的戰略方法上，這些未來需求代表了與過去傾向的顯著分離。培訓需求的未來分析，即戰略分析，越來越受到人們的重視。

在戰略分析中，有三個領域需要考慮到，即改變組織優先權、人事預測和組織態度。

（1）改變組織優先權。引起組織優先權改變的因素主要有以下幾點：

①新的技術的引進。例如，資料處理能力的提高使各種組織的結構、功能、性質等發生革命性改造。

②財政上的約束。由於面臨財政上的緊缺問題，各種層次的組織都將其規劃削減

到前所未有的程度，或者完全終止規劃。

③組織的撤消、分割或合併。

④部門領導人的意向。新任部門領導人的處事方式與前任不同，可能引起組織變革。

⑤各種臨時性、突發性任務的出現。外界環境的變化，需要建立新的組織或改變原有組織，以解決這些問題。

以上幾點說明，培訓部門不能僅僅考慮現在的需要，必須具有前瞻性，即必須決定未來的需要，並為之做準備，儘管這些需要同現在的需要可能完全不同。

（2）人事預測。人事預測主要包括三種類型：短期預測，指對下一年的預測；中期預測，指 2~4 年的預測；長期預測，指 5 年或 5 年以上的預測。

人事預測的內容有需求預測與供給預測。需求預測主要考查一個組織所需要的人員數量以及這些人員必須掌握的技能。對於穩定性組織，過去的傾向無疑是未來需求的指示燈。然而，對於經歷巨大變革的組織來說，其應將過去的傾向和其他預測技術結合起來以確定未來需求。供給預測不但要考查可能參加工作的人員數量，而且也要考查其所具有的技能狀況。

（3）組織態度。在培訓需求的戰略分析中，收集全體工作人員對其工作、技能以及未來需求等的態度和滿意程度是有用的。首先，對態度的調查幫助查出組織內最需要培訓的領域；其次，對態度與滿意程度的調查不但可以表明是否需要培訓以外的方法，而且也能確認那些阻礙改革和反對培訓的領域。

瞭解工作人員態度及滿意度的調查應瞄準利益領域，以便使各種反應比較集中。這些領域包括工人、領導者、團隊和組織等。

二、培訓對象的確定

企業培訓可以根據對象、內容和形式的不同而劃分為不同的類型。

（一）按培訓對象劃分

按培訓對象劃分，培訓可以分為基層員工培訓和管理人員培訓。

1. 基層員工培訓

基層員工培訓的目的是培養員工有一個積極的工作心態，掌握工作原則和方法，提高勞動生產率。培訓的主要內容包括追求卓越工作心態的途徑、工作安全事故的預防、企業文化與團隊建設、新設備操作、人際關係技能等。基層員工的培訓應該注重實用性。

2. 管理人員培訓

管理人員培訓又可以根據管理層次的不同而分為基層管理人員培訓、中層管理人員培訓和高層管理人員培訓。

基層管理人員的工作重點主要在第一線從事具體的管理工作，執行中層、高層管理人員的指示和決策。因此，為基層管理人員設計的培訓內容應注重管理工作的技能、技巧，如怎樣組織他人工作、如何安排生產任務、如何為班組成員創造一個良好的工作環境等。基層管理人員的技能培訓、人際關係培訓和解決問題的能力培訓的比例為 50∶38∶12（Katz，1955）。

中層、高層管理人員的培訓應注重對其發現問題、分析問題和解決問題的能力、用人能力、控制和協調能力、經營決策能力以及組織設計技巧的培養。

中層管理人員對於本部門的經營管理必須十分精通，除了熟悉本部門工作的每個環節和具體工作安排以外，還必須瞭解與本部門業務有關的其他部門的工作情況。按照羅伯特‧卡茨的理論，中層管理人員的技能培訓、人際關係培訓和解決問題的能力培訓的比例為 35：42：23。

高層管理人員的工作重點在於決策，因此他們所要掌握的知識更趨向於觀念技能，如經營預測、經營決策、管理、會計、市場行銷和公共關係等。羅伯特‧卡茨將高層管理人員的技能培訓、人際關係培訓和解決問題的能力培訓的比例定為 18：43：39。

不同層級管理人員的培訓內容比例如圖 5-1 所示。

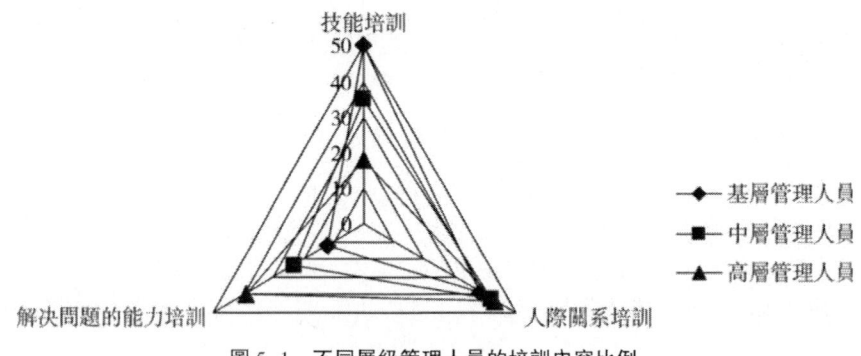

圖 5-1　不同層級管理人員的培訓內容比例

(二) 按培訓內容劃分

按培訓內容劃分，培訓可以分為知識培訓、技能培訓以及態度和觀念培訓。

1. 知識培訓

知識培訓的主要任務是對員工所擁有的知識進行更新，其主要目標是要解決「知」的問題。

現代社會是一個知識爆炸的社會，各種知識都隨著時間的推移飛速更新。企業要在這個不斷改變的社會中得以生存，員工就必須不斷更新已有的知識。員工知識老化的速度超過更新的速度時，企業就會落伍，甚至會出現經營困難的問題。只有員工知識更新的速度超過老化的速度時，企業才能保持在行業領先的地位。因此，終身學習被現代社會所認同和提倡。

2. 技能培訓

隨著時代的進步，各行各業都會有新的技術和能力要求。另外，隨著現代產業結構的不斷調整，大量的舊行業和崗位消失，新行業和崗位興起，員工需要學習新的技能才能從事新行業和崗位。

3. 態度和觀念培訓

員工通過培訓習得對人、對事、對己的反應傾向。這會影響員工對特定對象做出一定的行為選擇。例如，要熱情、周到地對待客戶諮詢與投訴，並在 24 小時內回覆來電或來函，售後服務部門員工必須接受相關的業務培訓。

(三) 按培訓形式劃分

按培訓形式劃分,培訓可以分為入職培訓、在職培訓、脫崗培訓和輪崗培訓。

1. 入職培訓

入職培訓,即新員工入職培訓,幫助新員工熟悉企業的工作環境、文化氛圍和同事,讓新員工能夠迅速投入新工作,縮短新員工與老員工的工作磨合期。

2. 在職培訓

在職培訓,即員工不需要脫離工作崗位的情況下參加培訓。在職培訓通常利用員工的工餘時間進行,是在完成本職工作的基礎上開展的培訓活動。這類培訓的內容重在補充員工當前崗位、工作或項目所需要的知識、技能和態度。

3. 脫崗培訓

與在職培訓相對,脫崗培訓是指員工暫時脫離崗位接受培訓。在培訓期間,將本職工作放在一邊,以培訓為重心。脫崗培訓更注重提高員工的整體素質和未來發展需求,而不是根據當前崗位工作或項目的情況來確定培訓內容。

4. 輪崗培訓

輪崗培訓,即員工被安排到企業的其他部門或者分公司一邊工作一邊進行培訓,與在職培訓有相同之處。兩者都是工作與培訓同步進行。兩者的區別在於在職培訓包括輪崗培訓,而輪崗培訓的最大特點是調離原本的崗位,在其他崗位上進行工作和學習,存在崗位空間和環境上的變化。

閱讀案例 5-2

寶潔公司的全方位和全過程培訓

第一,入職培訓。新員工加入寶潔公司後,會接受短期的入職培訓。其目的是讓新員工瞭解寶潔公司的宗旨、企業文化、政策及各部門的職能和運作方式。

第二,技能和商業知識培訓。寶潔公司內部有許多關於管理技能和商業知識的培訓課程,如提高管理水平和溝通技巧、領導技能的培訓等,它們結合員工個人發展的需要,幫助員工成為合格的人才。寶潔公司獨創了「寶潔學院」,通過寶潔公司高層經理講授課程,確保寶潔公司在全球範圍的管理人員參加學習,並瞭解他們所需要的管理策略和技術。

第三,語言培訓。英語是寶潔公司的工作語言。寶潔公司在員工的不同發展階段,根據員工的實際情況及工作的需要,聘請國際知名的英語培訓機構設計並教授英語課程。新員工還會參加集中的短期英語崗前培訓。

第四,專業技術的在職培訓。從新員工進入寶潔公司開始,寶潔公司便派一名經驗豐富的經理悉心對其日常工作加以指導和培訓。寶潔公司為每一位新員工制訂個人培訓和工作發展計劃,由其上級經理定期與員工回顧,這一做法將在職培訓與日常工作實踐結合在一起,最終使新員工成為本部門和本領域的專家能手。

第五,海外培訓及委任。寶潔公司根據工作需要,選派各部門工作表現優秀的年輕管理人員到美國、英國、日本、新加坡、菲律賓和中國香港等地的寶潔公司分支機構進行培訓和工作,使他們具有在不同國家和地區工作的經驗,從而得到更全面的發展。

三、培訓計劃制訂

大多數公司一般在年底會制訂下一年整年的培訓計劃，培訓計劃是公司在戰略基礎上，在調查培訓需求之後結合公司現有資源而制訂的。培訓計劃主要包括如下內容：

（一）培訓目標

培訓目標，即希望員工培訓後達到什麼效果，如掌握什麼崗位技能、學會什麼知識、學會操作什麼機器等。

制定培訓目標時，最好遵循 SMART 原則，如果泛泛而談地說要改善什麼、提高什麼，這樣虛無的目標，落地後效果基本都不好。當然，培訓有個很實際的問題是衡量培訓效果非常難。例如，進行了一個職業心態培訓以後，很難說接下來的產能提升就是這個培訓的效果。因此，進行了某項培訓以後，主管的作用非常重要，如何敏感地注意到工作中員工的關鍵事件，並且在合適的時候提及培訓，去最大化地轉化培訓的效果，這樣培訓才有意義。例如，公司剛給員工做了一個技能提升的培訓，如果主管發現員工在實際工作時並沒有使用這個新技能，發現後要馬上提醒，一而再再而三地強化，而且可以舉辦一個小小的技能競賽，讓員工盡量多用這個技能，只有這樣，培訓學到的東西才會真的有用。

（二）培訓課程

培訓課程主要為新員工入職培訓、在職崗位技能培訓、管理技能培訓、心態培訓等。

培訓課程的設計應該是在做好培訓需求的基礎上而設計的，不應該是領導拍腦袋或者跟風看別人做什麼就做什麼。培訓課程設計還應該系統，如管理人員培訓分為基層、中層、高層等，每個課程都針對學員特點來設計。

（三）培訓對象

培訓對象可以自己提需求，部門主管可以為下屬提培訓需求，人力資源主管可以為公司全體員工包括高層提培訓需求。

每項課程的培訓對象都應該是有針對性的，什麼培訓適合什麼人參加，人力資源主管應該有明確的界定。現在外在培訓資源非常豐富，有些人喜歡看到培訓就讓老板去參加，結果老板聽課回來後不管公司現狀強制推行，反而起了反作用。

（四）培訓講師

培訓講師可選擇內部講師和外部講師。內部講師和外部講師各有各的優勢，內部講師熟悉企業情況，講起課來更有針對性，而且費用方面也好協商；但是正所謂「外來的和尚會念經」，很多理念，外部講師講的學員就願意接受，因此有些課程還是要請外部講師，當然費用自然不菲。如何激勵內部資深員工多和新員工分享、多出來授課也是很多企業頭痛的問題。企業最好建立內部講師製度，讓內部講師不僅能享受到更多的福利，還能提升自身技能，學到東西。只有這樣，企業才能建立起學習型氛圍。

（五）培訓類型

培訓一般分為內訓或外訓。企業外部有很多的外訓機構，企業在選擇外訓機構時，

可以先讓其發一些簡短的視頻課程或者電子演示稿來看，瞭解一下講師的情況，並且瞭解外訓機構在授課以後有無跟進服務，讓培訓更好地落地。

(六) 培訓費用

企業每年都有培訓預算，培訓中可能要涉及的成本如表 5-1 所示。

表 5-1　　　　　　　　　　　　　培訓費用

類別	具體費用
薪金和福利	受訓者、培訓者、顧問、培訓方案設計者的工資、獎金、福利等
材料費	向教師與學員提供的原材料費用及其他培訓用品
設備和硬件費	培訓過程中使用教室、設備和硬件的租賃費或購置費
差旅費	教師與學員及培訓部門管理人員的交通、住宿費及其他差旅費
外聘教師費	從企業外部聘請教師所支付的授課費、差旅費與住宿費
項目開發或購買	員工培訓項目的開發成本或購買的員工培訓項目
設施費	一般性的辦公用品、辦公設施、辦公設備以及相關費用
薪資	培訓部門管理人員與工作人員的薪資以及支持性管理人員和一般人員薪資
間接費	學員參加培訓而損失的生產費（或臨時工成本）

(七) 培訓時間

有些企業擔心培訓影響生產和工作，會把培訓安排在周末或者晚上，而有些企業習慣於將培訓安排在上班時間。如果是從員工積極性角度來看，培訓安排在上班時間當然更理想，下班時間如果不算加班還安排員工參與培訓，確實有可能遭到員工的抵觸。如何安排培訓時間取決於什麼時間是最好的培訓時間？所選的培訓時間能否與工作配合？要考慮培訓是否會影響正常工作？在培訓期間離崗對其他員工是否會造成影響？

(八) 培訓方式

培訓的方式主要有授課、案例討論、外訓、拓展、錄像、學徒、工作輪換等。培訓不等於講課，培訓方式應考慮到怎樣調動學員的積極性，採用各種豐富有趣的方式來進行。例如，給新員工介紹公司規章管理製度時，可以採用一些有趣的公司員工自拍的小視頻片段來介紹怎樣才是符合公司規定的做法；為了培養員工團隊精神，可以把他們帶出去進行拓展訓練；為了提升幹部的管理技能，可以找幾個案例讓他們實踐模擬；等等。培訓可以在會議室進行，也可以在戶外進行，既可以通過電子演示稿講授來進行，也可以通過遠程教學來進行。企業需要根據自己的資源和學員的特點採用各種有趣的方式，盡量避免「填鴨式」的培訓。

(九) 考核方式

對培訓效果進行考核，可以採用試卷、技能考核、講授、總結等形式。培訓效果考核是培訓最難的環節之一，因為數據難以獲得，而且得出了數據也難以辨別是否就是培訓的效果。但是，我們也可以通過一些方式來盡量獲取信息，以檢驗培訓效果。例如，在課程結束後調查學員的滿意度和建議，在培訓結果落地時通過技能考核或者總結等來檢驗課程內容的實踐性，在培訓結束後收集企業的生產效率、產能、員工流

失率等等數據來查驗。企業還可以通過培訓積分制來對員工培訓參與度進行管理，把培訓積分與績效考核、薪酬、晉升等掛勾。

四、培訓方法選擇

(一) 直接傳授型培訓法

直接傳授型培訓法適用於知識類培訓，主要包括講授法、專題講座法和研討法等。

1. 講授法

講授法是指講課教師按照準備好的講稿系統地向受訓者傳授知識的方法。講授法是最基本的培訓方法，適用於各類學員對學科知識、前沿理論的系統瞭解。講授法主要有灌輸式講授、啟發式講授、畫龍點睛式講授三種方式。講課教師是講授法成敗的關鍵因素。

講授法的優點包括：傳授內容多，知識比較系統、全面，有利於大量培養人才；對培訓環境要求不高；有利於講課教師能力的發揮；學員可以利用教室環境相互溝通，也能夠向講課教師請教疑難問題；員工平均培訓費用較低。

講授法的局限性包括：傳授內容多，學員難以完全消化、吸收；單向傳授不利於教學雙方互動；不能滿足學員的個性需求；講課教師水平直接影響培訓效果，容易導致理論與實踐脫節；傳授方式較為枯燥單一。

2. 專題講座法

專題講座法形式上和課堂教學法基本相同，但在內容上有所差異。課堂教學一般是系統知識的傳授，每節課涉及一個專題，接連多次授課；專題講座是針對某一個專題知識，一般只安排一次培訓。這種培訓方法適合於對管理人員或技術人員進行瞭解專業技術發展方向或當前熱點問題等的培訓。

專題講座法的優點包括：培訓不占用大量的時間，形式比較靈活；可隨時滿足員工某一方面的培訓需求；講授內容集中於某一專題，培訓對象易於加深理解。

專題講座法的局限性包括：講座中傳授的知識相對集中；內容可能不具備較好的系統性。

3. 研討法

研討法是指在教師引導下，學員圍繞某一個或幾個主題進行交流，相互啟發的培訓方法。

(二) 實踐型培訓法

實踐型培訓法是通過讓學員在實際工作崗位或真實的工作環境中，親身操作、體驗、掌握工作所需的知識、技能的培訓方法。實踐型培訓法適用於難以掌握技能為目的的培訓，適用於從事具體崗位所應具備的能力、技能和管理實務類培訓。

實踐法優點包括：經濟，受訓者邊干邊學，無需準備教室及培訓設施；實用、有效，受訓者通過實踐來學習，使培訓內容與從事的工作緊密結合，受訓者在實踐中能得到關於他們工作行為的反饋和評價。

實踐法常用方式有工作指導法、工作輪換法、特別任務法等。

工作指導法又稱教練法、實習法，是指由一位有經驗的工人或直接主管人員在工

作崗位上對受訓者進行培訓的方法。

工作輪換法是指讓受訓者在預定時期內變換工作崗位，使其獲得不同崗位的工作經驗的培訓方法。

特別任務法是指企業通過為某些員工分派特別任務對其進行培訓的方法，常用於管理培訓。

(三) 參與型培訓法

參與型培訓法是調動培訓對象積極性，讓其在培訓者與培訓對象雙方的互動中學習的方法。參與型培訓法的主要形式有案例研究法、頭腦風暴法、模擬訓練法、敏感性訓練法、管理者訓練法。

1. 案例研究法

案例研究法是一種雙向性交流信息的培訓方式，它將知識傳授和能力提高兩者融合到一起，可分為案例分析法、事件處理法兩種。

(1) 案例分析法又稱個案分析法，是圍繞一定的培訓目的，把實際中真實的場景加以典型化處理，形成供學員思考分析和決斷的案例，通過獨立研究和相互討論的方式，提高學員的分析及解決問題的能力的一種培訓方法。

(2) 事件處理法是指讓學員自行收集親身經歷的案例，將這些案例作為個案，利用案例研究法進行分析討論，並用討論結果來警戒日常工作中可能出現的問題。這種培訓方法參與性強，被動接受變為主動參與，將解決問題能力的提高融入知識傳授中，教學生動具體、直觀易學，學員通過案例分析達到交流的目的。

2. 頭腦風暴法

頭腦風暴法又稱研討會法、討論培訓法。其特點是培訓對象在培訓活動中相互啟迪思想、激發創造性思維。頭腦風暴法能最大限度地發揮每個參與者的創造能力，提供解決問題的更多、更好的方案。頭腦風暴法的關鍵是要排除思維障礙，消除心理壓力，讓參加者輕鬆自由、各抒己見。

3. 模擬訓練法

模擬訓練法以工作中實際情況為基礎，將實際工作中可利用的資源、約束條件和工作過程模型化，學員在假定的工作情境中參與活動，學習從事特定工作的行為和技能，提高其處理問題的能力。模擬訓練法使學員在培訓中工作技能將會獲得提高，通過培訓有利於加強員工的競爭意識，可以帶動培訓中的學習氣氛。

4. 敏感性訓練法

敏感性訓練法又稱 T 小組法，簡稱 ST 法，要求學員在小組中就參加者的個人情感、態度及行為進行坦率、公正的討論，相互交流對自己的行為的看法及其引起的情緒反應。

敏感性訓練法適用於組織發展訓練、晉升前的人際關係訓練、中青年管理人員的人格塑訓練、新進人員的集體組織訓練、外派工作人員的異國文化訓練等。敏感性訓練法常採用的活動方式有集體住宿訓練、小組討論、個別交流等。

5. 管理者訓練法

管理者訓練法簡稱 MTP 法，是企業界最為普及的管理人員培訓方法。其旨在使學員系統地學習、深刻地理解管理的基本原理和知識，從而提高他們的管理能力。

（四）態度型培訓法

態度型培訓法主要針對行為調整和心理訓練，具體包括角色扮演法和拓展訓練法。

1. 角色扮演法

角色扮演法是在一個模擬真實的工作情境中，讓參加者身處模擬的日常工作環境之中，並按照其在實際工作中應有的權責來擔當與實際工作類似的角色，模擬性地處理工作事務，從而提高處理各種問題的能力。這種方法的精髓在於以動作和行為作為練習的內容來開發設想。

2. 拓展訓練法

拓展訓練法又稱體驗式培訓，是通過親身經歷來實現學習和掌握技能的過程，分為場地拓展訓練和野外拓展訓練。拓展訓練是一項旨在協助企業提升員工核心價值的訓練過程，通過訓練課程能夠有效地拓展企業人員的潛能，提升和強化個人心理素質，幫助企業人員建立高尚而有尊嚴的人格；同時讓團隊成員能更深刻地體驗個人與企業之間、下級與上級之間、員工與員工之間唇齒相依的關係，從而激發出團隊更高昂的工作熱情和拚搏創新的動力，使團隊更富有凝聚力。

閱讀案例5-3

「魔鬼」訓練，為員工描繪學習藍圖，將素質教育日常化

有人稱國際商業機器公司（IBM，下同）的新員工培訓是「魔鬼訓練營」，因為培訓過程非常艱辛。除行政管理類人員只有為期兩周的培訓管理外，IBM所有銷售、市場和服務部門的員工全部要經過3個月的「魔鬼」訓練。其內容包括：瞭解IBM內部工作方式，瞭解自己的部門職能；瞭解IBM的產品和服務；專注於銷售和市場，以模擬實踐的形式學習IBM怎樣做生意以及團隊工作和溝通技能、表達技巧；等等。這期間，十幾種考試像跨欄一樣需要新員工跨越，包括做講演、筆試產品性能、練習扮演客戶和銷售市場角色等。全部考試合格，才可成為IBM的一名新員工，有自己正式的職務和責任。之後，負責市場和服務部門的人員還要接受6~9個月的業務學習。

事實上，在IBM，培訓從來都不會停止。在IBM，不學習的人不可能待下去。從進入IBM的第一天起，IBM就給員工描繪了一個學習的藍圖。課堂上、工作中，培訓經理和師傅的言傳身教、員工自己通過公司內部的局域網路自學、總部的培訓以及到別的國家和地區工作與學習等，龐大而全面的培訓系統一直是IBM的驕傲。鼓勵員工學習和提高，是IBM培訓文化的精髓。如果哪個員工要求漲薪，IBM可能會猶豫；如果哪個員工要求學習，IBM肯定會非常歡迎。

IBM非常重視素質教育，基於此，IBM設置了師傅和培訓經理這兩個角色，將素質教育日常化。每個新員工到IBM都會有一個專門帶他的師傅，而培訓經理是IBM專門為照顧新員工、提高培訓效率而設置的一個職位。

五、培訓成果轉化

培訓作為企業行為，目的在於改變員工的思維方式和行為習慣，提高組織績效，建立企業競爭優勢。但真正影響培訓和開發效果的不是培訓人員，而是員工經培訓後在實際生產經營環節中對培訓成果的轉化。為了鞏固培訓效果，可採取以下方法：

（一）建立學習小組

無論是從學習的規律還是從轉移的過程來看，重複學習都有助於受訓者掌握培訓中所學的知識和技能，對一些崗位要求的基本技能和關鍵技能則要進行過度學習，如緊急處理危險事件程序等。此外，建立學習小組有助於學員之間的相互幫助、相互激勵、相互監督。理想的狀態是同一部門的同一工作組的人員參加同一培訓後成立小組，並和培訓師保持聯繫，定期復習，這樣就能改變整個部門或小組的行為模式。培訓人員可為學習小組準備一些相關的復習資料。

（二）制訂行動計劃

在培訓課程結束時可要求受訓者制訂行動計劃，明確行動目標，確保回到工作崗位上能夠不斷地應用新學習的技能。為了確保行動計劃的有效執行，受訓者上級應提供支持和監督。一種有效的方法是將行動計劃寫成合同，雙方定期回顧計劃的執行情況，培訓人員也可參與行動計劃的執行，給予受訓者一定的輔導。

（三）多階段培訓方案

多階段培訓方案經過系統設計，分段實施，每個階段結束後，培訓人員給受訓者布置作業，要求受訓者應用課程中所學技能，並在下一階段將運用中的成功經驗與其他受訓者分享，在完全掌握此階段的內容後，進入下一階段的學習。此種培訓方法較適合管理培訓。由於此種方法歷時較長，易受干擾，因此需要和受訓者的上級共同設計，以獲得支持。

（四）應用表單

應用表單是將培訓中的程序、步驟和方法等內容用表單的形式提煉出來，便於受訓者在工作中的應用，如核查單、程序單。受訓者可以利用他們進行自我指導，養成利用表單的習慣後，就能正確地應用所學的內容。為防止受訓者中途懈怠，可由其上級或培訓人員定期檢查或抽查。此種方法較適合技能類的培訓項目。

（五）營造支持性的工作環境

許多企業的培訓沒有產生效果，往往是缺乏可應用的工作環境，使學習的內容無法進行轉移。缺乏上級和同事的支持，受訓者改變工作行為的意圖是不會成功的。有效的途徑是由高層在企業內長期倡導和學習，將培訓的責任歸於一線的管理者，而不僅僅是培訓部門。短期內可建立製度，將培訓納入考核中去，使所有的管理者有培訓下屬的責任，並在自己部門中建立一對一的輔導關係，保證受訓者將所學的知識應用到工作環境中。

六、培訓效果評估

很多企業都充分意識到企業現在和將來需要員工掌握的技能，重視對員工的培訓以提高企業的競爭力。但員工經過培訓後所學到的知識、技能有多少被轉化到工作中？培訓的質量和效果如何評估？這往往是企業管理者所忽視的問題。所謂培訓效果評估，就是指針對特定的培訓計劃及實施過程，系統地搜索資料，並給予適當的評價，以作為篩選、修改培訓計劃等決策判斷的基礎。

那麼如何才能讓企業樂於培訓並切實看到培訓給企業帶來的經濟效益呢？科學的培訓效果評估體系的建立，對於企業瞭解培訓投資帶來的經濟效益、界定培訓對企業的貢獻、證明職工培訓做出的成績是非常重要的。下面本書介紹幾種培訓效果評估方法：

(一) 閉卷考試法

閉卷考試法是培訓過程中最普遍採用的評估方法，簡便且易於操作，主要通過閉卷形式測試學員對知識的瞭解和吸收程度以及敘述技能的操作要點與程序的能力。這種方法有一定的實際意義，但也有一定的局限性，因為在工作中太多的能力與技巧是無法用試卷「考」出來的，常常出現培訓考試成績不錯的員工，回到工作崗位後的工作績效並沒得到明顯改善的現象。因此，這種方法只適用於培訓時間較短，如 1~2 天的培訓，否則評估效果不會令人十分滿意。

(二) 現場評估法

現場評估法是指培訓結束後，針對培訓活動內容、講師授課技巧、課堂活躍氣氛、組織工作等進行現場問卷調查的方法（如表 5-2 所示）。由於這種方法簡便實用，因此得到普遍應用。這種方法不會給學員帶來麻煩，可以在很短的時間內將培訓的效果評價出來，學員沒有壓力且樂於配合。

表 5-2　　　　　　　　　　　員工培訓效果評估表

培訓主題			培訓講師	
培訓對象		培訓時間		培訓地點	

1. 本次培訓內容對您的工作是否有幫助？
　　A. 有幫助　　　　B. 沒有幫助　　　　C. 不適用　　　　D. 不知道
2. 您覺得本次培訓對您的幫助體現在哪些方面？
　　A. 增加知識　　　B. 提高技能　　　　C. 管理能力　　　D. 沒有幫助
3. 您最感興趣的內容是什麼？
　　A. 第一部分　　　B. 第二部分　　　　C. 第三部分　　　D. 其他
4. 本次培訓是否滿足了您的培訓需求？
　　A. 還需要深入的培訓　B. 正好滿足　　　C. 不知道　　　　D. 沒有這方面需求
5. 您對本次課程設計有何看法？
　　A. 重點突出　　　B. 課程設計一般　　C. 主題不明確　　D. 混亂
6. 您對講師授課方式有何看法？
　　A. 活潑生動　　　B. 與主題配合良好　C. 感覺一般　　　D. 提不起興趣
7. 您對講師授課時間的把握有何看法？
　　A. 很好　　　　　B. 長短適宜　　　　C. 還可增加　　　D. 應該減時
8. 您對本次培訓設備的安排感到如何？
　　A. 很好　　　　　B. 尚可　　　　　　C. 一般　　　　　D. 差
9. 您認為本次培訓會有效果嗎？
　　A. 效果很好　　　B. 會有一點效果　　C. 沒有效果　　　D. 浪費時間
10. 您會將本次培訓的內容向其他人傳達嗎？
　　A. 我會向我的部下傳達，組織他們學習
　　B. 我自己掌握就夠了，不需要傳達
　　C. 內容不好，不想傳達
　　D. 沒有必要傳達
11. 您對培訓工作的任何建議，都是我們的寶貴財富，請多提寶貴意見：

(三) 柯克帕特里克培訓四級評估模型

1. 反應層，即學員反應

在培訓結束時，培訓機構通過調查，瞭解學員培訓後的總體反應和感受。培訓機構可通過問卷、面談、座談、電話調查等形式要求學員對培訓內容、講師、方式、場地、報名等程序進行總體評價。

2. 學習層，即學習效果

這一層面要確定學員對原理、技能等培訓內容的理解和掌握程度。培訓機構可採用閉卷考試、演示、講演、討論、角色扮演等方式考核學員對所學內容的掌握情況。這一層面的評估對學員有一定的壓力，會督促他們認真學習。這一層面的評估對講師也有壓力，這樣會督促他們認真準備每一節課。

3. 行為層，即行為改變

這一層面要確定學員培訓後在實際工作中行為的變化，如培訓結束後在工作崗位的工作態度、工作熱情、工作效率的變化以判斷其所學知識、技能對實際工作的影響。這一層面的評估可以通過對學員的調查跟蹤，如觀察學員培訓後的表現，主管領導及同事、下屬對該培訓學員培訓前後的評價，來瞭解學員對培訓內容的掌握及應用情況。

4. 結果層，即產生的效果

培訓機構可以通過一些指標來衡量培訓效果。例如，在培訓結束後的 3 個月至半年左右的時間裡，將企業關心的產品質量、數量、安全、事故率及工作積極性、顧客滿意度等指標與培訓前進行對照，拿出令人信服的調查數據，以此來評估培訓效果。

四個層面的評估結果匯總可以形成培訓評估總結報告，它主要由三個部分組成：一是培訓項目概況，包括培訓目的、培訓時間、培訓主題、培訓內容、參加人員、培訓地點等；二是受訓員工的培訓結果，包括合格人數和不合格人數及不合格原因分析與處置建議；三是培訓項目的評估結果及處置辦法，效果好的項目被保留，效果不好的項目被取消。最好將此評估報告送給受訓學員及其直接領導、培訓講師、培訓機構管理層傳閱，這樣有利於今後培訓工作的改進。

第三節　員工培訓工作的類型

每一個新員工上崗之前都應該進行崗前培訓，這關係到員工進入工作狀態的快慢和對自己工作的真正理解以及對自我目標的設定。這種培訓一般由人事主管和部門主管進行，除了對工作環境的介紹和同事間的介紹之外，最重要的是對企業文化的介紹，包括企業的經營理念、企業的發展歷程和目標。

一、新員工入職培訓

成功的新員工培訓可以起到傳遞企業價值觀和核心理念，並塑造員工行為的作用，為新員工迅速適應企業環境並與其他團隊成員展開良性互動打下了堅實的基礎。

(一) 新員工培訓的內容

1. 企業概況

企業業務範圍、創業歷史、企業現狀以及在行業中的地位、未來前景、經營理念與企業文化、組織機構及各部門的功能設置、人員結構、薪資福利政策、培訓製度等。

2. 員工守則

企業規章製度、獎懲條例、行為規範等。

3. 財務製度

費用報銷程序與相關手續辦理流程以及辦公設備的申領使用。

4. 實地參觀

參觀企業各部門以及工作娛樂等公共場所。

5. 上崗培訓

崗位職責、業務知識與技能、業務流程、部門業務周邊關係等。

(二) 新員工培訓的形式

新員工培訓的形式一般包括企業普通知識培訓、部門內工作引導和部門間交叉培訓。

1. 普通知識培訓

普通知識培訓是指對員工進行有關工作認識、觀念方面的訓練以及培養員工掌握基本的工作技巧。新員工普通知識培訓一般由人力資源部門及各部門行政人員共同組織，由人力資源部門負責實施。人力資源部門向每位正式報到的新員工發放員工手冊，並就企業發展歷程、企業文化、管理理念、組織結構、發展規模、前景規劃、產品服務與市場狀況、業務流程、相關製度和政策以及職業道德教育展開介紹、講解和培訓，使得新員工可以全面瞭解、認識企業，加深認識並激發員工的使命感。

2. 部門內工作引導

部門內工作引導是在新員工普通知識培訓結束後進行，由所在部門的負責人負責。部門負責人應代表部門對新員工表示歡迎，介紹新員工認識部門其他人員，並協助新員工較快地進入工作狀態。部門內工作引導主要包括介紹部門結構、部門職責、管理規範以及薪酬福利待遇，培訓基本專業知識技能，講授工作程序與方法，介紹關鍵績效指標等。部門負責人要向新員工詳細說明崗位職責的具體要求，並在必要的情況下做出行為示範，並指明可能的職業發展方向。

3. 部門間交叉培訓

對新員工進行部門間交叉培訓是企業所有部門負責人的共同責任。根據新員工崗位工作與其他部門的相關性，新員工應到各相關部門接受交叉培訓。部門間交叉培訓主要包括部門人員介紹、部門主要職責介紹、部門之間聯繫事項介紹、部門之間工作配合要求介紹等。

新員工培訓的形式多種多樣，企業可以根據實際情況選擇採用。對於企業基本情況的介紹，可以採用參觀、講解、親身體驗等形式；對於職業基本素質的培訓，可以由企業內部領導、老員工與新員工座談，現身說法，也可以採用演講的形式；對於團隊與溝通的培訓，可以採用遊戲、戶外拓展等方式，讓每一個參與的人能夠有切身感

受；對於融洽新老員工的氣氛的培訓，可以採用文娛、體育等多種形式；對於崗位工作的培訓，部門負責人可以採用講解、演示、示範操作等形式進行。

閱讀案例5-4

英特爾公司的新員工培訓

英特爾公司（Intel，下同）的新員工培訓基本上不涉及技術方面的內容，在開始的課程中可能會告訴員工薪金的情況以及 Intel 的基本情況。這個過程有一個星期，是封閉式培訓，也叫新員工整體培訓。培訓的課程包括 Intel 的成立過程、整個公司的架構、亞太區、中國區的架構。培訓的課程很大部分是講 Intel 的文化，5 天課程可能有 2 天在講 Intel 的文化，詳細介紹 Intel 的方向是什麼、戰略是什麼。

Intel 還給員工安排了一個執行層和員工的對話機制（Executive Staff Member, ESM）。Intel 從亞太區派來兩位副總裁級別的人來中國跟新員工見面對話。一般這樣的對話會是在新員工在 Intel 工作 6～9 個月後，這些高級副總裁來回答新員工的一些問題。

Intel 管理新員工的經理還會從公司拿到一套資料，這套資料是非常明確地告訴經理每個月教新員工幹什麼事情。Intel 要求經理對新員工進行一對一交流的內容是什麼、培訓是什麼，都寫得很清楚。經理對新員工每個人的情況都有記錄，保證每個新員工得到相同的對待。培訓是每個管理新員工的經理主要的內容，在經理行為的評估時，30% 的比重是看他們在管理員工方面的表現。

Intel 在新員工培訓方面有明確的預算，而其他培訓基本上是根據需要進行，沒有明確的預算。Intel 從來不拿培訓當獎勵員工的方式，培訓是根據工作的要求來進行，不能夠因為某些員工工作表現好，就送他們去美國培訓一個星期。

好的開始等於成功的一半！新員工進入公司最初階段的成長對於員工個人和企業都非常重要。Intel 在這方面給了我們很多啟示：從藍圖的勾畫、內容的設計、形式的選擇、人員的保障，再到費用預算的支持和考評指標的設立，新員工培訓的成功離不開每一個細節的精心籌劃。成功的新員工培訓是人力資源管理的重要一環，為員工順利融入企業，進而選擇長期發展奠定了堅實的基礎。

二、在崗培訓

在崗培訓就是在職培訓，又稱工作現場培訓，是人力資本投資的重要形式，對已具有一定教育背景並已在工作崗位上從事有酬勞動的各類人員進行的再教育活動。在崗培訓要注意整個體系和架構的設計安排。要做好在崗培訓，最好在企業內部建立培訓體系。

（一）提出各項職位需要的專業技能

要建立在崗培訓體系必須先由部門經理提出現在部門中各崗位需要的專業技能，如成本概念、對大客戶的管理等，提出這些培訓課程讓人力資源部門進行規劃。

（二）確定重點培訓對象

在崗培訓要確定核心部門或核心人員，因為資源可能有限，也許還有成本問題，

所以在培訓對象上要抓住重點。例如，某公司急需擴大市場的覆蓋面，行銷人員的培訓就變成了第一要務，企業的資源就要重點運用在行銷人員的培訓上。

(三) 有關培訓師的遴選

1. 外部聘用

公司內部可以勝任培訓師一職的人才必須通過一套機制慢慢挑選出來，花的時間相對較長，如果需要馬上對員工進行培訓，那麼最節省時間的方法還是外聘培訓師。但外聘培訓師講解的深度可能不及從公司內部選拔的培訓師。

2. 內部培養

公司可以對內部部門經理是否願意擔任培訓師進行調查，逐漸找到比較好的可以在公司內部擔任培訓師的人才。有的課題必須進行在職培訓，這些課程就變成了公司的必修課程。例如，行銷部門關於行銷的技巧、客戶抱怨的處理等課程都是行銷體系在崗培訓的內容。如果這些課程有自己的培訓師，就能為公司在這些方面的在崗培訓提供便利。

(四) 培訓課程的排序

對培訓課程進行排序時，一定要把最急需的課程排在前面。非人力資源部門經理要告訴人力資源部門或公司的是行業的最新資訊及部門急需的培訓內容。

如果人力資源部門不熟悉部門專業，就很可能不太清楚最新的動態。例如，對於計算機技術，人力資源部門並不瞭解，這就需要由專業部門為人力資源部門提供信息，甚至專業部門親自尋找培訓師進行培訓，人力資源部門只負責行政工作。因此，對在崗培訓的安排，部門經理對信息的掌控是最重要的。

(五) 調動員工的學習意願

怎樣調動學習意願也是很多部門經理非常頭痛的事情，這也是建立培訓體系的一個關鍵所在，因為員工的學習意願決定著他的學習效果。

1. 培訓是否等於福利

把培訓當成福利是非常錯誤的觀念，而很多企業都這麼認為，這是非常危險的。任何培訓除了對員工有好處之外，對企業也是有好處的，因為這個投資是雙贏。通過培訓，員工的知識增長了，企業則因為有了增長了知識的員工，會獲得較高的效率。因此，部門經理要調動員工的培訓意願，不要只強調培訓是福利，而應該強調培訓可以與哪些事物掛勾。例如，培訓與績效考核掛勾，考核的時候要求員工的培訓必須在他的工作上有所表現；培訓與職業生涯規劃掛勾，規定要從一般員工提升為經理，必須學習一些課程，讓一般員工很清楚自己的發展途徑，就會認真地看待這樣的培訓。通過這樣的設計讓員工知道，一年中有幾個月是要學習的，也知道何時開始學習，員工就會很樂意地做這些工作。

2. 培訓是否隨時參加

比較遺憾的事情是員工因工作忙碌而無法參加企業安排的培訓或培訓效果大打折扣。在崗培訓的目標是讓專業技能得到提高，一定要選擇好上課的時間、對象，不能來上課的不要勉強，不需要每次培訓都來很多人，那樣效果並不好。符合需要的人來上課，他的學習意願比較強，也能與老師和其他學習者做好互動。非人力資源部門經

理安排人員去接受在崗培訓是希望參訓人員培訓回來之後能夠在工作上有很好的表現。因此在整個設計流程中要幫助員工選擇最好的課程、對員工最有幫助的課程，整個在崗培訓要先從重點課程開始，然後再到一般的課程。

閱讀案例 5-5

培訓投資少不了

據美國權威機構監測，培訓的投資回報率一般在 33% 左右。對美國大型製造業公司的分析表明，公司從培訓中得到的回報率大約可達 20%～30%。摩托羅拉公司向全體雇員提供每年至少 40 小時的培訓。調查表明，摩托羅拉公司每 1 元培訓費可以在 3 年以內實現 40 元的生產效益。摩托羅拉公司認為，素質良好的公司雇員們已通過技術革新和節約操作為公司創造了 200 多億元的財富。摩托羅拉公司的巨額培訓收益說明了培訓投資對企業的重要性。

三、轉崗培訓

轉崗培訓是指為轉換工作崗位，使轉崗人員掌握新崗位技術業務知識和工作技能，取得新崗位上崗資格所進行的培訓。轉崗培訓的對象一般具有一定的工作經歷和實踐經驗，但轉移的工作崗位與原工作崗位差別較大，需要進行全面的培訓，以掌握新知識、新技能。

（一）轉崗培訓的方式

轉崗培訓的方式如下：

（1）與新員工一起參加擬轉崗位的崗前培訓。
（2）接受現場的一對一指導。
（3）外出參加培訓。
（4）接受企業的定向培訓。

（二）轉崗培訓的程序

因組織原因和個人不能勝任工作而需要轉崗培訓，可按以下程序進行：

（1）確定轉換的崗位。員工的領導根據員工的具體條件並在徵求員工的意見後提出建議，由人事部門確定。
（2）確定培訓內容和方式。培訓內容根據員工將要從事的崗位的具體要求確定，培訓方式則根據培訓內容和受訓人數等因素確定。
（3）實施培訓。轉崗培訓與崗前培訓在內容上的差別是轉崗培訓更偏重專業知識、技能、管理實務的培訓。
（4）考試、考核。培訓結束後應對受訓者進行考試或考核，考試、考核合格，人力資源部門辦理正式轉崗手續。

四、專業技術人員培訓

國內外經驗證明，現代化建設的關鍵是科學技術的現代化，沒有充分的科技力量和大量的有文化、有技術的專門人才，實現經濟增長是根本不可能的。科學技術進步

又是突飛猛進的，隨著知識爆炸，新技術、新發明、新開發層出不窮，科技人員要趕上並超越科技進步的潮流，沒有經常性的培訓學習是不行的。因此，專業技術人員的培訓屬於繼續教育，一般是進行知識更新和補缺的教育。專業技術人員的培訓要有計劃性，每隔幾年都應該有進修的機會。進入高等院校進修、參加各種對口的短期業務學習班、組織專題講座或者報告、參加對外學術交流活動或者實地考察等都是提高技術人員業務水平的有效途徑。

五、管理人員培訓

管理人員管理水平的提升帶來的勞動生產率的提高比普通勞動者和固定資產投資帶來的勞動生產率的提高快得多。管理者在組織內是基於經營戰略、方針、計劃的指揮者，管理者是以組織的經營戰略方針、計劃為基礎實現其目的的。因此，對組織來說，管理人員的培訓更為重要。管理人員的培訓主要有三個目標：第一個目標是掌握新的管理知識；第二個目標是訓練擔任領導職務所需要的一般技能，如做出決定、解決問題、分派任務等以及其他一些管理能力；第三個目標是訓練處理人與人之間關係的能力，使管理者與員工的關係融洽。培訓方法有管理手段學習培訓、研討會培訓、參加短期學習班等。

第四節　員工培訓實務

本節以某企業為例，從培訓需求調查開始，介紹員工培訓工作的展開過程。

一、調查的範圍

本次培訓需求調查的範圍是管理序列以及專業公司，圖 5-2 是對調查範圍的簡單圖解。

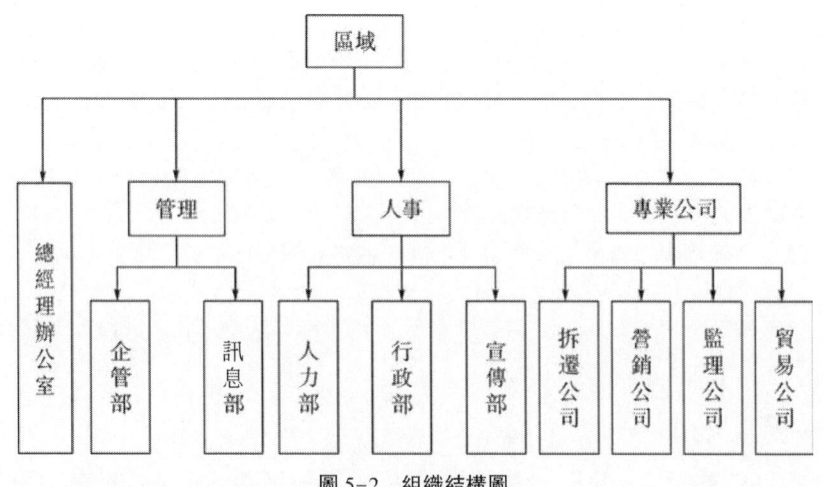

圖 5-2　組織結構圖

二、調研方式

本次調研的方式為調查問卷式加訪談式，對所有基層員工採用了問卷的形式進行調查，對部分領導級別人員進行了訪談式調查。本次調研幾乎涵蓋了所有員工，員工們也都積極配合，因此本次調研的結果是真實有效的。

三、調研問題

問卷式的調查主要涵蓋了四個方面的問題，分別是對公司培訓的認同感、對公司培訓組織安排的想法、培訓需要的調查以及對公司目前培訓的意見以及建議。

訪談式的調查問題設置得比較隨意，根據領導的工作性質主要瞭解了領導們對目前培訓的一些建議以及提供好的培訓資源等。

四、培訓需求調查分析

本部分內容分兩方面對徵集的意見與建議進行分析，第一部分是對問卷調查的內容進行系統的分析，第二部分是將訪談法的意見進行整理和歸納。

（一）調查問卷的分析

對於調查問卷的分析分為兩個部分進行，一部分是以圖表的形式呈現，另一部分是將員工對培訓的意見與建議加以歸納。

1. 圖形分析

圖 5-3 反應的分別是員工認為公司對培訓的重視程度以及員工對公司培訓的迫切需求程度。我們可以看出，員工非常清楚公司對培訓非常重視，其比例已經高達 73%；54% 的員工對於培訓的需求程度非常迫切，33% 的員工對於培訓的需求程度比較迫切，兩項相加的比例是 87%，有如此高比例的人對於公司的培訓是迫切需要的，希望通過培訓實現自我提升。

從圖 5-3 中可以看到企業想提升員工的各方面素質以及員工想通過培訓提升自身價值，這兩者的想法得到了完美的契合，雙方對於培訓都很重視。

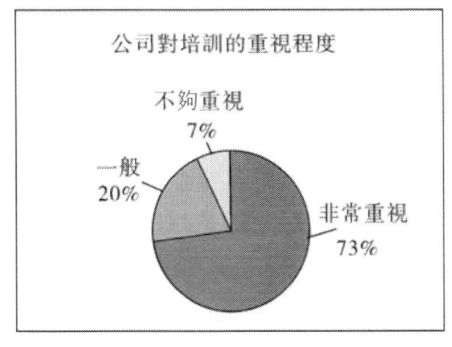

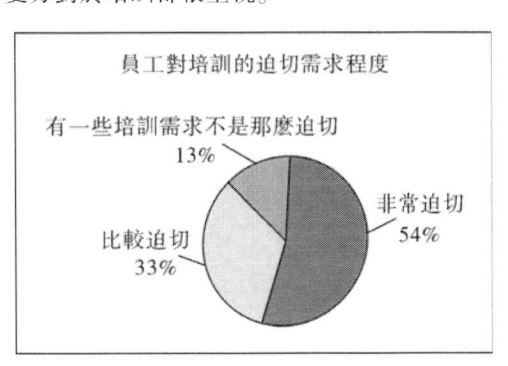

圖 5-3　調查結果之一

圖 5-4 分別是員工對培訓是否有幫助和平時是否經常學習這兩個問題的調查結果的體現。我們可以看出，認為培訓非常有幫助的占了相當大的比重，也有一少部分人

認為培訓多少有點幫助。我們也可以看到,接受調查的員工中沒有人認為培訓是沒有用的。這說明員工對培訓是不排斥的而且態度還是很積極的。關於平時是否經常學習的調查結果的各個比例比較分散,說明自主性學習還是因人而異,沒有統一學習的效果好。

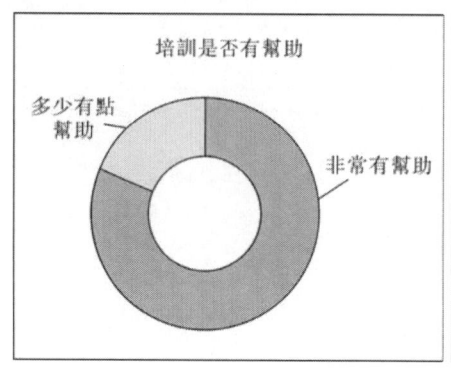

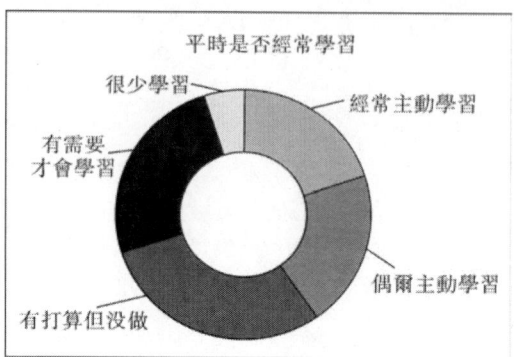

圖 5-4　調查結果之二

從圖 5-5 可以看出,對於目前培訓的數量這一問題員工的看法不是很統一,所占比重最多的是認為「還可以」,之後是認為「不夠」和「足夠」,沒有人認為「綽綽有餘」,有一部分人認為「非常不夠」。單單從這一統計結果上還很難下定論,但是似乎

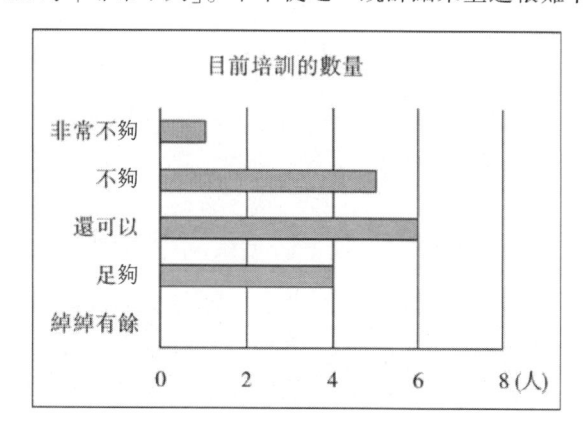

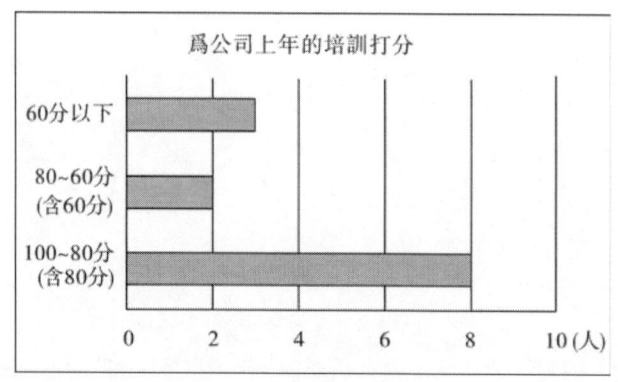

圖 5-5　調查結果之三

大家對於目前的培訓數量沒有太大的意見。我們可以看出，多數人認為公司上年的培訓工作已經做得很好了，但也有少數人認為公司上年的培訓工作是不及格的。從主流上看，公司上年的培訓工作大家還是很認可的，今年的培訓工作會繼續遵循上年的好的方面，並在此基礎上繼續創新，爭取做到更好。

圖5-6顯示的是員工認為的最有效的培訓方法與教學方式。其中，員工認為的最有效的培訓方法中內部選拔講師、去外部培訓與聘請外部講師三項佔有的比重是最多的，幾乎占了80%的比重，以後的培訓工作應當多從這三方面展開。員工認為最有效的教學方式中案例分析占的比重稍微高一點，說明員工是比較喜歡理論與實踐相結合的教學方式的。剩下的如課堂講授、模擬及角色扮演、多媒體、遊戲競賽與研討會的比重幾乎差不多，也有著一定的比重，說明員工不喜歡單調的教學方式，喜歡多種多樣的教學方式。

最有效的培訓方法

方法	人數
聘請外部講師	9
去外部培訓	10
內部選拔講師	10
拓展訓練	1
影像資料的學習	5
建立圖書庫	1
網路學習平臺	2

最有效的教學方式

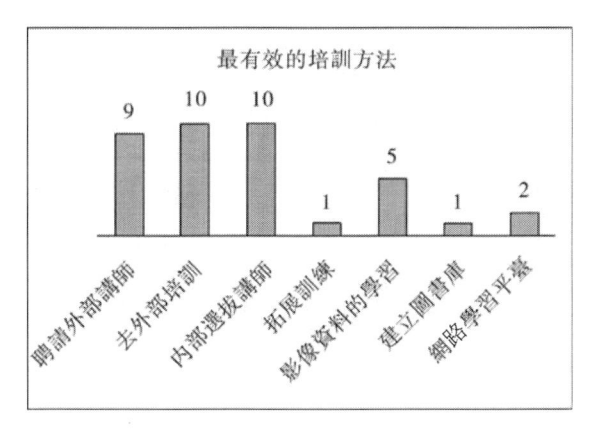

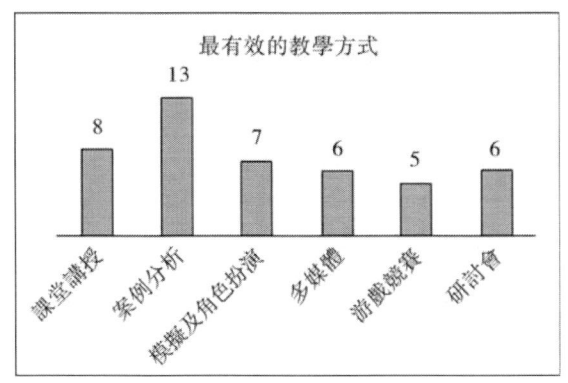

方式	人數
課堂講授	8
案例分析	13
模擬及角色扮演	7
多媒體	6
遊戲競賽	5
研討會	6

圖 5-6 調查結果之四（單位：人）

從圖 5-7 可以看出，員工認為公司的培訓在培訓形式多樣化上存在較大的問題，說明現在的培訓形式太過於單一；公司的培訓在實用性的方面也存在問題，很多員工在接受了培訓以後沒有用到實際工作當中；培訓時間安排也不盡合理，員工對講師的水平也有一定的質疑，在接下來的培訓工作中應當注意這幾個問題。對於新一年培訓的重點，員工認為應該主要是崗位專業技能，也有員工認為重點應該是提高個人能力

以及職業生涯規劃。企業文化選項很少有員工選擇，說明企業文化的學習方面的工作做得還是比較到位的。

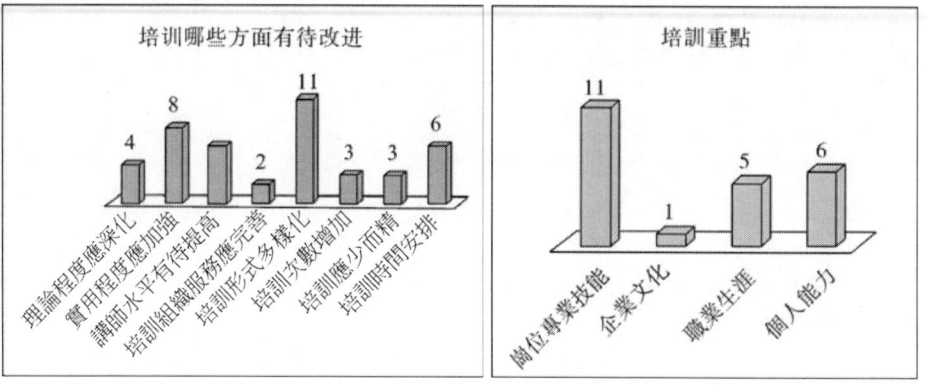

圖 5-7　調查結果之五（單位：人）

圖 5-8 反應了員工希望的培訓頻率與時長。在培訓頻率方面，員工希望每個月 1~2 次為最佳狀態；在培訓時長方面，員工認為每次 1~2 小時最佳。這樣的頻率和時長正是平時培訓的正常頻率和時長。由此可見，在頻率與時長上無需有大的變動。

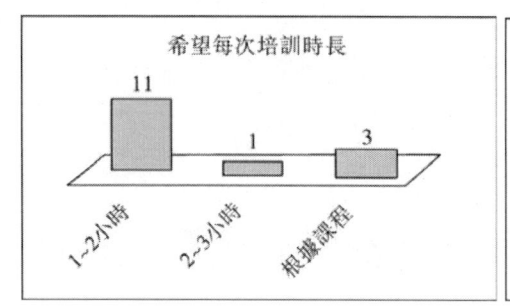

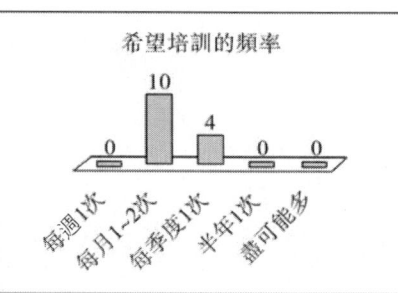

圖 5-8　調查結果之六（單位：人）

2. 意見與建議

（1）管理類。管理類人員最多的建議是培訓要理論聯繫實際，在培訓中多增加案例，培訓的形式要多樣化，培訓的內容要豐富，培訓的時間要掌握好，培訓的課程要注意實用性等。

（2）行銷公司。行銷公司的員工提交上來的問卷對培訓的建議基本上比較統一，希望增強培訓的實用性，多一點專業性的知識，在培訓中多增加一些案例，還有些人希望能夠參加一些素質拓展訓練。

（3）監理公司。監理公司的員工的建議主要分為幾類：一是希望時間的安排更加合理。監理公司工作的性質決定了他們的主要工作時間，他們平時的工作比較繁忙，希望盡量減少培訓的時間與次數；他們冬季的時間比較充足，這時候可以組織大量的培訓，此時培訓的效果也是最顯著的。二是希望培訓的時候多增加案例，理論聯繫實際。監理工作的時效性很強，因此他們希望培訓完以後就能夠將所學內容應用到工作中去。

（4）拆遷公司。拆遷公司的員工提出的建議也相對比較統一，他們普遍希望多組

織業務類的培訓，培訓的實用性要強一些。

（5）貿易公司。貿易公司的員工對於培訓的建議也相對集中，就是希望在培訓時多增加一些專業知識的培訓以及專業技能的培訓

（二）訪談法結果的分析

我們對負責的幾大模塊的領導分別進行了訪談式調查，更加有針對性地分析了部門的需求與建議。

1. 管理類

總經理辦公室想除了日常的培訓之外多進行一些外訓，借鑑施工單位的大企業的管理方法，尤其是開展如何控制子公司以及質量管理控制相關的培訓課程。管理方面的兩個部門對內訓和外訓都有提及，內訓主要是提升相關的業務能力，外訓也是想借鑑大企業的相關管理辦法。人事方面的三個部門中，人力部會進行子公司綜合員的業務培訓以及對地產行業公司人力資源方向的接觸與參觀；行政部內訓方面是對公文、福利、印章相關製度的培訓以及對辦公用品的管理的培訓，其中對公文、福利製度的培訓比較重要，外訓方面主要還是去大企業學習；宣傳部的培訓主要有專業方面的培訓，如採訪寫作、攝影、後期編輯等，還要對相關文件進行學習，開展對通訊員的培訓，進行影像資料相關的培訓等。

2. 專業公司

貿易公司的培訓是針對專業知識與技能展開，還有就是對企業文化的學習。拆遷公司會將學習相關的法律法規作為重要的學習內容。行銷公司希望多開展一些實用性強的培訓。監理公司希望對相關的法律法規加以學習，希望能夠請到政府的相關人員進行講解。

五、培訓舉措

鑒於以上員工對培訓的意見與建議，培訓應該主要圍繞以下三個方面展開：

（一）專業技能類培訓

專業技能類的培訓多數適用於入職時間不長的員工，這樣的員工學習能力很強但實踐性不強，無法很好地將理論運用到實踐中去，他們需要比較專業的培訓才能夠完全勝任崗位的工作。

另外，就目前公司的發展情況來看，公司的員工普遍需要接受專業技能的培訓。在上面的需求分析中也可以看出，員工們多數都有這樣的需求，如監理公司、拆遷公司等。因此，當前乃至以後的工作中，專業技能的培訓都要作為一項重要的工作開展。

在開展工作中應結合自身的實際情況，分序列地展開培訓，將培訓工作做到實處，對於技能類的培訓要嚴格把控，培訓後要及時考核，實時監督培訓效果。

（二）通用類培訓

通用類培訓是指開展的全員適用的通識類知識、技能和態度培訓，如電腦使用、時間管理、溝通技巧、團隊建設等。

總經理辦公室與企管部、信息部、行政部、人力部、宣傳部以及子公司綜合員是行使管理職能的，對於管理知識以及辦公軟件的學習可以使用此種培訓類型。

除管理部門需要進行通用類培訓外，在本次調查中員工們也普遍反應希望接受通用類的培訓。由於時間與精力的限制，這樣的培訓可以由部門或子公司自行組織，培訓部監控。

通用類培訓由培訓部負責統籌策劃、內容設置、組織實施和評估工作。

(三) 素質拓展培訓

素質拓展培訓是一種以提高心理素質為主要目的，兼具體能和實踐的綜合素質教育，以運動為依託，以培訓為方式，以感悟為目的。

此種培訓主要適用於以下三類培訓：

1. 新員工培訓

以前的新員工培訓主要是對公司的製度和企業文化的講解，中間也會做一些有意義的遊戲，但是比較有局限性，效果也不是很好。本年度的新員工培訓計劃爭取將戶外素質拓展作為一個必備項加入其中。

2. 行銷公司培訓

行銷公司的實踐性很強，並且需要很強的團隊協作精神和創新精神，對於整個集團而言行銷公司也是關鍵。在本次的問卷調查中，行銷公司的員工提出了希望接受素質拓展培訓的需求。因此，對於行銷公司的員工的培訓應作為培訓工作的重點展開。

3. 部門團隊建設培訓

團隊凝聚力不僅是維持團隊存在的必要條件，而且對團隊潛能的發揮有很重要的作用。一個團隊如果失去了凝聚力，就不可能完成組織賦予的任務，其自身也就失去了存在的條件。在部門裡，團隊凝聚力的重要性是不言而喻的。因此，如果條件允許，部門內部員工參加素質拓展培訓也是很有必要的。

【本章小結】

從狹義上講，培訓是指企業向新員工或者現有員工傳授其完成本職工作、提高工作能力所必須掌握的各種知識和技能（如與工作相關的知識、技能、價值觀念、行為規範等）的過程。從廣義上講，培訓應該是創造智力資本的途徑。智力資本包括基本技能、高級技能、對客戶和生產系統的瞭解以及自我激發創造力。

培訓對企業的作用主要包括：第一，促進員工個人素質的全面提高；第二，推動企業文化的完善與形成；第三，優化人才組合；第四，增強企業的向心力。

培訓對員工的作用主要包括：第一，提高員工的自我認識水平；第二，提高員工的知識和技能水平；第三，轉變員工的態度和觀念。

【簡答題】

1. 什麼是培訓與開發？請舉例說明培訓與開發的區別？
2. 企業為什麼要重視培訓與開發工作？
3. 如何確定員工培訓需求？培訓需求分析為什麼至關重要？
4. 培訓需求信息收集的方式有哪些？

5. 如何編制一份培訓計劃？
6. 培訓的方法有哪些？
7. 培訓評價的四個層次分別是什麼？
8. 培訓工作有哪些類型？

【案例分析題】

我們可以選擇卓越——新員工培訓記

8月7日至8日，在鬆鶴酒店宴會廳，兩場別開生面的商務禮儀和職業成長規劃培訓課程在80餘名公司新員工持續不斷的掌聲和歡笑聲中圓滿結束。兩次職場培訓突出了一個鮮明的主題——要塑造新員工的一種由主動性通往卓越的成功行為模式和一種主動進取、忠誠敬業的高貴的職業品格。培訓結束後，記者採訪了新員工，從新員工若有所思的表情與滿意的笑容和言談中可以看出，兩次職場培訓是成功的，新員工的確學有所獲，主動進取、忠誠敬業的職業人理念將在他們心中牢牢地扎下堅實的根基。

一、商務禮儀培訓——黃金法則：你希望別人怎樣對待你，你也應該怎樣對待別人

商務禮儀培訓由許琪女士主講，她的培訓的主題是打造職業形象，在商務運作中展示才能。與一般的授課方式不同，許琪女士在培訓課程開始之前，就已經進入了角色。她以獨有的職業人形象走入宴會廳，向新員工致意問好，不少新員工立即展現了良好的素質——有禮貌地回應，並將她引至正廳。

一場「隨風潛入夜，潤物細無聲」的商務禮儀培訓開始了。許琪女士一語驚人：「形象重於一切！」

不少新員工開始竊竊私語，表示對這一觀點有不同意見，還有人站起來說：「形象固然重要，但一個人的內在素質才是最主要的。」

許琪女士鼓勵這種討論，但同時表示：「什麼是形象呢？形象是一個人內在修養素質的外在綜合表現。它是能夠引起人們美感和好感的形態和姿態，也是別人對你的印象和評價，更是宣傳、效益、服務和生命。它不僅表現著你的修養、素質，體現你的受教育程度、家庭環境、個性、學識、悟性、閱歷、對事物的認知水平等文化底蘊的東西，還從你的衣著、儀態、語言、服飾、禮節等表現你的獨特的氣質。『神孕育了形，形展示了神。』沒有文化底蘊和修養，就沒有良好的形象，因此形象重於一切！」這段精闢的論述獲得熱烈的掌聲。

接著，許琪女士從儀容、儀態、語言、服裝、飾品、人際交流、禮節等方面向新員工言傳身教，更從身體衛生、心理衛生、皮膚護理、髮型、化妝等細節娓娓道來，舉手投足，無不洋溢著職業人高雅的氣質。她提出：「作為一個專業的職業人，要具備三個基本素質：一是懂得禮儀；二是注重自我形象；三是善於人際交流，懂得怎樣說話、怎樣表現自己。」為使學員便於掌握，許琪女士現場做了遞交名片、行、站、坐、問好、彎腰揀物、握手的示範，並請全體員工現場模仿練習，會場很快展現出良好的精神風貌和氣氛。

在完成上述講授之後，許琪女士又是出語驚人：「客戶決定你怎樣做！」

她說:「作為企業中的職業人,必須要明確:企業的生命寄於客戶,而你的命運和企業連在一起,客戶是你的衣食父母,客戶是真正的老闆,決定你怎樣做。因此,我們要有強烈的責任感,要有無怨無悔的心態,要有讓客戶認可的願望,要真心實意地讓客戶滿意。你在服務中要找到這樣的感覺:你熱愛這份工作;你願意和人打交道;你能在工作中發揮自己的能力;在這項工作中你能做得最棒。於是,你會全身心地投入,勢必會做出成績,有了成績就有回報,有了回報,你會下決心做得更好,這就形成了一個良性的循環,你的人生價值得到體現,你的悟性得到修煉,你的人生境界得到昇華,你的人生幸福有了更豐富的內涵。」

接下來,許琪女士從商務活動、商務電話、贈送禮品三個層面詳細講解了怎樣拜訪客戶、在汽車上位置的安排、如何引領客戶、如何介紹別人、電話禮貌用語、贈送禮品的標準和忌諱、吃西餐應注意的事項等問題。

培訓結束後,有新員工感慨地說:「這次培訓,讓我知道了書本裡學不到的知識,比如香水灑在手腕和耳後效果最佳;走進無人電梯是客戶後進先出,而有服務員的電梯則是客戶先進先出;陪上級或客戶坐汽車,他們應當坐在司機的後面;介紹客人應該尊者(客戶)在後;通過打商務電話,客戶就可以從電話用語中辨別這是作坊企業還是大企業……這些細節關乎企業形象和商業文化品位,不能不引起我們的重視。」

二、職業成長規劃培訓——一種由主動性通往卓越的成功模式

職業成長規劃培訓由公司聘請的前程無憂公司專業講師主講,他講授的主題是如何成為企業人——企業人在企業中的行事規則。也許正應了清初戲劇學家李漁所說的話:「開卷之初,當以奇句奪目,使之一見而驚,不敢棄去。」(《閒情偶寄》)此項課程的講授,在前程無憂公司專業講師那裡,一開始就迸發出字字珠璣的智慧和先進理念,緊緊抓住了學員的注意力。

講師說:「這是一個張揚個性和維護私人權利的時代,不要服從、謀求自我實現是天經地義的。然而,遺憾的是很多人沒有意識到——個性解放、自我實現與主動性、敬業、忠誠絕不是對立的,而是相輔相成、缺一不可的。有的員工以玩世不恭的姿態對待職責,對公司報以嘲諷,頻繁跳槽;有的員工推諉塞責、故步自封、吊兒郎當,有這樣員工的企業簡直是災難!他們覺得在別人的企業中自己是在出賣勞動力,他們蔑視敬業精神,嘲諷忠誠,視之為老闆盤剝、愚弄下屬的伎倆,對能偷懶沾沾自喜,消極懶惰,自毀前程。他們最大的愚蠢就是不懂人類社會的最基本行為法則——互惠的交換,即投入才有回報,忠誠才有信任,主動才有創新。我們絕大多數人都必須在社會組織中為職業生涯奠基,只要你還是公司的一員,就應當拋開任何借口,投入自己的忠誠和責任,一榮俱榮一損俱損!當你把身心徹底融入公司,盡職盡責,處處為公司著想,對投資人承擔風險的勇氣報以欽佩,理解企業主的壓力,那麼任何一個老闆都會視你為公司的支柱。忠誠帶來信任,你將被委以重任,獲得夢寐以求的廣闊舞臺。」

每個企業都在呼喚和尋找能夠「把信送給加西亞」的人。這位講師拿出由美國出版家阿爾伯特·哈伯德(Elbert Hubband)撰寫的《把信送給加西亞》,當場請一名員工朗讀這則故事,並強調美國總統把一封寫給加西亞的信交給羅文,而羅文接過信之後,並沒有問:「他在什麼地方?」像羅文這樣的人,我們應該為他塑造銅像,放在所有的大學裡,以表彰他的精神。年輕人所需要的不僅僅是從書本上學習來的知識,也

不僅僅是他人的種種教誨，而是要造就一種精神：忠於上級的托付，迅速地採取行動，全力以赴地完成任務。沒有任何推諉，而是以其絕對的忠誠、責任感和創造奇跡的主動性完成這件「不可能的任務」——「把信送給加西亞」。這個故事100多年來在全世界廣為流傳，激勵著千千萬萬的人以主動性完成職責，無數的公司、機關、系統都曾人手一冊，以期塑造自己團隊的靈魂。「送信」早已成為一種象徵，成為人們忠於職守、履行承諾、敬業、忠誠、主動和榮譽的象徵。這個故事傳達的理念影響力之大是不可想像的，足以超越任何理論說教，不局限於個人、企業、機關和一個國家，甚至於貫穿了人類文明。正如阿爾伯特·哈伯德所說：「文明，就是充滿渴望地尋找這種人才的一個漫長的過程。」

所有的組織，無論是企業、機關的管理者還是老板，看到這本書都會深有體會地發出這樣的感慨——到哪裡能找到「把信送給加西亞」的人？因為公司要想獲得成功，其員工的主動性、責任感和忠誠度都是至關重要的，「送信的人」是老板夢寐以求的棟梁之材。

這位講師說：「約翰·A.漢娜（John A Hannah）說過，這樣的話：『如果一個人不對他賴以生存，給他以更多益處的體制心懷忠誠，那麼他就不配擔當這個民族公民之名，忠誠允許必要的改革，但必須是在一定的範圍內。』」

基於這個觀點，講師向公司新員工提出以下10點企業人工作的基本守則：

守則一：比上司期待的工作成果做得好。
守則二：懂得提升工作效能與效率的辦法。
守則三：一定在指定的期限內完成工作。
守則四：工作時間，集中精神，專心工作。
守則五：任何工作都要用心去做。
守則六：對上司交辦的工作要注意有反饋。
守則七：要有防止犯錯的警覺心。
守則八：做好整理整頓，及時清理公務。
守則九：要有不斷改進工作的意識。
守則十：養成節約費用的習慣。

在講述了企業的本質和組織、企業人意識、工作程序、基本守則、職業人自我盤點、個人發展的定位和階段之後，講師分發彩筆和紙張，要求每組新員工設計一幅職業生涯設計圖。

會場熱鬧起來，大家熱烈地討論、分工合作。很快，8幅圖掛在會場四周的牆壁上。8幅圖的創意令人吃驚、令人欣喜。其中，7幅圖都畫有全球地圖，圖名都含有占據全球市場的鮮明意念。比如第四組「讓××占領全球市場」，設計者在圖中央畫了一個地球，地球上方一邊是××企業的標誌圖案，另一邊是高高的山峰，山峰上插著一個字母「V」（贏）的旗幟，山邊貼滿組員的職業生涯設計；地球下方一邊是一臺電腦，另一邊是一群白領男女。策劃者接過麥克風解釋說：「在蔚藍色的美麗的地球，有一個光輝的××企業，其研發出世界最先進的產品和系統，在卓越的××人團隊努力下，走上了行業的最高峰，並最終獲得了勝利，贏得了全球市場。」山上貼滿的個人職業生涯設計，如做一名盡職盡責的公司員工、做一名打造公司品牌的高級設計師等，則代表著

公司每一個員工的努力和拼搏。

第八幅圖別有趣味，圖上畫著一棵大樹，樹上的樹葉是組員個人的職業生涯設計，樹下也飄落著幾個組員的職業生涯設計。策劃者說：「這棵大樹就是公司，我們每一個人都是公司的一片樹葉，在樹上的樹葉象徵我們都在努力為公司奮鬥，樹下的落葉則象徵我們老了，退休了，但仍要將自己的身軀化作腐土，培養公司這棵大樹。」策劃者真可謂有「落紅不是無情物，化作春泥更護花」的無私奉獻精神了。

三、職場培訓後的反思：為什麼培訓？

日本鬆下電器公司有一句頗為企業界所推崇和讚賞的名言：「出產品之前先出人才。」其創始人鬆下幸之助更強調：「一個天才的企業家總是不失時機地把對職員的培養和訓練擺上重要的議事日程。教育是現代經濟社會大背景下的『殺手鐧』，誰擁有它誰就預示著成功，只有傻瓜或自願把自己的企業推向懸崖峭壁的人才會對教育置若罔聞。」

摩托羅拉公司前培訓部主任比爾·維根毫恩說：「我們有案可查，由於培訓員工掌握了統計過程控制法和解決問題的方法，我們節約了資金。我們的（培訓）收益大約是所需投資的 30 倍——這就是為什麼我們會得到高層經理大力支持的原因。」

上述言論應該不是標新立異或故作驚人之舉，而有其深層的理性依據。在中國目前供過於求嚴重、競爭白熱化、消費者日益成熟、企業家不斷求索的宏觀經濟背景下，企業遲早要走到「向素質要效益、向管理要利潤」的路子上來，而且這種認同不能僅僅停留在意識、言語、口號或形式上，必須切實轉化為管理的決策和實踐。

公司新員工職場培訓的圓滿成功昭示著公司正在不斷輸入新鮮血液和朝氣蓬勃的企業精神與理念，昭示著公司正在建設現代企業製度的過程中轉換思路——「向素質要效益、向管理要利潤」。

明天，我們可以選擇卓越，我們可以卓越！

（資料來源：李劍宏. 我們可以選擇卓越——新員工培訓記［EB/OL］.（2006-02-20）［2016-11-25］. http://www.docin.com/p-1717895424.html.）

思考題：

1. 如何理解培訓中禮儀的重要性？
2. 通過案例請回答企業為什麼培訓？培訓工作如何實施？
3. 此次培訓的效果如何考核以及如何轉化？

【實際操作訓練】

實訓項目：班幹部培訓方案設計。

實訓目的：在學習理論知識的基礎上，通過實訓，能進一步掌握培訓需求調研及培訓方案設計的步驟與方法，以班幹部為對象，設計一份培訓方案。

實訓內容：

1. 設計培訓需求調研問卷及訪談提綱。
2. 通過問卷調查和訪談，收集、整理、分析相關資料與數據。
3. 根據調查結果，總結班幹部的培訓需求。
4. 設計班幹部培訓方案。

第六章　職業生涯規劃

開篇案例

有兩兄弟，他們一起住在一幢公寓樓裡。一天，他們一起去郊外爬山。傍晚時分，等他們爬山回來，回到公寓樓的時候，發現一件事：大廈停電了。這真是一件令人沮喪的事情。為什麼呢？因為很不巧，這兩兄弟住在大廈的頂樓——80樓。雖然兩兄弟都背著大大的登山包，但看來是別無選擇了。哥哥對弟弟說：「我們爬樓梯上去吧。」於是，他們就背著大大的登山包開始往上爬。

到了20樓的時候，他們覺得累了。於是弟弟提議：「哥哥，登山包太重了，不如這樣吧，我們把它放在20樓，我們先上去，等大廈恢復電力，我們再坐電梯下來拿吧。」哥哥一聽，覺得這主意不錯：「好啊。弟弟，你真聰明呀。」於是，他們就把登山包放在20樓，繼續往上爬。卸下了沉重了包袱之後，兩個人覺得輕鬆多了。他們一路有說有笑地往上爬。但好景不長，到了40樓，兩人又覺得累了。想到只爬了一半，竟然還有40層樓要爬，兩人就開始互相埋怨，指責對方不注意停電公告，才會落到如此下場。他們邊吵邊爬，就這樣一路爬到了60樓。

到了60樓，兩人筋疲力盡，累得連吵架的力氣也沒有了。哥哥對弟弟說：「算了，只剩下最後20層樓，我們就不要再吵了。」於是，他們一路無言，安靜地繼續往上爬。

終於，80樓到了。到了家門口，哥哥長出一口氣，擺了一個很酷的姿勢：「弟弟，拿鑰匙來！」弟弟說：「有沒有搞錯？鑰匙不是在你那裡嗎？」

鑰匙還留在20樓的登山包裡。

問題與思考：

1. 此案例對我們有何啟發？
2. 規劃對我們的人生來說有何重要作用？

第一節　職業生涯規劃概述

閱讀案例6-1

25歲的小麗大專畢業3年了，現在從事助理工作，主要負責客戶服務。小麗性格活潑可愛，工作非常認真負責，領導對她的評價也不錯。但是，小麗對自己的工作越來越厭倦了，她非常羨慕上司大牛的工作狀態。

大牛負責全國的市場銷售工作，對客戶充滿了熱情，對工作也充滿了期待。小麗

看到大牛的工作表現，覺得大牛在工作中應該是很快樂的。於是，小麗就自己要不要跳槽？自己到底應該跳到什麼樣的崗位才能感覺更快樂呢？

其實，剛入職場的很多人都會產生和小麗一樣的困惑。但是，事實真的如小麗所想的一樣，大牛對自己的職業生涯感覺很好嗎？

一、職業生涯規劃的相關概念

(一) 職業生涯

職業生涯是一個人一生中所有與職業相聯繫的行為、活動以及相關的態度、價值觀、願望等的連續性經歷的過程，也是一個人一生中職業、職位的變遷及工作理想的實現過程。

簡單來說，職業生涯就是一個人終生的工作經歷。一般可以認為，我們的職業生涯開始於任職前的職業學習和培訓，終止於退休。我們選擇什麼職業作為我們的工作，這對於我們每個人的重要性都是不言而喻的。首先，我們未來的衣、食、住、用、行等各種需要，包括許多年輕人夢想的出國旅遊、買房、買車，幾乎都要通過我們的工作來滿足。同時，現代人大部分時間是在社會組織中度過的。在畢業後到退休前的幾十年中，我們幾乎每天都要和我們的工作打交道，因此我們從事的工作，我們自己是否喜歡、是否適合、是否覺得這份工作很有意義，對我們同樣非常重要。我們在選擇職業的時候，應該慎重對待。中國的一句古話「男怕入錯行，女怕嫁錯郎」，在一定程度上反應了職業對於我們每個人的重要性。

(二) 職業生涯規劃

職業生涯規劃也叫職業生涯設計，是指個人和組織相結合，在對一個人職業生涯的主客觀條件進行測定、分析、總結研究的基礎上，對自己的興趣、愛好、能力、特長、經歷及不足等各方面進行綜合分析與權衡，結合時代特點，根據自己的職業傾向，確定最佳的職業奮鬥目標，並為實現這一目標做出行之有效的安排。

(三) 職業生涯管理

在人力資源管理中，所謂員工職業生涯管理，是指將個人職業發展需求與組織的人力資源需求相聯繫做出的有計劃的管理過程。這個過程在與組織的戰略方向和業務需要一致的情況下，幫助具體的員工個人規劃他們的職業生涯，通過員工和企業的共同努力與合作，使每個員工的職業生涯目標與企業發展目標一致。每個組織都有自己的經營目標，但目標能否實現則取決於內部人力資源的發揮。組織最大限度地利用員工的能力，並且為每一位員工提供一個不斷成長、挖掘個人潛能和建立職業成功的機會，也正是在這樣一個漸進的過程中，組織和個人實現了雙贏。組織從能力很強且具有高度奉獻精神的員工那裡得到了績效上的改善，而員工從自身能力提高及績效改善中獲得了更大的成就。因此，組織協調員工做好職業生涯規劃顯得尤為重要。

二、職業生涯規劃的重要意義

(一) 優化組織人力資源配置，提高人力資源利用效率

組織的長久發展必須依託相應的人力資源，在一定時期內，內部員工提升、外部

招聘等多種手段會在企業內部形成一定的人力資本存量。這種存量在組織內部的存在是否合理直接決定著組織內人力資源的利用效率。這需要對人力資本的存量進行規劃，形成一個職位升降資格圖。這樣一旦組織中出現空缺職位，就馬上可以找到替代者，從而減少外部招聘的成本和時間。組織通過員工職業生涯規劃，可以清晰地知道哪些職位會出現空缺、哪些人才可以迅速彌補，這無疑提高了人力資源的利用率。

(二) 提高員工滿意度，降低員工流動率

組織通過對員工的潛能評價、輔導、諮詢、規劃和培訓等為員工提供了更大的發展空間，使員工的發展更有目的性。這樣員工在理解企業人力資源戰略的情況下結合自身特點提高自身素質，會把自身利益與企業發展更緊密地結合起來，崗位的適應性也能大大提升一個人的滿意度，從而能使員工的流動性降低。

(三) 使組織和個人共同發展，應對變革和發展的需要

處於動態複雜環境下的企業常常面臨兼併、收購重組或精編性裁員等不期而遇的變化，這時組織結構就會變化，員工的職務也會變化，通過職業生涯規劃，員工的能力和自信心得到提升，就能更好地應對這些變化。

三、影響職業生涯的主要因素

影響職業生涯發展的因素有很多，總體上講主要有個人、社會、家庭三類。這些方面直接關係到我們能否制定好適合個人發展的職業生涯規劃，從而影響前途。

(一) 影響職業生涯發展的個人因素

影響職業生涯發展最重要的因素就是個人因素，個人因素主要包括個人特質、教育背景。

1. 個人特質

個人特質一般是指人在性格、氣質等方面表現出來的特性，跟職業生涯關係比較密切的主要是興趣、意志、能力、人生目標。

(1) 興趣。興趣是職業生涯選擇的重要依據，當一個人對某種職業產生興趣時，他就能積極地感知和關注該職業的動態。興趣可以提高人的工作效率，興趣可以調動人的全部精力，使人以敏銳的觀察力、高度的注意力、豐富的想像力投入工作，進而大大提高工作效率。人們不僅需要有能力去從事什麼樣的工作，更重要的是需要知道自己對哪類工作感興趣，只有將能力和興趣結合起來考慮，才能規劃好職業生涯並取得職業生涯的成功。

(2) 意志。意志是一個人自覺地確定目標，支配與調節自己的行動，克服各種困難，從而達到預期目標的心理狀態。沒有堅強的意志，人就會在順境中得意忘形，在逆境中消沉頹廢，最終不能實現自己的職業生涯規劃。意志強弱對於一個人的職業生涯規劃來說有著重大的影響。

(3) 能力。能力是掌握和運用知識技能，直接影響活動效率，使個人活動順利完成的個性心理特徵。個人能力決定了個人在職業生涯的道理上能夠走多遠，因為不同的職業、同一職業發展的不同階段對個人能力的要求都是不同的，所以無論選擇了什麼職業，向前發展都會受到能力的限制。在此意義上而言，個人能力比職業選擇更加

重要，能力足夠強的個人，即使選擇了非最優的職業道路，一樣可以取得理想的結果。

（4）人生目標。人生目標是一個人終生所追求的固定目標，生活中的一切事情都圍繞著它而存在。終極目標能激發人的熱情和活力，會給人帶來長久的幸福、安寧和富裕，它是一項人們註定會去做的事情。目標越高，人們的動力就越大，眼界就越高，考慮問題就越全面；目標越低，人們越易於安於現狀、產生惰性。

2. 教育背景

教育是賦予個人才能、塑造個人人格、促進個人發展的社會活動，它奠定了一個人的基本素質，對人生有著巨大的影響。有時候一個企業會拒絕未達到某一教育水準的人。有些人擁有的技術已過時或者過於專業化，結果因為市場對他們的才能需求削減，他們在職業上的處境就將較為不利了。人們的專業、職業種類對於其職業生涯有著重大的影響，即使人們轉換職業，也往往與其所學專業有一定聯繫。

（二）影響職業生涯發展的社會因素

社會是人才得以活動及發揮才幹的舞臺，也是影響人們成長與成功的重要條件和因素。社會的政治經濟形勢、涉及人們職業權利方面的管理體制、社會文化與習俗、職業的社會體系等社會因素決定著社會職業崗位的數量與結構，決定著社會職業崗位出現的隨機性與波動性，從而決定了人們對不同職業的認定和步入職業生涯、調整職業生涯的決策。用人單位對員工的培養、自身的親戚朋友交際網、在職業發展過程中所能獲得的幫助、提高素質所需的學習機會和圖書資料、與職業生涯發展方面有關的製度與政策等也對社會職業結構的變遷、人的職業生涯變動的規律性產生影響。

社會因素中不得不提的還有機遇。機遇是一種隨機出現的、具有偶然性的事物。一個人在一生當中會遇到許多偶然的機會，有利的偶然機會就是機遇。如果社會上出現了給一個人提供個人發展、向上流動的職業環境，對於職業發展而言，那就是出現了機遇，這對一個人的職業生涯規劃有積極的推動作用。把握機遇的前提是完善自我、提高素質、具備職業發展的潛質。不具備這種前提，那機遇就不會青睞這種人，這種人就會與機遇擦肩而過。具備了這種前提，還要善於發現機遇，如果漠視機遇，那這種人只能是英雄無用武之地，找不到職業發展的方向。抓住機遇是關鍵，只有抓住了機遇，才能有一個施展才華、快速成長的機會。機遇對於任何人都是平等的，但機遇總是降臨於素質高、有準備的人的身上，誰素質高、準備充分，誰就能夠抓住機遇，獲得成功。

（三）影響職業生涯發展的家庭因素

家庭是人們生活的重要場所，一個人的家庭也是造就其素質以至於影響其職業生涯的主要因素之一。父母通常對子女會有一種期望，這種期望會在人的幼年時期留下印象，並隨時間的推移而強化，比較高的期望會有激勵作用。父母從事的職業是孩子觀察社會職業的開始，父母對其職業的認同與否，對孩子將來是否願意從事這種職業有很大的影響。父母及親戚平日表現得比較多的行為，孩子易於接受並熟悉，這會影響孩子職業理想的確立和職業選擇的方向、種類。一個家庭經濟條件較好，會使孩子在將來所受教育的程度較高，職業選擇方面空間較大；一個家庭經濟條件較差，會使孩子受教育培訓的機會減少，而且會使孩子感到肩上負擔著沉重的家庭責任，在是否

讀書深造、工作單位離家遠近及效益好壞方面思慮頗多。

四、職業生涯的發展階段

職業生涯是一個人長期的發展過程，在不同的發展階段，個人有著不同的職業需求和人生追求。職業生涯發展階段的劃分是職業生涯規劃研究的一個重要內容。對於具體階段的劃分，不同的專家學者有不同的觀點，最常見的、應用得最廣泛的，則是薩珀（Supper）的生涯發展階段理論。

薩珀集差異心理學、發展心理學、職業社會學以及人格發展理論之大成，通過長期的研究，系統地提出了有關職業生涯發展的觀點。1953年，薩珀根據其生涯發展形態研究的結果，將人生職業生涯發展劃分為成長、探索、建立、維持和衰退五個階段。

（一）成長階段（0~14歲）

成長階段屬於認知階段。在這個階段，孩童開始發展自我概念，學會以各種不同的方式來表達自己的需要，並且經過對現實世界不斷地嘗試，修飾他自己的角色。這個階段發展的任務是發展自我形象，發展對工作世界的正確態度，並瞭解工作的意義。這個階段共包括以下三個時期：

一是幻想期（4~10歲）。這一時期以「需要」為主要考慮因素，在這個時期幻想中的角色扮演很重要。

二是興趣期（11~12歲）。這一時期以「喜好」為主要考慮因素，喜好是個體抱負與活動的主要決定因素。

三是能力期（13~14歲）。這一時期以「能力」為主要考慮因素，能力逐漸具有重要作用。

（二）探索階段（15~24歲）

探索階段屬於學習打基礎的階段。該階段的青少年，通過學校的活動、社團休閒活動、打零工等機會，對自我能力及角色、職業進行了一番探索，因此選擇職業時有較大彈性。這個階段發展的任務是使職業偏好逐漸具體化、特定化並實現職業偏好。這個階段共包括以下三個時期：

一是試探期（15~17歲）。考慮需要、興趣、能力及機會，制定暫時的決定，並在幻想、討論、課業及工作中加以嘗試。

二是過渡期（18~21歲）。進入就業市場或進行專業訓練，更重視現實，並力圖實現自我觀念，將一般性的選擇轉為特定的選擇。

三是試驗承諾期（22~24歲）。生涯初步確定並試驗其成為長期職業生涯的可能性，若不適合則可能再經歷上述各時期以確定方向。

（三）建立階段（25~44歲）

建立階段屬於選擇、安置階段。由於經過上一階段的嘗試，不合適者會謀求變遷或進行其他探索，因此該階段較能確定在整個職業生涯中屬於自己的職位，並在31~40歲開始考慮如何保住該職位並固定下來。這個階段發展的任務是統籌、整合、穩固並求上進。這個階段共包括以下兩個時期：

一是嘗試期（25~30歲）。個體尋求安定，也可能因為生活或工作上若干變動而尚未感到滿意。

二是穩定期（31~44歲）。個體致力於工作上的穩固，大部分人處於最具創意時期，由於資深往往業績優良。

（四）維持階段（45~64歲）

維持階段屬於升遷和專精階段。個體仍希望繼續維持屬於他的工作職位，同時會面對新的人員的挑戰。這一階段發展的任務是維持既有成就與地位。

（五）衰退階段（65歲以上）

衰退階段屬於退休階段。由於生理及心理機能日漸衰退，個體不得不面對現實從積極參與到隱退。這一階段個體往往注重發展新的角色，尋求不同方式以替代和滿足需求。

閱讀案例6-2

我的職業生涯感悟

我的職業生涯經歷了六個階段：建立基礎階段、累積經驗階段、進入發展階段、高速發展階段、進入中年危機階段、自我實現階段。俗話說：「四十不轉行。」40歲轉行對職業發展非常不利，而我卻這麼做了──從企業界出來轉做培訓師，從叱咤風雲的領域轉到完全陌生的行業，從零開始。我之所以這麼做，是因為思考了一些事情。

1. 40歲之前做該做的事，40歲之後做想做的事

我從40歲就開始思考：我到底是想過神的生活，還是仙的生活？

神被人供在廟裡，天天坐在一個地方不能動，接受信眾的朝拜，有一個宏偉的環境。實際上，這就是企業家的生存狀態。企業家天天上班，有輝煌的業績，但最大的遺憾就是沒有自由。

仙沒有廟宇，沒有光環，沒有人們追求的榮華富貴，他跟著感覺走，活得非常快樂。如同濟公一樣，雖然「鞋兒破、帽兒破、身上的袈裟破」，但是每天非常自由快樂。這是自由人的生存狀態，也是我真正想要的生活。有一次，我到臥佛寺時，發現自己跟彌勒佛特別像。彌勒佛的人生觀是：大肚能容，容天下難容之事；笑口常開，笑天下可笑之人。我的人生觀也是如此。

2. 追求幸福與幸福追求

一個人的人生觀往往跟環境有很大的關係。人生不是一場比賽，而是一場旅行。比賽在乎結局和終點，而旅行在乎的是沿途的風景。我需要的是幸福追求，而不是追求幸福。

幸福就是結果。追求幸福就像爬山一樣，爬山時可能會花費很長的時間，到山頂後卻只停留一小會兒，甚至不到10分鐘。爬山時期待著風光一片美好，站在山頂時卻發現不過如此而已。也就是說，山上10分鐘的幸福需要幾個小時的時間去爭取，追求幸福就是用90%的痛苦和掙扎換來10%的幸福。

幸福追求意味著幸福指數，就是認真體會過程，快樂地欣賞沿途的風景。當人生觀建立在幸福追求上時，心態就慢慢平和下來了。這時就會發現，人生是由一串一串

的經歷組合成的。

3. 40歲之前做加法，40歲之後做減法

我在40歲時調整了自己的人生軌跡：40歲之前做加法，40歲之後做減法。在40歲之前，我追求的是事業的高度，也就是追求成長、成就、成功。因為在40歲之前，體力和精力都處於上升期，所以一定要全力往上爬。在40歲以後，體力和精力都開始走下坡路，我就開始追求生命的長度，學會調整，學會放下。

第二節　職業生涯規劃的實施

一、職業生涯規劃的內容

職業生涯規劃主要是員工計劃在企業職業生涯中的職業選擇、職業生涯目標以及職業生涯發展通道。

(一) 職業選擇

職業是指人們為獲取一系列的需要的滿足而從事的連續的、相對穩定的、專門類別的社會工作，是人的社會角色的重要方面。對於大多數人來說，在職業生涯中只選擇一種職業，但也有人可以選擇兩種或兩種以上的職業，如大學教師＋培訓師。職業選擇就是要為職業目標與自己的潛能以及主客觀條件謀求最佳匹配的選擇。良好的職業選擇和定位是以自己的最佳才能、最優性格、最大興趣、最有利的環境等信息為依據的，要考慮性格與職業的匹配、興趣與職業的匹配、特長與職業的匹配、專業與職業的匹配等。

(二) 職業生涯目標

在選定的職業領域要取得的成績或達到的高度便是職業生涯目標。其中，最高目標可以成為人生目標；在邁向人生目標的過程中會設定階段性目標。一般來說，職業生涯規劃應有目標的計劃內容，可以是崗位目標、技術等級目標、收入目標、社會影響目標、重大成果目標、社會地位目標等。

為了保證職業生涯目標的實現，必須要找到自己的職業錨。職業錨的概念是由美國學者埃德加·施恩教授提出的。他認為，職業規劃實際上是一個持續不斷的探索過程，在這一過程中，每個人都在根據自己的天資、能力、動機、需要、態度和價值觀等慢慢地形成較為明晰的與職業有關的自我概念。隨著一個人對自己越來越瞭解，這個人就會越來越明顯地形成一個占主要地位的職業錨。所謂職業錨，就是指當一個人不得不做出選擇的時候，其無論如何都不會放棄的職業中的那種至關重要的東西或價值觀。正如「職業錨」這一名詞中「錨」的含義一樣，職業錨實際上就是人們選擇和發展自己的職業時所圍繞的中心。一個人對自己的天資和能力、動機和需要以及態度和價值觀有了清楚的瞭解之後，就會意識到自己的職業錨到底是什麼。施恩根據自己在麻省理工學院的研究指出，要想對職業錨提前進行預測是很困難的，這是因為一個人的職業錨是在不斷發生著變化的，它實際上是一個不斷探索過程所產生的動態結果。

有些人也許一直都不知道自己的職業錨是什麼，直到他們不得不做出某種重大選擇的時候。一個人過去的所有工作經歷、興趣、資質等才會集合成一個富有意義的模式（或職業錨）。這個模式或職業錨會告訴此人，對其個人來說，到底什麼東西是最重要的。施恩根據多年的研究，提出了以下五種職業錨：

1. 技術或功能型職業錨

具有較強的技術或功能型職業錨的人往往不願意選擇那些帶有一般管理性質的職業。相反，他們總是傾向於選擇那些能夠保證自己在既定的技術或功能領域中不斷發展的職業。

2. 管理型職業錨

有些人則表現出成為管理人員的強烈動機，承擔較高責任的管理職位是這些人的最終目標。當追問他們為什麼相信自己具備獲得這些職位所必需的技能的時候，他們回答說，他們之所以認為自己有資格獲得管理職位，是由於他們認為自己具備以下三個方面的能力：

（1）分析能力（在信息不完全以及不確定的情況下發現問題、分析問題和解決問題的能力）。

（2）人際溝通能力（在各種層次上影響、監督、領導、操縱以及控制他人的能力）。

（3）情感能力（在情感和人際危機面前只會受到激勵而不會受其困擾和削弱的能力以及在較高的責任壓力下不會變得無所作為的能力）。

3. 創造型職業錨

有些人有這樣一種需要：建立或創設某種完全屬於自己的東西——一件署著他們名字的產品或工藝、一家他們自己的公司或一批反應他們成就的個人財富等。

4. 自主與獨立型職業錨

有些人在選擇職業時似乎被一種自己決定自己命運的需要所驅使著，他們希望擺脫那種因在大企業中工作而依賴別人的境況，因為當一個人在某家大企業中工作的時候，其提升、工作調動、薪金等諸多方面都難免要受別人的擺布。這些人中有許多人還有著強烈的技術或功能導向。然而，他們卻不是到某一個企業中去追求這種職業導向，而是決定成為一位諮詢專家，要麼是自己獨立工作，要麼是作為一個相對較小的企業中的合夥人來工作。

5. 安全型職業錨

還有一部分人極為重視長期的職業穩定和工作的保障，他們似乎比較願意去從事這樣一類職業：這些職業應當能夠提供有保障的工作、體面的收入以及有保障的未來生活。這種未來生活通常是由良好的退休計劃和較高的退休金來保證的。對於那些對地理安全性感興趣的人來說，如果追求更為優越的職業，意味著將要在他們的生活中注入一種不穩定或保障較差的地域因素的話，那麼他們會覺得在一個熟悉的環境中維持一種穩定的、有保障的職業對他們來說是更為重要的。對於另外一些追求安全型職業錨的人來說，安全則意味著所依託的組織的安全性。他們可能優先選擇到政府機關工作，因為政府公務員看起來還是一種終身性的職業。這些人顯然更願意讓他們的雇主來決定他們去從事何種職業。

閱讀案例6-3

　　某大學企業管理本科畢業生郝翔進入賽鳴集團下屬的威盛工廠，現在車間做技術員。由於他在工作中能吃苦、勤學好問，不久就掌握了產品的生產工藝，也得到了工人們的認可。2年後，郝翔被任命為車間主任。

　　工作後2年，郝翔覺得自己想從事人力資源管理工作，但是由於大學期間沒有學過人力資源管理方面的課程，所以他決定在職攻讀工商管理碩士學位。2012年9月，郝翔成為某大學的工商管理碩士培訓班學員。2012年年初，郝翔被任命為廠長助理。

　　2012年年底，同一集團不同工廠的廠長建議郝翔擔任另一工廠的廠長。郝翔婉言謝絕，希望在有機會時從事人力資源管理工作。2013年4月，賽鳴集團原人力資源部經理離職，郝翔在競聘中表現出色，最終如願以償。2013年11月，郝翔被提升為賽鳴集團人力資源部經理。

(三) 職業生涯發展通道

　　員工職業生涯目標的實現還有賴於具有順暢的職業生涯發展通道，因此企業一定要對構建員工職業生涯發展通道的工作引起重視，確保員工職業生涯目標的實現。就當前業界的普遍情況來講，員工職業生涯發展通道主要分為三大類型：第一類是縱向職業發展通道，即職位上的晉升。這一類通道多用於管理人員職業的發展上，如從主管到經理再上升到總監就是一條典型的縱向型職業發展通道。第二類是橫向職業發展通道。這就是傳統意義上的輪崗和非行政級別的職業發展。這一類職業發展通道多用於技術性人員職業發展上。橫向職業發展通道主要包括豐富工作內容和崗位輪換這兩種方式，其對於在組織結構日趨扁平化的趨勢下，如何豐富員工的工作內容、實現員工的職業成長具有重要的借鑑意義。第三類是雙階梯職業發展通道。這是指設計多條平等的晉升通道，滿足各種類型員工的職業發展需求。雙階梯職業發展通道的一個重要標誌就是職級上升，但行政級別並不變更。總體說來，對於這三類發展通道，企業必須依據不同的人員進行差異化的設計，但有一個前提是企業必須能夠提供這些發展通道的職位。

二、職業生涯規劃的步驟

(一) 自我評估

　　自我評估也就是要全面瞭解自己。有效的職業生涯規劃必須是充分且正確認識自身條件與相關環境的基礎上進行的，要審視自己、認識自己、瞭解自己，做好自我評估。自我評估包括兩個方面：一是評估自己的興趣、特長、性格、學識、技能、智商、情商、思維方式等；二是評估自己的優勢和劣勢。人要弄清自己想幹什麼、自己能幹什麼、自己應該幹什麼、在眾多的職業面前自己會選擇什麼等問題，從而為後面的職業定位和職業目標的設定打下基礎，幫助自己選定適合自己發展的職業生涯路線。

(二) 確立目標

　　確立目標是定制職業生涯規劃的關鍵，目標通常有短期目標、中期目標、長期目

標和人生目標之分。長期目標需要個人經過長期的艱苦努力、不懈奮鬥才有可能實現，確立長期目標要立足現實、慎重選擇、全面考慮，使之既有現實性又有前瞻性。短期目標更具體，對人的影響也更直接。

(三) 職業生涯計劃評估

職業生涯規劃還要充分認識與瞭解相關的環境，評估環境因素對自己職業生涯發展的影響，分析環境條件的特點、發展變化情況，把握環境因素的優勢與限制，瞭解本專業和本行業的地位、形勢以及發展趨勢。只有充分瞭解這些環境因素，才能在複雜多變的環境中做到趨利避害，幫助自己實現職業生涯的成功。人們可以使用SWOT分析中的對外界機會和威脅的分析思路來評估職業生涯中的機會。

(四) 職業定位

職業定位就是要為職業目標與自己的潛能以及主客觀條件謀求最佳匹配。良好的職業定位是以自己的最佳才能、最優性格、最大興趣、最有利的環境等信息為依據的。職業定位過程中要考慮性格與職業的匹配、興趣與職業的匹配、特長與職業的匹配等。職業定位應注意：

(1) 依據客觀事實，考慮個人與社會、單位的關係。

(2) 比較鑑別。比較職業的條件、要求、性質與自身條件的匹配情況，選擇條件更合適、更符合自己特長、更感興趣、經過努力能很快勝任、有發展前途的職業。

(3) 揚長避短。注重主要方面，不要追求十全十美的職業。

(4) 審時度勢，及時調整。要根據情況的變化及時調整擇業目標，不能固執己見，一成不變。

(五) 職業生涯策略的制定

有效的職業生涯設計需要有切實能夠執行的職業生涯策略方案。沒有行動，職業目標只能是一種夢想，實現職業目標要有具體的行為措施來保證，要制訂周詳的行動方案。制訂行動方案是指把目標轉化成具體的方案和措施。這一過程中比較重要的行動方案有職業生涯發展路線的選擇、相應的工作、教育和培訓計劃的制訂等。

職業目標確定後，向哪一條路線發展，此時要做出選擇，這就是職業生涯發展路線的選擇。是向行政管理路線發展，是向專業技術路線發展，還是向市場行銷路線發展。在具體的崗位方面也需要做出選擇，比如是行政管理、市場行銷、技術研發，還是服務支持。確定職業生涯發展路線後，如何制訂切實可行的行動方案呢？拿一名希望成為律師的員工來說，其應該考慮如下五個問題：

(1) 自己需要參加哪些培訓、學習、考核才能夠有資格成為一名律師？

(2) 自己在成為律師的發展道路上需要排除哪些來自內部和外部的障礙？

(3) 如何求得自己目前的上司和同事、親友在這方面給自己需要的幫助？

(4) 如何在自己所處的組織中找到有利於自己目標實現的機會？

(5) 一個律師應具有怎樣的經驗水平和年齡層次？自己怎樣做才能符合這個範圍？

(六) 職業生涯規劃的調整

職業生涯規劃是一個動態的變化過程。影響職業生涯設計的因素很多，有些因素

是可以預測的，有些因素則是難以預見的。當今社會處於激烈的變化之中，職業生涯規劃難以預見個人發展將要遇到的種種現實狀況，因此原定職業生涯目標在策略實施過程中往往會出現偏差，成功的職業生涯規劃需要時時審視內外部環境的變化，在實施中去檢驗自己的方案，及時診斷職業生涯規劃各個環節出現的問題，根據反饋的情況，及時反省、修正規劃目標並調整規劃方案。

閱讀案例6-4

張藝謀的職業生涯規劃

經過奧運會開閉幕式的洗禮，張藝謀已經成為中國電影的一面旗幟。張藝謀導演拍攝的電影不僅好看，他的職業發展歷程也值得大家借鑒。

一、解析：張藝謀的發展歷程

（一）「前半生」——從農民到攝影師和演員

1968年初中畢業後，張藝謀在陝西乾縣農村插隊勞動，後在陝西咸陽國棉八廠當工人。1978年，張藝謀進入北京電影學院攝影系學習。1982年，張藝謀畢業後任廣西電影製片廠攝影師。1984年，張藝謀作為攝影師拍攝了影片《黃土地》，嶄露頭角。1987年，張藝謀主演影片《老井》，頗受好評。

（二）「後半生」——從《紅高粱》到奧運會開閉幕式總導演

1987年，張藝謀導演的一部《紅高粱》，以濃烈的色彩、豪放的風格，頌揚中華民族激揚振奮的民族精神，融敘事與抒情、寫實與寫意於一爐，發揮了電影語言的獨特魅力，廣獲讚譽。正是這部電影，讓張藝謀成功地實現了從演員到導演的轉型，並以一個成功導演的角色進入公眾視野，奠定了張藝謀成功導演的地位。

從此，張藝謀便一發不可收拾，在經過一段藝術片的成功後，他又轉向了商業大片，《英雄》《十面埋伏》《滿城盡帶黃金甲》等一部部商業大片的紅火為他帶來了巨大的聲譽，並最終帶他走到了中國電影旗幟的位置。

2008年北京奧運會，張藝謀又以其獨特的大手筆，面向全世界展示了一部中國的完美「大片」，也使得張藝謀站上了生涯的巔峰。

二、揭秘：張藝謀的成功軌跡

插隊勞動的農民–工人–學生–攝影師–演員–導演，一次次巨大的職業跳躍和轉型才最終造就了一個成功的導演。讓我們共同來探析張藝謀導演的職業規劃過程。

（一）職業準備期

特殊的歷史環境使得年輕時的張藝謀未能上高中就插隊當了農民和工人，很多人像他一樣沒有選擇，但能像他一樣堅持自己夢想的卻不多。終於，在1978年，張藝謀以27歲的「高齡」去學習自己鍾愛的攝影，為自己未來的轉型進行累積。

（二）職業轉型期

重新進入課堂學習後，張藝謀老老實實地當起了攝影，雖然他的志向是導演，但他顯然十分清楚自己要做什麼。這個時候的他仍在學習，不是在課堂上，而是在實踐中學習。

（三）職業衝刺期

在《黃土地》獲獎後，張藝謀有兩個選擇：繼續作為一個已經很成功的攝影師或

者轉型開始當導演。然而，出人意料之外，張藝謀卻做出了其他的選擇——當一名演員，並且也獲得了一定的成功。不過也可以說，這實在是最明智的選擇。要當導演，特別是要想成為較有建樹的導演的話，當然最好能親身體驗過當演員的感受，這樣才能在拍片的時候和演員們夠契合。

（四）職業發展期

《紅高粱》成功以後，張藝謀拍了一段時間的文藝片，在全國大眾都熟悉了他的名字後，張藝謀敏銳地捕捉到了商業片的市場價值，並與中國電影市場的需求相契合。張藝謀開始轉向了商業大片，開始了自己的大片之旅，並一直延續到現在。尤其是借助2008年北京奧運會開閉幕式的無形宣傳，張藝謀導演一時風頭無人能及。

張藝謀導演的成長歷程告訴我們，清晰的職業規劃是成功的保障。

（資料來源：學習張藝謀成功的職業規劃［EB/OL］．（2011-07-08）［2016-11-28］．http://www.360doc.com/content/11/0708/17/395329_132377721.shtml.）

第三節　職業生涯管理

一、組織職業生涯管理的步驟

組織職業生涯管理的目標是幫助員工真正瞭解自己，在權衡組織本身內外環境的優勢與劣勢、限制等基礎上，為員工設計出合理且可行的職業生涯發展目標，在協助員工實現個人目標的同時，實現組織目標。

（一）對員工進行分析與定位

組織應幫助員工進行比較明確的自我評估，對員工所處的相關環境進行深層次的分析，並根據員工自身特點設計相應的職業發展方向和目標。這一階段的主要任務是開展員工個人評估、組織對員工進行評估和環境分析三項工作。

1. 員工個人評估

職業生涯規劃始於員工對自己的能力、興趣、職業生涯需要及目標的評估。員工的自我評估便是進行自我暴露和剖析，其重點在於分析自己的條件，特別是性格、興趣、特長與需求等。其中，性格是職業選擇的前提，不同的工作需要不同性格的人；興趣是工作的動力和最好的老師，如果工作與興趣相匹配，那麼工作則是一種享受；特長是自己的能力與潛力，興趣本身並不等於特長；需求是自己的職業價值觀，弄清自己究竟要從職業中獲得什麼。

員工自我評估是組織職業生涯管理的基礎，組織為員工提供指導，如提供問卷、量表等，以便員工能夠更容易地對自己進行評估。有的企業根據企業的實際情況，為員工制定了專門的個人評估手冊。

2. 組織對員工進行評估

組織對員工進行評估主要是為了確定員工的職業生涯目標是否現實。通常，組織可以借助如下四種渠道來對員工進行評估：

（1）利用招聘甄選時獲得的信息進行評估，包括能力測試、興趣愛好、受教育情

況、工作經歷等。

（2）利用當前的工作狀況，包括績效考核結果、晉升記錄、加薪情況、參與的各種培訓等。

（3）利用員工個人評估結果。

（4）利用評估中心技術或構建自己的評估中心，幫助確定組織員工可能的發展道路，同時幫助員工知道自己的優勢與劣勢，以便更好地設定自己的職業發展目標。

3. 環境分析

人的本質在於其社會性，人是社會的人，生活在一個特定的組織環境中。環境為每個人提供了活動空間、發展條件和成功機遇。社會的快速變遷、科技的高速發展、市場的競爭加劇，對員工的發展產生了巨大的影響。環境分析通過對社會環境、經濟環境、組織環境等有關問題的分析與討論，弄清環境對職業發展的作用、影響及要求，以便更好地進行職業選擇與職業規劃。

(二) 幫助員工確立職業生涯目標

目標對行為起到一種導向作用。職業發展必須有明確的方向與目標，目標的選擇是職業發展的關鍵。幫助員工確定職業生涯目標主要包括職業的選擇和職業生涯路線的選擇。職業的選擇是事業發展的起點，選擇正確與否直接關係到事業的成敗，組織應該開展必要的職業指導活動，通過對人員的分析與對崗位的分析，幫助員工選擇合適的崗位，實現人事匹配。職業生涯路線是指員工選定職業後，從什麼樣的方向實現自己的職業發展目標，是向專業技術方向發展還是向管理方向發展。職業生涯路線的選擇是組織通過對職業生涯路線選擇要素進行分析，幫助員工確定職業生涯路線，並畫出職業生涯路線圖。

(三) 幫助員工制定職業生涯策略

職業生涯策略是指為了爭取職業目標的實現而積極採取的各種行動和措施。職業生涯策略包括參加公司的各類人力資源開發與培訓活動，構建人際關係網路；參加業餘時間的課程學習，掌握額外的技能與知識；平衡職業目標、生活目標與家庭目標。

在人生的不同年齡階段，員工的志趣、價值取向等會有所轉變，組織應該根據員工的不同情況採取不同的職業生涯策略。鑒於年輕人喜歡不斷地進行自我探索，尋找適合自己發展的道路，可以向新加入組織的年輕人提供富於挑戰性的工作。鑒於中年人對家庭、工作保障及社會地位等考慮更多，可以考慮在績效考核的基礎上，提拔他們；為彌補職位空缺不足的缺憾，可以安排他們對年輕員工進行傳、幫、帶，使他們認識到自己的重要性；鼓勵或資助他們經常「充電」，防止知識老化，使其掌握更多的工作技能，增強他們的就業保障感。對已有一定地位但不可能繼續晉升的員工，可以通過工作輪換來提高他們的活動興趣。對即將退休的員工，可以為他們創造一些機會或提供一些條件來培養他們對有益於身心健康的娛樂活動的興趣，營造一個充滿人情味的組織氛圍，從而使組織獲得員工的「忠誠」。

(四) 進行組織職業生涯評估與修正

職業生涯規劃的本質仍然是一種計劃，是基於過去與現在的事實以及對未來的預測基礎之上，對未來職業生涯的謀劃。但是未來是不確定的，比如經濟不景氣、企業

遇到經營危機、企業經營業務轉變、員工個人條件變化或志向改變等。因此，必須在職業規劃實施一段時間後，有意識地回顧員工的工作表現，檢驗員工的職業定位與職業方向是否合適。在進行組織職業生涯評估與修正的過程中評估現有的職業生涯規劃，組織可以修正對員工的認知與判斷，通過反饋與修正，糾正最終職業目標與分階段職業目標的偏差，增強員工實現目標的信心。

二、組織職業生涯管理的方法

(一) 舉辦職業生涯研討會

職業生涯研討會是一種有計劃的學習和練習活動，一般是由人力資源管理部門統一組織。組織一般希望通過這種活動的安排，讓員工主動參與，包括自我評估和環境評估、與成功人士進行交流和研討、進行適當的練習活動，從而幫助員工制定職業生涯規劃，即選定職業方向，確立個人職業目標，制定職業生涯發展路徑。國外的很多實踐都證明，企業通過為員工舉辦職業生涯研討會，可以大大提高員工參與職業生涯管理的比率，提高職業生涯管理的效率和效果。因此，定期舉辦職業生涯討論會是職業生涯管理的重要內容和形式之一。

(二) 填寫職業生涯計劃表

職業生涯計劃表，如表 6-1 所示，其中包含的內容，一般可以粗略地劃分為以下三個方面：

1. 職業

職業是典型的職業生涯計劃的內容之一。對於絕大多數人來說，往往只選擇一種職業，但也有的人可以選擇兩種或兩種以上的職業，從事兼職。處於探索階段的年輕人可以先不忙著進行職業選擇，其職業生涯計劃中可先缺失職業這一項。

2. 職業生涯目標

在選定的職業領域要取得的成績或高度便為職業生涯目標。其中，最高目標可以稱為人生目標，在邁向人生目標過程中可以設定階段性目標。

3. 職業生涯通道

一般來說，組織有四種職業生涯通道模式：傳統職業通道、行為職業通道、橫向職業通道、雙重職業通道以及多重職業通道。職業通道是組織中職業晉升和職業發展的路線，是員工實現職業理想和獲得滿意工作，達到職業生涯目標的路徑。

(1) 傳統職業通道。傳統職業通道是員工在組織中從一個特定的職位到下一個職位縱向向上發展的一條路徑。這種模式將員工的發展限制於一個職能部門內或一個單位內，通常是由員工在組織中的工作年限來決定員工的職業地位。

傳統職業通道的最大優點是清晰明確、直線向前，員工知道自己向前發展的特定工作職位序列。傳統職業通道有一個很大的缺陷，就是它是基於組織過去對成員的需求而設計的，實際上隨著組織的發展、技術的進步、外部環境的變遷、企業戰略的改變都會影響企業的組織流程和組織結構，會影響組織對人力資源的需求，原有職業需求已不再適應企業發展的需求。

表 6-1　　　　　　　　　　　　員工職業生涯規劃表

填表日期：　　　　　　　　　　　　　　　　填表人：

姓名：		出生日期：		入職日期：	
部門：			崗位名稱：		
教育狀況	最高學歷：		畢業時間：		
	畢業學校：		所學專業：		
	已涉足的主要領域：				
職業生涯目標	短期目標（1~3 年）				
	中期目標（3~5 年）				
	長期目標（5 年以上）				
收入目標	短期收入目標（1~3 年）				
	中期收入目標（3~5 年）				
	長期收入目標（5 年以上）				
達到短期目標所需的知識和技能					
需要掌握但目前尚欠缺的知識和技能				所需培訓的課程名稱	
需要公司提供的非培訓方面的支持					
職業發展輔導人意見					
簽章：　　　　　　　　日期：					
部門負責人意見					
簽章：　　　　　　　　日期：					

填寫指導：

1. 本表對照員工職業生涯規劃調查表，經員工本人、其職業發展輔導人和部門負責人充分溝通後填寫。

2. 每年進行職業生涯規劃總結後，如果內容有更改，則本表需及時修正。

（2）行為職業通道。行為職業通道是一種建立在對各個工作崗位上的行為需求分析基礎上的職業發展通道設計。行為職業通道要求組織首先進行工作分析來確定各個崗位上的職業行為需要，然後將具有相同職業行為需要的工作崗位化為一族（這裡的族，是指對員工素質及技能要求基本一致的工作崗位的集合），然後以族為單位進行職業生涯設計。員工可以在族內進行職業流動。

對員工來講，這種職業發展設計首先為員工帶來了更多的職業發展機會，尤其是當員工所在部門的職業發展機會較少時，員工可以轉換到一個新的工作領域中，開始新的職業生涯。這種職業發展設計也便於員工找到真正適合自己的工作，找到與自己興趣相符的工作，實現自己的職業目標。對組織來講，這種職業發展設計增加了組織的應變性。當組織戰略發生轉移或環境發生變化時，能夠順利實現人員轉崗安排，保持整個組織的穩定性。

（3）橫向職業通道。前兩種職業途徑都被視為組織成員向較高管理層的升遷之路，但組織內並沒有足夠多的高層職位為每個員工都提供升遷的機會，而長期從事同一項工作會使人倍感枯燥乏味，影響員工的工作效率。因此，組織也常採取橫向調動來使員工的工作具有多樣性，使員工煥發新的活力。雖然沒有加薪或晉升，但是員工可以增加自己對組織的價值。

按照這種思想所制定的組織職業通道就是橫向職業通道，它進一步打破了行為職業通道設計對員工行為和技能要求的限制和約束，實現了員工在組織內更加自由的活動。這種設計一般也是建立在工作行為需求分析基礎之上的。

（4）雙重職業通道。傳統的職業通道是組織中向較高管理層的升遷之路，而雙重職業通道主要用來解決某一領域中具有專業技能、並不期望或不適合通過正常升遷程序調到管理部門的員工的職業發展問題。這一職業通道設計的思路是專業技術人員不是被提拔到管理崗位上，而是體現在報酬的變更和地位的提升上，並且處於同一崗位上不同級別的專業人員的報酬是可比的。

雙重職業通道有利於激勵在工程、技術、財務、市場等領域中有突出貢獻的員工。實現雙重職業通道能夠保證組織既聘請到具有高技能的管理者，又雇傭到具有高技能的專業技術人員。專業技術人員實現個人職業生涯發展可以不必走從管理層晉升的道路，避免了從優秀的技術專家中培養出不稱職的管理者這種現象。這無疑有助於專業技術人員在專業方面取得更大的成績。

（5）多重職業通道。由於雙階梯模式對專業技術人員職業生涯發展階梯的定義過於狹窄，因此如果將一個技術階梯分成多個技術軌道，雙階梯職業生涯發展模式也就變成了多階梯職業生涯發展模式。例如，美國一家化工廠將技術軌道分三種：研究軌道、技術服務和開發軌道、工藝工程軌道。深圳某高技術公司將技術人員的職業發展軌道分成六種：軟件軌道、系統軌道、硬件軌道、測試軌道、工藝軌道與管理軌道，不同的軌道又分成 8~10 種不同的等級。

閱讀案例 6-5

華為公司的職業通道設計

要鼓勵員工不斷提高職業技能，首先要讓他們明確知道自己職業發展的上行通道。

華為公司在借鑑英國模式的基礎上，設計了著名的五級雙通道模式。

華為公司先梳理出管理和專業兩個基本通道，再按照職位劃分的原則，將專業通道進行細分，衍生出技術、行銷、服務與支持、採購、生產、財務、人力資源等子通道。這些專業通道的縱向再劃分出五個職業能力等級階梯。例如，技術通道就由助理工程師、工程師、高級工程師、技術專家、資深技術專家五大臺階構成，而管理通道是從三級開始，分為監督者（三級）、管理者（四級）和領導者（五級）。

在這個多通道模型中，每個員工至少擁有兩條職業發展通道。以技術人員為例，在獲得二級技術資格之後，根據自身特長和意願，既可以選擇管理通道發展，也可以選擇技術通道發展。由於兩條通道的資格要求不同，如果技術特點突出，但領導或管理能力相對欠缺的話，就可以選擇在技術通道上繼續發展，一旦成長為資深技術專家，即使不擔任管理職位，也可以享受公司副總裁級的薪酬與職業地位，企業也得以充分保留一批具有豐富經驗的技術人才。很多員工還可以選擇兩個通道分別進行認證，企業採取「就高不就低」的原則來確定員工的職等待遇。

作為一名技術部門的管理者，一旦失去管理職位後，憑藉其相應的技術等級資格，可以再轉回到技術通道上發展，這就解決了管理隊伍新老接替中「下崗幹部」無法安置的問題。

為了大致區分棋力的高下，圍棋運動中將職業選手和非職業選手分為若干個段位。通過職業發展通道設計、職業能力等級標準制定和職業等級認證三個方面的製度設計，企業中不同類型的員工，也可以擁有自己的職業「段位」以及不斷提升「段位」的機會。

（三）編制職業生涯手冊

通過職業生涯討論會，絕大多數員工在職業生涯計劃的制訂中都不會有多大困難，但仍然會有部分員工可能會有某些不是非常明白的地方。此外，更常見的情況是，在職業生涯發展中，員工需要不斷得到書面指導，以解決許多自我職業生涯發展中遇到的問題，或者反思職業生涯設計，進而職業修改生涯計劃。因此，一本隨手可得的職業生涯設計與職業生涯發展參考書——職業生涯手冊是十分必要的。

職業生涯討論會和職業生涯手冊都是職業生涯管理的有效手段，兩者相輔相成。職業生涯討論會依靠集中活動，創造出一個教學環境和會議式環境，從而可以使員工在短時間內強烈地感受到有關知識和方法的衝擊，形成特定氛圍，有助於員工迅速形成職業生涯規劃。職業生涯手冊則作為一個常備指導工具，經常性地幫助員工進行職業生涯反思，進而能夠自己解決職業生涯計劃不同階段出現的問題，對職業生涯發展中發生的衝突做出協調和重新設計。

在員工的職業生涯發展過程中，有些員工僅僅依靠職業生涯手冊可能仍不能解決他們的所有問題，此時就需要具體的人員作為諮詢專家來解答他們提出的各種職業生涯問題，指導他們揚長避短，實現職業生涯計劃。

（四）開展職業生涯諮詢

員工在職業生涯規劃和職業生涯發展過程中，會不斷產生一些職業生涯方面的困惑和問題，需要管理人員或資深人員為其進行問題的診斷，並提供諮詢。

職業生涯諮詢可以是正式的也可以是非正式的。事實上，中層和高層的經理、技術專家以及其他成功人士都可以自願對有進取心的員工的職業生涯規劃提出忠告和建議，解釋員工們提出的各種問題。

第四節　職業生涯規劃實務

一、職業生涯規劃模板

（一）自我評估

  （1）自身性格特點分析。
  （2）自我性格認知。
  （3）興趣愛好分析。
  （4）職業興趣分析。
  （5）職業能力分析。
  （6）工作中的優勢與劣勢。
  （7）自我認知小結。

（二）環境分析

  （1）社會環境分析。
  （2）學校環境分析。
  （3）家庭環境分析。
  （4）環境分析小結。

（三）職業定位

  （1）畢業求職意向分析。
  （2）就業形勢思考。
  （3）人生整體規劃。

（四）職業目標及生涯規劃

  （1）職業目標總原則。
  （2）職業生涯總規劃。
  （3）職業生涯準備期。
  （4）職業生涯實踐期。

（五）職業生涯規劃調整

  （1）調整環境背景。
  （2）調整原則。
  （3）備用方案。
  （4）調整方案小結。

二、某大學生職業生涯規劃範例

(一) 自我評估

本人於 2013 年 9 月考入××學院,將在 2017 年 7 月畢業。本人為人誠懇、性格溫和,有主見,富有創造能力,積極進取;喜歡能讓自己靜下心來的工作環境和工作;喜歡一切有關計算機方面的知識。結合所學專業及課程,本人希望從事自動化、電子、電氣設備以及計算機控制系統設計、協調、運行等相關領域的職業。

(二) 環境分析

環境分析如表 6-2 所示。

表 6-2　　　　　　　　　　　環境分析

優勢（Strengths）	劣勢（Weakness）
1. 做事比較認真、踏實,有濃厚的學習興趣和一定的實力,尤其在計算機方面有著濃厚的興趣	1. 性格較內向,並不善於與人交往和溝通
2. 樂觀積極的生活態度,善於發現事物和環境樂觀積極的一面	2. 辦事不夠細膩,有時考慮問題不全面
3. 富有極強的責任心、愛心,並且喜歡做相關的工作	3. 做事不夠果斷,尤其事前做決定的時候老是猶豫不決
4. 對一切問題有尋根究底的興趣,一定要將事情想清楚,並喜歡思考問題,有一定的分析能力	4. 組織能力和管理人員的能力和經驗欠缺
5. 有較強的競爭意識,能充分主動地利用環境資源,即與環境的交互能力強	5. 做事有時拖拉,不夠雷厲風行
6. 有一定的書面表達能力,邏輯思維性和條理性較強	6. 工作、學習有些保守,冒險精神不夠,沒有結合長遠目標,並且創新能力有待提高
機會（Opportunities）	威脅（Threats）
1. 改革開放 30 多年來,中國的經濟飛速發展,國家發展的同時對人才的需求也大為增長,因此我對大學生的就業前景是樂觀的	1. 距離畢業還有不到一年的時間,而找工作的時間則更緊迫,並且找工作的時候並不是用人單位用人高峰期,就業的機會不是很多
2. 加入世貿組織後,中國面臨的國際化形勢給個人也提供了更多的機會,可以在更寬廣的舞臺上展現個人優勢	2. 國際化的環境同時也意味著國際範圍的競爭和挑戰,對個人素質要求也就更高了
3. 在學校還有很多的學習機會,身邊有很多優秀的同學和朋友,有很多向他們學習的機會,並且有構建良好的人際關係的條件	3. 公司及用人單位對畢業生的要求提高,更需要有經驗的人才,而剛畢業的我沒有任何工作和實踐的經驗
4. 就專業知識方面來說,現在是一個訊息爆炸的時代,各種管道獲得的各種類型的訊息浩如煙海,對很多人來說,海量的訊息只會讓他們感到無所適從,而這也就產生了對於訊息進行組織和管理使之有序化的需求,因此從大的環境來說,這個專業方向是很有發展前景的	4. 當今比我優秀的人才很多,而機會不一定是均等的,這時就不單單是知識的比拼,更是對個人發現機會、展示自己並把握機會能力的考驗

(三) 未來 5 年職業生涯的目標

1. 探索階段：學生

這個階段的主要目標是發現興趣，學習知識，開發工作所需的技能，同時也發展價值觀、動機和抱負。

2. 進入階段：應聘者

這個階段的主要目標是進入職業市場，得到工作，成為單位的新雇員，從事自動化、電子、電氣設備以及計算機控制系統設計、協調、運行等相關領域的職業。

3. 新手階段：實習生、資淺人員

這個階段的主要目標是瞭解單位，熟悉操作流程，接受組織文化，學會與人相處，並且承擔責任，發展和展示技能與專長，迎接工作的挑戰性，在某個領域形成技能，開發創造力和革新精神。

4. 發展階段：任職者、主管

個人績效可能提高、可能不變、可能降低。這個階段的主要目標是選定一項專業或進入管理部門，力爭成為專家或職業經理；或是轉入需要新技能的新工作，開發更廣闊的工作視野。

(四) 未來 5 年內的行動計劃

1. 探索階段：學生

加強適應職業要求的專業素質，提高英語能力。多學習有關計算機和電子方面的專業知識，提高自己的專業素養和培養對該行業的濃厚興趣。

2. 進入階段：應聘者

積極參加各種招聘活動和各企業的宣講會，製作一份精美的簡歷，為各種招聘活動進行充分的準備，以便找到一份既能跟個人愛好結合，又能有比較滿意的薪酬的工作。

3. 新手階段：實習生、資淺人員

要學會自己做事，被同事接受，學會面對失敗、處理混亂和競爭、處理工作中的衝突，自主學習。根據自身的才干和價值觀與組織中的機會和約束進行評估，如果不合適，可以重新評估選擇，決定去留。

4. 發展階段：任職者、主管

個人績效可能提高、可能不變、可能降低。要保持競爭力，繼續學習，提高個人績效或是技術更新、培訓和指導的能力。此時必須承擔更大的責任，確認自己的地位，開發長期的職業計劃，尋求家庭與事業間的平衡。

(五) 評估與調整

職業生涯規劃是一個動態的過程，未來是未知的，與時俱進地進行調整是職業生涯規劃的必然要求。事情不會一成不變，我會對自己的規劃進行適時的調整，並每半年做一次自我評估，評估的內容包括：第一，職業目標評估（是否需要重新選擇職業）。假如一直順利，那麼我將繼續前進。第二，職業路徑評估（是否需要調整發展方向）。當出現意外的時候，我會認真考慮適時調整，按照實際情況做出職業目標和職業定位的重新確定。

【本章小結】

　　每個組織都有自己的經營目標，但目標能否實現取決於內部人力資源的發揮。組織最大限度地利用員工的能力，並且為每一位員工提供一個不斷成長、挖掘個人潛能和建立職業成功的機會。也正是在這樣一個漸進的過程中，組織和個人實現了「雙贏」——組織從能力很強且具有高度獻身精神的員工那裡得到了績效上的改善，而員工從自身能力提高及績效改善中獲得了更大的成就。因此，組織協調員工做好職業生涯規劃顯得尤為重要。

　　本章主要講述了職業生涯規劃的有關概念，包括職業生涯、職業生涯規劃、職業生涯管理等，重點介紹了職業生涯規劃的內容和步驟以及組織職業生涯管理的工作步驟和方法。

【簡答題】

1. 什麼是職業生涯？影響職業生涯的因素有哪些？
2. 什麼是職業生涯規劃？職業生涯規劃有何重要作用？
3. 職業生涯規劃主要有哪幾個階段？
4. 如何進行職業生涯規劃？
5. 什麼叫職業生涯通道？有哪幾種形式？
6. 如何進行職業生涯管理？

【案例分析題】

彎路之後才找到真正的路

　　張梅是經濟學本科畢業，她的工作背景並不複雜。張梅畢業後便留校當了兩年經濟學專業的教師，可是她卻對那種論資排輩兒的形式十分反感，而且她也覺得自己並不適合在教育領域發展。之後張梅便跳槽到一家國有風險投資公司，主要負責客戶投資顧問及產品銷售業務，業績十分亮眼。四年後因為家庭原因，張梅來到了北京，通過朋友介紹進入一家國有證券公司任職，除了負責以前的工作，她還負責部門內部的管理工作。這樣的工作一直持續到現在。

　　國企的穩定性使張梅從根本上喪失了晉升的慾望和念頭，甚至已經有近兩年的時間失去了對工作的興趣和激情，而且薪資根本就沒有什麼大的提升。許多同事早已跳槽，過得也都還不錯，薪資也是張梅的兩三倍，張梅覺得以自己的能力和資歷絕不應該只拿這點錢。周圍也有一些公司在向張梅示意，但除了薪資稍稍提高之外，工作內容並無大的改變。由於那些公司的規模比現在的公司的規模小，工作性質也沒有什麼質變，張梅拒絕了。張梅也趁著年關試探性地投出20多份簡歷，近兩個月了都杳無音信。

　　張梅也想過跳槽，但是已經35歲的她對於自己還能否經受得起職場的大風大浪的考驗時，就顯得毫無信心。沒有發展的困惑和尋求發展的理想以及害怕風險的本能使張梅

感到職業發展前景一片渺茫，極大地磨滅了她尋求發展的信心。帶著種種困惑，張梅找到了職業顧問，希望能夠讓自己跳槽的風險減到最低，獲得最大的利益和職業生涯的發展。

　　她對自己做了優勢分析：目標職業的任職要求是本科以上學歷，3年以上證券諮詢服務、管理經驗，有較深厚的專業分析背景和良好的溝通能力，具有團隊合作精神，勇於創新，有證券投資分析執業證書等。張梅具備的資歷包括具有財務、經濟專業本科學位，8年的證券行業業務管理經驗；具有財務分析和市場行銷的經驗和能力，熟知客戶服務、客戶的開發和維護、證券交易、證券分析、資金運作、財務分析、市場信息管理等；具有證券經紀的從業資格和職業資格證書；參加過證券投資諮詢及經紀人業務的培訓。

　　為了能夠讓張梅快速進入發展跑道，職業顧問通過專業的分析系統，結合豐富的企業信息和行業信息資源，全程支持張梅去獲取這個具有挑戰性的機會。經過崗位搜索、企業篩選、信息過濾、技術支持等專業環節，張梅投出了10份簡歷就收到6個面試機會。在職業顧問極具針對性的面試輔導的幫助以及自身積極努力下，張梅一共得到了3個具有競爭力的崗位進行選擇。和職業顧問深入溝通和討論後，張梅選擇了各方面都更令人滿意的那個崗位。

　　在決定跳槽以謀求加薪、晉升的時候，首先要考慮的不是目標工作的薪水是否高、職務是否有晉升、公司規模是否比現在的公司規模大等因素，而是應該明確自己適合做什麼、自己能夠做什麼以及自己想要做什麼。如果不明確這三點的話，即使拿到高薪、高職務，也如曇花一現，稍縱即逝，一旦行業回調，公司變動，自己必然失去方向，競爭力的不足必將增加風險。

　　事實上，我們需要的是確保每一步的事業發展都少走彎路，在最短的時間內充分調動、挖掘自己的職業競爭力，以最快的速度完成職業目標。

　　思考題：

　　1. 張梅的故事說明一個人若能夠盡早地規劃自己的職業生涯，不僅不用擔心行業回調的可能性，甚至無論行業發展是高潮還是低谷，他們都能夠處亂不驚，從容應對。因此，我們該如何規劃自己的職業生涯呢？

　　2. 規劃職業生涯之後，我們又該如何準備適時出擊呢？

【實際操作訓練】

　　實訓項目：個人職業生涯規劃。

　　實訓目的：在學習理論知識的基礎上，通過實訓，能進一步掌握職業生涯規劃與管理的步驟與方法，能夠結合自己的情況制定合理的職業生涯規劃。

　　實訓內容：

　　1. 進行自我評估。

　　2. 進行環境分析。

　　3. 在此基礎上，確定職業目標及定位。

　　4. 進行職業生涯規劃。

　　5. 職業生涯規劃評估與調整。

第七章　績效管理

開篇案例

唐僧的問題

有這樣一則笑話：話說唐僧團隊乘坐飛機去旅遊，途中，飛機出現故障，需要跳傘，不巧的是，四個人只有三把降落傘，為了做到公平，師傅唐僧對各個徒弟進行了考核，考核過關就可以得到一把降落傘，考核失敗，就自己跳下去。

於是，唐僧問孫悟空：「悟空，天上有幾個太陽？」孫悟空不假思索地答道：「一個。」唐僧說：「好，答對了，給你一把傘。」唐僧接著又問沙僧，「天上有幾個月亮？」沙僧答道：「一個。」唐僧說：「好，也對了，給你一把傘。」豬八戒一看，心理暗喜：「哈哈，這麼簡單，我也行。」於是，豬八戒摩拳擦掌，等待唐僧出題，唐僧的題目出來，豬八戒卻跳下去了。為什麼豬八戒毫不猶豫地跳下去了呢？因為唐僧的問題是：「天上有多少星星？」豬八戒當時就傻了，直接就跳下去了。

過了些日子，師徒四人又乘坐飛機旅遊，結果途中飛機又出現了故障，同樣只有三把傘，唐僧如法炮製，再次出題考大家，先問孫悟空：「新中國是哪一年成立的？」孫悟空答道：「1949 年 10 月 1 日。」唐僧說：「好，給你一把。」唐僧又問沙僧：「中國的人口有多少？」沙僧說：「13 億人。」唐僧說：「好的，答對了。」沙僧也得到了一把傘。輪到豬八戒，唐僧的問題是：「13 億人口的名字分別叫什麼？」豬八戒當場暈倒，又一次以自由落體結束履行。

第三次旅遊的時候，飛機再一次出現故障，這時候豬八戒說：「師傅，你別問了，我跳。」然後，豬八戒縱身一跳。唐僧雙手合十，說：「這次有四把傘。」

（資料來源：張從忠. 豬八戒的三道考試題［EB/OL］.（2012-05-07）［2016-11-10］. http://chinahrd.net/forum.php?mod=viewthread&tid=620729.）

問題與思考：

1. 這個故事說明了什麼樣的管理問題？
2. 為什麼豬八戒連最後的問題沒有聽就跳下去了？

第一節　績效與績效管理

績效是企業經營者最為關心的問題之一，也是所有員工都特別關心的一個話題。績效不僅關係著組織成員的前途，也影響著企業的發展和命運。隨著信息時代的到來，

人力資源的開發和利用在企業中起著越來越重要的作用。績效管理也日益成為組織人力資源管理的重要手段,是幫助企業維持和提高生產力,實現企業戰略任務和目標最有效的手段之一。

一、績效的含義與特點

(一) 績效的含義

在企業中,我們常常聽到這樣的抱怨:

生產工人:「人力資源部門的那幫人整天只知道拿績效考核來管我們,我們干著最累的活,他們卻坐在辦公室裡吹空調,還拿著和我們差不多的工資。不公平!」

人事專員:「那些工人的工作就是在生產線上每天做重複的事情,多麼簡單,哪像我,整天要跑多個部門,記考勤,查檔案,還要看人臉色,做各種雜七雜八的活,什麼都要會,工資還那麼少。不公平!」

為什麼不同崗位的員工,對彼此的工作都會有抱怨呢?關鍵還是對績效的理解不一樣。

績效的英文是「Performance」。在《韋氏辭典》中,績效是指完成、執行的行為,完成某項任務或達到某個目標,通常是有功能性或有效能的。對於企業而言,由於組織結構的層次性,績效也呈現出多樣性。管理學認為,績效可分為組織績效和員工績效。組織績效是指某一時期內組織任務完成的數量、質量、效率等狀況;員工績效是指員工在某一時期的工作結果、工作行為和工作態度的總和。從系統的觀點來講,組織績效和員工績效緊密相關。

對於績效的含義,不同的學者提出了不同的理解,總結起來,主要有三種解釋,即績效產出說、績效行為說、績效綜合說。

1. 績效產出說

這是一種傳統的觀點,績效產出說認為,績效是員工行為的結果,是員工工作過程的產出。這是早期人們對績效的理解,支持這個觀點的學者有伯納丁和凱恩等人。

伯納丁認為,績效應該定義為工作的結果,因為這些工作結果與組織的戰略目標、顧客滿意感以及所投資金最為密切。凱恩認為,績效是一個人留下的東西,這種東西與目的相對獨立存在。

績效產出說的提出最早是以一線生產工人和體力勞動者為研究對象的。績效產出說認為,績效是工作所達到的結果。實際上,企業中常用的關鍵業績指標(KPI)、目標管理(MBO)等考核方法就是以結果為導向的績效考核。

2. 績效行為說

隨著人們對績效研究的不斷深入,近幾十年,很多人發現,「產量」和「結果」不能完全代表績效,或者說不能很好地代表績效,於是產生了績效行為論。支持這種觀點的學者主要有墨菲、坎貝爾等。

墨菲認為,績效是與一個人與其工作的組織或組織單位的目標有關的一組行為。坎貝爾認為,績效是行為,應該與結果區分開,因為結果會受系統因素的影響。

績效行為說認為,績效不是行為的後果,而是行為本身。該觀點認為,績效不是工作成績或目標的觀點的依據如下:

（1）許多工作結果並不一定是個體行為所致，可能會受到與工作無關的其他影響因素的影響。

（2）員工在工作中的表現不一定都與工作任務有關。

（3）過分關注結果會導致忽視重要的過程和人際因素，不適當地強調結果會在工作中採取錯誤的方法要求員工。

3. 績效綜合說

越來越多的管理實踐發現，績效應該採用比較寬泛的概念。無論是結果還是行為，它們都構成了績效的一部分。績效綜合說認為，績效是產出和行為的綜合。績效作為產出，即行為的結果，是評估行為有效性的重要方法。但是行為會受到內外環境的影響，致使結果發生偏差。績效綜合說的代表學者有奧利安、萊恩斯。

綜合以上觀點，本書認為，績效指的是產出和行為的綜合。這些產出和行為指的是組織、部門或員工控制下的，與工作目標相關的行為及其產出。行為旨在促進產出的合理實現，產出旨在形成目標導向，二者不可偏廢。

(二) 績效的特點

1. 多因性

績效的多因性是指員工績效的好壞受到了多種因素的影響，這些因素主要包括技能、激勵、環境和機會四個方面。其中，技能和激勵是內因，環境和機會是外因。績效與影響績效的因素之間的關係公式如下：

$$P=f(S, O, M, E)$$

其中，P 指績效，O 指機會，S 指員工自身所具備的技能，M 指工作過程中受到的激勵，E 指環境。

2. 多維性

多維性是指員工的績效往往是體現在多個方面的，工作結果和工作過程都屬於考核的範疇。我們一般從工作業績、工作能力和工作態度三個維度來評價員工的績效。

3. 動態性

動態性是指績效會發生變動，這種動態性就決定了績效的時限性，員工在不同的考評週期呈現出的表現和成績是有所變化的。績效往往是針對某一特定時期而言的。

二、績效管理的內涵及原則

(一) 績效管理的內涵

績效管理始於績效評估。績效評估有著悠久的歷史，根據等德里斯（Deris）等人的考證，在公元 3 世紀，中國就已經開始應用正式的績效評估。在西方工業領域，羅伯特·歐文斯最先於 19 世紀初將績效評估引入蘇格蘭。美國軍方於 1814 年開始採用績效評估，美國聯邦政府則於 1842 年開始對政府公務員進行績效評估。

隨著經濟與管理水平的發展，越來越多的管理者和研究者意識到績效評估的局限性和不足。績效管理正是在對傳統績效評估進行改進和發展的基礎上逐漸形成和發展起來的。績效管理的概念最早提出於 20 世紀 70 年代。20 世紀八九十年代，績效管理逐漸成為一個被廣泛認可的人力資源管理的過程。

對於績效管理的理解，西方的管理學者提出了許多不同的觀點。其中有代表性的主要有以下三種：

第一種觀點認為，績效管理是管理組織績效的系統。這種觀點是從對組織績效進行管理的角度來解釋績效管理的，持有這種觀點的代表是英國學者羅杰和布萊德普。這種觀點並不考慮個體因素，即員工受到的技術、結構、作業系統等變革的影響。

第二種觀點認為，績效管理是管理員工績效的系統。這種觀點是從對員工個人績效進行管理的角度來解釋績效管理的，其核心在於將績效管理看成組織對一個人關於工作成績以及其發展潛力的評估和獎懲。

第三種觀點認為，績效管理是綜合管理組織和雇員績效的系統，即組織和人員整合的績效管理。這一觀點強調的重點有兩個。其一是更加強調組織績效，績效管理通過將每個員工或管理者的工作與整個工作單位的宗旨連接在一起，來支持公司或者組織的整體事業目標；其二是更加強調員工績效，績效管理的中心目標是挖掘員工的潛力，提高其績效，並通過將員工的個人目標與企業戰略結合在一起來提高公司的績效。

綜合以上幾種觀點，我們認為績效管理是一個完整的管理過程，是管理者確保員工的工作活動以及工作產出能夠與組織的目標保持一致的過程。績效管理是以目標為導向的，管理者與員工在確定目標與任務要求以及努力方向達成共識的基礎上，形成利益與責任共同體，促進組織與個人努力創造高業績，成功地實現目標的過程。

(二) 績效管理的原則

1. 文化導向原則

完善的績效管理製度可以讓員工明確組織的期望。一個能持續促進企業發展的績效管理製度，必須充分體現企業的目標和文化，使績效管理真正發揮企業文化建設的價值導向作用。績效管理要評價和肯定員工所創造的價值，這種價值評價要能在企業價值創造體系中發揮引導和激勵作用。

2. 目標分解原則

績效管理要以工作崗位分析和崗位實際調查為基礎，以客觀準確的數據資料和各種原始記錄為前提，制定出全面具體、切合實際，並與企業戰略發展目標相一致的考評指標和標註體系。員工越清楚地瞭解他們的任務和目標，績效管理效果就越好。否則，不但會造成考評不公證，還會造成企業部門之間的不平衡，從而影響企業總體目標的實現。

3. 雙向溝通原則

績效管理的實質是通過持續動態的溝通真正改進績效，實現企業的目標，同時促進員工的發展。通過有效的績效溝通，管理者把工作內容、目標以及工作價值觀傳遞給員工，雙方達成充分的共識。考評結束後，管理者要肯定員工的業績，指出不足，為其能力和業績的不斷提高指明方向。如果缺乏這種溝通，管理者與員工將對管理製度產生分歧。

4. 可操作性原則

企業在引進任何一種績效管理工具時，都應該充分考慮其可操作性。績效管理應該有明確的目標，清晰、製度化的操作流程，各層次人員要有清晰的職責分工。沒有可操作性，再完美的績效管理方案也難以實施。

(三) 績效管理與人力資源管理其他職能的關係

由於績效管理在整個人力資源管理職能體系中居於核心的地位，其他職能或多或少都要與它發生聯繫。

1. 與工作分析的關係

工作分析是績效管理的基礎，工作分析的結果是設計績效管理系統的重要依據，借助崗位說明書來設定績效目標，可以讓績效管理工作更有針對性。同時，績效管理又對工作分析起到積極的促進作用，兩者是相輔相成的關係。

2. 與人力資源規劃的關係

績效管理對人力資源規劃的影響主要表現在人力資源管理質量的預測方面，借助於績效管理系統，組織能夠對員工目前的知識和技能水平做出準確地評價，不僅可以為人力資源供給質量的預測提供有效的信息，而且可以為人力資源管理需求質量的預測提供有效的信息。

3. 與招聘錄用的關係

組織通過對員工的績效進行評價，能夠對不同招聘渠道的質量做出比較，從而可以實現對招聘渠道的優化。此外，對員工績效的評價也是檢測甄選錄用系統效度的一個有效手段。招聘錄用也會對績效管理產生影響，如招聘錄用的質量比較高，員工在實際工作中就會表現出良好的績效，這樣就可以大大減輕績效管理的負擔。

4. 與培訓開發的關係

績效評價的結果為培訓開發的需求分析提供了重要信息。人力資源部門可以根據績效評價，不斷改善培訓開發方案。同時，培訓開發是系統化的行為改變過程，可以改善員工的工作績效，實現組織的戰略目標。通過培訓開發可以彌補績效管理中發現的不足，進而重新制定或調整相應的績效評價指標或權重。

5. 與薪酬體系的關係

績效管理是薪酬管理的基礎之一，建立科學的績效管理體系是進行薪酬管理的首要條件。針對員工的績效表現及時給予其不同的薪酬獎勵，能夠合理地引導員工的工作行為，確保組織目標與員工目標的一致性，同時提高員工的積極性，增強激勵效果，促使員工績效不斷提升。

第二節　績效管理的具體流程

績效管理是由一系列活動組成的管理系統，這個系統是按照一定的過程步驟來實施的。一個完整的績效管理系統應當是一個循環的過程，包括績效計劃、績效輔導、績效考核、績效反饋與改進四個階段。每經過一次循環，組織的績效管理系統就能不斷地提升和改進。只有連續不斷的控制才會有連續不斷的反饋，而只有連續不斷的反饋，才能有連續不斷的提升。

一、績效計劃

(一) 績效計劃的含義

績效計劃是績效管理的首要環節，也是績效管理的核心。這個環節的工作質量將決定整個企業的工作是否圍繞企業的目標而進行。如果這個過程沒有做好，後面三個階段就會迷失方向，最終導致整個績效管理工作的失敗。企業的戰略要落地，首先應將戰略分解成具體的任務或目標，落實到各個部門和各個崗位。績效計劃是一個確定組織對員工的績效期望並得到員工認可的過程。績效計劃必須清楚地說明期望員工達到的結果以及為達到結果所期望員工表現出來的行為和技能。

績效計劃包括了三個方面的要素：績效目標、績效標準和實現目標的步驟。

績效目標是管理者在結合組織戰略目標的基礎上，對員工提出的在未來一段時期的具體要求。績效標準是針對特定的職務而言的，是要求員工在工作中應達到的基本要求。

績效計劃具有以下特點：

(1) 績效計劃的主體是管理者與被管理者。
(2) 績效計劃是關於工作目標和標準的契約。
(3) 績效計劃是一個雙向溝通的過程。
(4) 績效計劃特別重視員工的參與和承諾。

(二) 績效計劃的制訂

1. 績效計劃的準備

績效計劃需要通過管理人員和員工的雙向溝通來達成一致，為了取得預期的效果，在制訂計劃前，需要準備必要的信息。這些信息主要包括組織的信息、部門和團隊的信息、個人的信息。

(1) 組織的信息。為了使績效計劃能夠與組織的目標結合在一起，在制訂績效計劃前，管理者與被管理者都需要重新回顧組織目標，保證在進行溝通之前雙方都熟悉了組織的目標。

(2) 部門和團隊的信息。每個部門和團隊的目標都是根據組織的整體目標分解下來的。不僅是組織的經營型指標可以分解到生產、銷售等部門，對於業務支持性的部門，其工作目標也必須與組織的經營目標緊密相連。

(3) 個人的信息。員工個人的信息主要包括兩個方面，一是所在崗位工作描述的信息，二是員工上一個績效期間的績效評估結果。

2. 績效目標的確定

績效目標為組織和個人提供了行動的方向和責任，是對行動的一種承諾。根據目標管理的思想，目標的確定採用層層分解的方式，由企業的總體戰略目標分解確定部門目標，由部門目標分解確定個人或崗位目標。在分解確定目標的過程中，管理人員和員工要保持良好的雙向溝通。管理人員應該鼓勵員工參與討論並提出建議，雙方應就每項工作的目標、行動計劃和所需的支持和資源進行討論並達成一致。在確定績效目標時，還要遵循 SMART 原則，即目標應該是明確具體的、可衡量的、可實現的、相

關的以及有時間期限的。

3. 績效計劃的確認

在目標體系確定後，管理人員和員工還應該就以下問題達成共識：員工在本績效週期內的工作職責是什麼？員工要完成的工作目標及各自權重如何？員工績效的好壞對整個企業或部門有什麼影響？員工在完成工作時具備哪些權力？執行計劃時會遇到什麼困難？管理人員能為員工提供哪些支持和幫助？在績效週期內，管理人員如何與員工進行溝通？

在雙方達成共識後，要形成績效協議書，管理人員和員工都要在協議書上簽字認可。

示例 7-1

銷售經理績效計劃書如表 7-1 所示。

表 7-1　　　　　　　　　　　銷售經理績效計劃書

| 職位：銷售部經理　　　　　任職者簽名　劉振飛　　　　上級管理者簽名 |
| 時間：2015 年 12 月 18 日　　　　　計劃適用於 2015 年 12 月 18 日至 2016 年 12 月 18 日 |

績效目標	具體指標	重要性	衡量標準	指標權重（%）	評估來源
市場拓展情況	增加新客戶；客戶保持率；銷售額	擴大企業的影響力和規模，為企業發展提供流動資金	新客戶數量要達到 30 個；客戶保持率不低於 80%；月銷售額平均同比增長 15%	40	銷售記錄財務部客戶調查
收回應收款項	收回上一年度的欠款；減少壞帳、呆帳	減少企業壞帳、呆帳；將企業的損失降到最低	款項回收率達 100%；對未收回的款項進行定期跟蹤	20	財務部
調整部門內組織結構	新的團隊組織結構	可以使部門不斷保持活力；增加新思想	團隊成員能夠獨當一面；團隊成員間的優勢能夠互補和發揮	20	上級評估下屬評估
銷售費用控制	減少不必要的費用支出	形成一種嚴謹的公司文化；每個員工都從公司的利益出發	銷售費用率控制在 8% 以下	10	財務部
顧客投訴率	建立和顧客的良好關係；及時瞭解客戶需求	這是判斷銷售人員工作能力的重要指標	客戶投訴率在 3% 以內	10	客戶售後部

註：本績效計劃若在實施過程中發生變更，應填寫績效計劃變更表。最終的績效評估以變更後績效計劃為準

二、績效輔導

績效輔導是連接績效計劃與績效考核的中間環節，也是績效管理中耗時最長、最

關鍵的一個環節,是體現管理者管理水平和管理藝術的關鍵所在。這個環節的好壞將直接影響績效管理的成敗。

(一) 績效輔導的含義

所謂績效輔導,是指在績效實施週期內,管理人員對員工完成工作目標的過程進行輔導,幫助員工不斷改進工作方法和技能,及時糾正員工行為與工作目標之間可能出現的偏離,激勵員工的正面行為,並對目標和進展進行跟蹤和修改。在績效計劃制訂之後,員工就要開始按照計劃開展工作。在工作過程中,管理者要對員工的工作進行指導和監督,發現問題要及時解決,並隨時根據實際情況對績效計劃進行調整。

績效輔導是一個持續的績效溝通過程,在這個階段,管理者要對員工的工作表現進行觀察和記錄。

(二) 績效輔導的實施

績效輔導分為三個步驟進行：績效輔導準備、績效輔導溝通、績效輔導追蹤。

1. 績效輔導準備

在溝通之前,管理人員需要做一些準備工作,包括收集相關信息,預測可能出現的問題及相應的處理方法；選擇並確定合適的績效輔導方式、時間、地點；正式通知被輔導者。

輔導面談前,管理者要對員工的績效現狀進行分析,明確員工存在的問題,準備初步的建議構想,可以從以下幾個方面加以考慮：

(1) 組織中是否缺乏標準化的操作程序。
(2) 許多員工是否都存在同樣的績效問題。
(3) 員工是否對工作目標不明確。
(4) 員工對其工作完成情況是否清楚。
(5) 員工過去是否曾經圓滿地完成了工作任務。
(6) 員工是否為這項工作受到過專門的培訓。

2. 績效輔導溝通

準備工作結束後,管理人員要開始正式的面談。在溝通過程中,管理者要與下屬進行充分的討論,共同找出問題所在,並制訂具體有效的行動計劃。由於績效溝通是績效輔導工作的主要內容,因此溝通效果的好壞將決定這一環節的成敗。這就需要管理人員具備一定的溝通技巧,並且選擇有效的溝通方式。績效管理中採用的正式溝通的方式主要有三種：書面報告、一對一溝通、會議溝通。非正式溝通的方式有走動式管理、開放式辦公、工作間歇時的溝通和非正式會議。

3. 績效輔導追蹤

溝通結束後,管理人員要繼續關注改進計劃的執行情況,收集和記錄下屬工作表現的數據,並提供下屬所需要的資源和幫助。

三、績效考核

績效考核是指在一個績效週期結束時,組織選擇相應的考核主體,採用科學的考核方法,收集相關的信息,對員工在特定績效週期內完成績效目標的情況做出分析與

評價的過程。人力資源管理中許多環節的決策、調整和操作，都需要以考核結果作為依據。績效考核的結果關係著員工的切身利益，是員工工作改進及謀求發展的重要途徑。為了確保考核結果的準確、客觀、公正和科學，企業應該注意以下幾個問題：

第一，選取適當的考核方法。考核方法應當視考核內容和對象來確定。

第二，明確考核標準。考核應以崗位職責和工作規範為依據，能量化的盡可能量化，以便測量和記錄。

第三，確保考核的公平與公正。由於考核結果關係到員工的利益和前途，因此員工特別看重。考評人員應按照考核的流程和標準客觀地評價員工的工作表現，避免陷入心理誤區。

績效考核體系的構建包括選擇考評者、設計考評指標及權重、建立考核標準、設置考核週期以及確定考核內容幾個環節。

四、績效反饋與改進

績效反饋是通過考核者與被考核者之間的溝通，就被考核者在考核週期內的績效情況進行面談，在肯定成績的同時，找出工作中的不足並加以改進。績效反饋的目的是為了讓員工瞭解自己在本績效週期內的業績是否達到所定的目標，行為態度是否合格，讓管理者和員工雙方達成對評估結果一致的看法。同時，雙方還要就績效未合格的原因進行共同探討，並制訂績效改進計劃。

閱讀案例 7-1

亨利·法約爾曾做過一個試驗：他挑選了 20 個技術相近的工人，每 10 人一組，在相同條件下，讓兩組同時進行生產。每隔一小時，他會檢查一下工人們的生產情況。

對第一組，法約爾只是記錄下他們各自生產的數量，但不告訴工人們其工作的進度。

對第二組工人，法約爾不但將生產數量記錄下來，而且讓每個工人瞭解其工作的進度。

每次考核完畢，法約爾會在生產速度最快的兩個工人的機器上插上紅旗，在速度居中的四個工人的機器上插上綠旗，在速度最慢的四個工人的機器上插上黃旗。如此一來，每個工人對自己的進度一目了然。

試驗結果是第二組工人的生產效率遠遠高於第一組。

(一) 績效反饋的內容

1. 工作業績

工作業績的綜合完成情況是管理者進行績效面談時最為重要的內容。在面談時管理者應將評估結果及時反饋給下屬，如果下屬對績效評估的結果有異議，則需要和下屬一起回顧上一績效週期的績效計劃和績效標準，並詳細地向下屬介紹績效評估的理由。通過對績效結果的反饋，結合績效達成的經驗，找出績效未能有效達成的原因，為以後更好地完成工作打下基礎。

2. 行為表現

除了績效結果以外，管理者還應關注下屬的行為表現，如工作態度、工作能力等，對工作態度和工作能力的關注可以幫助員工更好地完善自我，提高員工的技能，也有助於幫助員工進行職業生涯規劃。

3. 改進措施

績效考核的最終目的是績效的改進。在面談過程中，針對下屬未能有效完成的績效計劃，管理者應該和下屬一起分析績效不佳的原因，並設法幫助下屬提出具體的績效改進措施。

4. 新的目標

績效面談作為績效管理流程中的最後環節，管理者應在這個環節中根據上一績效週期績效計劃的完成情況，結合下屬新的工作任務，和下屬一起提出下一績效週期中的新的工作目標和工作標準。這實際上是幫助下屬一起制訂新的績效計劃。

(二) 績效反饋面談

績效面談是績效反饋的一種正式溝通方式，是績效反饋的主要形式，有效的績效面談是保證績效反饋順利進行的基礎，是績效反饋發揮作用的保障。

對於員工而言，通過績效面談，員工可以瞭解自身的績效，發揮自身的優勢，改進自身的不足，也可以將企業的期望、目標和價值觀進行傳遞，形成價值創造的傳導和放大。

對於企業而言，通過績效面談，企業可以提高績效考核的透明度，突出以人為本的管理理念和傳播企業文化，增強員工自我管理意識，充分發揮員工的潛力。成功的績效面談在人力資源管理中可以起到雙贏的效果。

在進行績效面談時，管理者要注意以下說話的技巧：

第一，管理者可以用輕鬆簡短的開場白來消除員工的緊張情緒，建立融洽的談話氛圍。

第二，管理者與員工確立平等的溝通關係，有助於雙方溝通的順暢與深入。

第三，在反饋中，語氣要平和，不能摻雜個人情緒，不能引起員工反感。

第四，多使用正面鼓勵或反饋，關注和肯定員工的長處。

第五，要給員工說話的機會，允許他們解釋，發表不同的意見和看法，鼓勵員工參與討論。

第六，提前向員工提供其評估結果，強調客觀事實，特別提請員工注意在目標設計中雙方達成一致的內容承諾等。

(三) 績效改進

績效改進是確認員工工作績效的不足和差距，查明原因，確定並實施有針對性的改進計劃和策略，不斷提高企業員工競爭優勢的過程。績效改進是績效管理的後續應用階段，是連接下一個績效週期制訂計劃目標的關鍵環節。績效改進通常是通過制訂並實施績效改進計劃來實現的。

績效改進計劃的制訂，通常有以下幾個步驟：

1. 確定績效改進要點

對比考核週期內員工的實際工作表現，尋找工作績效的不足和差距，分析不足表現在哪些地方，將此作為改進的要點。

2. 分析差距產生的原因

管理者和員工共同分析績效差距產生的具體原因。

3. 制訂具體的績效改進計劃或方案

制訂績效改進計劃，實際上就是確定具體規劃應該改進什麼、如何去做、由誰來做及何時做的過程。績效改進計劃的內容主要包括四個方面：

（1）員工基本情況、直接上級的基本情況以及該計劃的制訂時間和實施時間。

（2）根據上個績效週期的評估結果和績效反饋的結果，確定該員工在工作中需要改進的方面。

（3）明確需要改進的原因，通常會附上該員工在相應評價指標上的得分情況和評價者對該問題的描述。

（4）明確員工現有的績效水平和經過績效改進後要達到的績效目標。

績效改進計劃制訂後，管理者還應通過績效監控，實現對績效改進計劃實施過程的控制。監督績效改進計劃能否按預期的計劃進行，並根據被評價者在績效改進過程中的實際工作情況，及時修訂和調整不合理的改進計劃。績效改進計劃作為績效計劃的補充，始於上一個績效週期的結束，結束於下一個績效週期的開始。績效改進計劃的完成情況，常常反應在員工前後兩次績效考核結果的比較中。如果員工後一個績效週期的考核結果又明顯提高，說明績效改進計劃發揮了作用。

閱讀案例7-2

聯想集團的考核體系

聯想集團從1984年創業時的11個人、20萬元資金，發展到今天已擁有近萬名員工，成為具有一定規模的貿、工、技一體化的中國民營高科技企業。當一大批優秀的年輕人被聯想集團的外部光環吸引來的時候，人們不妨走入聯想集團內部去看看聯想集團的人力資源管理，尤其是其獨具特色的考核體系。聯想集團的考核體系結構圍繞靜態的職責和動態的目標兩條主線展開，建立起目標與職責協調一致的崗位責任考核體系。

1. 靜態職責分解

靜態職責分解是以職責和目標為兩條主線，建立以工作流程和目標管理為核心，適應新的組織結構和管理模式的大崗位責任體系。

（1）明確公司宗旨，即公司存在的意義和價值。

（2）在公司宗旨之下確立公司的各個主要增值環節、增值流程，比如市場—產品—研發—工程—渠道—銷售等。

（3）確立完成這些增值環節、增值流程需要的組織單元，構造組織結構。例如，產品流程牽頭部門為各事業部的產品部，服務流程牽頭部門為技服部，財務流程牽頭部門為財監部等。

（4）確立部門宗旨，依據公司宗旨和發展戰略並在相應的組織結構下，闡述部門

存在的目的和在組織結構中的確切定位。

2. 確立部門職責

部門職責是指部門為實現其宗旨而應履行的工作責任和應承擔的工作項目,確定了部門在公司增值流程中的工作範圍和職責邊界。宗旨確定部門職責的方面和方向,職責是對宗旨的細化和具體演繹。職責不是具體的工作事項,而是同類工作項目的歸總,一般從以下幾個方面考慮:

(1) 部門在增值流程中所處的業務環節。

(2) 依據穿過該部門的若干業務主線確定部門涉及的主要職責。

(3) 依據與部門相鄰的部門的輸入與輸出關係確定職責邊界、工作模式的改進與創新。

部門職責能起到明確工作職責邊界、減少部門之間工作職責交叉、確定部門崗位設置、制定工作流程的作用。

3. 建立工作流程

工作流程包括工作本身的過程、信息與管理控制的過程。工作流程是在部門內部,在獨立的部門與部門之間、處與處之間,建立職責的聯繫、規章和規範。例如,一臺電腦從開發到最終消費要經過需求調研產品規劃—產品定義—產品開發—測試鑒定—工程轉化—採購—生產準備—生產製造—品質測試—產品運輸—市場準備—代理分銷—用戶服務—信息反饋諸多環節。電腦公司就是通過與這些環節建立同步的、覆蓋各個工作環節的工作流程,並在全員範圍內培訓制定工作流程的方法,為部門協調、運作規範、揭示問題、持續改進、提升效率打下堅實的基礎。

4. 制定崗位職責

在理清了由公司宗旨、部門職責以及部門為履行職責而應遵循的工作流程後,需要將具體職責最終落實到每個崗位上。崗位職責具體明確一個標準崗位應承擔的職責、崗位素質、工作條件、崗位考核等具體規定。崗位職責是以《崗位指導書》的形式出現的。崗位職責來源於部門職責的細化和工作流程的分解。例如,一個部門經理的職責由三部分組成:一是由本人具體完成的職責;二是將一部分職責分解為下屬承擔的職責;三是由本部門牽頭,並由幾個部門共同承擔的職責。

5. 考核評價

設定職責和目標後,聯想集團利用製度化的手段對各層員工進行考核評價。

(1) 定期檢查評議。以幹部考核評價為例,聯想集團幹部每季度要寫對照上月工作目標的述職報告、自我評價和下季度工作計劃。述職報告和下季度工作計劃都要與直接上級商議,雙方認可。

(2) 量化考核、細化到人。例如,電腦公司的綜合考核評價體系分部門業績考核、員工績效考核兩部分。部門業績考核的目的是通過檢查各部門中心工作和主要目標完成情況,加強公司對各部門工作的導向性,增強公司整體團隊意識,促進員工業績與部門業績的有機結合。員工績效考核的目的是使員工瞭解組織目標,將個人表現與組織目標緊密結合,客觀評價員工,建立有效溝通反饋渠道,不斷改進績效,運用考核結果實現有效激勵,幫助組織進行人事決策。

第三節　績效考核的內容與方法

一、績效考核的內容

績效考核是績效管理的重要內容，系統、有效的績效考核體系應該發揮出激勵、控制、培訓和開發人力資源的功能。組織對員工績效考核的內容，體現了對員工的基本要求。績效考核的內容是否科學、合理，將直接影響到績效考核工作的質量。因此，企業在制定績效考核的內容時，既要符合企業的實際情況，又要能夠全面準確地評價員工的工作表現。

一般而言，完整的績效考核的內容應該包括工作業績、工作能力、工作態度和個人品德。

（一）工作業績

工作業績是指員工在特定的時間內所獲得的工作成果或履行職務的結果，具體包括四個方面，即工作數量、工作質量、工作效率、工作改進與創新。工作業績考評就是對組織成員貢獻程度進行衡量，是所有工作關係中最本質的考評，是績效管理的核心內容。管理人員通過業績考評可以掌握員工的價值以及對企業貢獻的大小，員工也希望通過考評業績得到企業的認可。

（二）工作能力

工作能力是員工在工作中表現出來的能力。工作能力和工作業績不一樣，工作業績是外在的，是可以測量和把握的；而工作能力是內在的，難以衡量和比較。這是能力考評的難點。我們不能因為工作能力難以衡量就忽視它，因為能力是客觀存在的，是可以為人所感知和察覺的。工作能力可以通過心理測驗、行為觀察法等人才測評方法進行考核。我們要注意到，績效管理中的能力考評和招聘中的能力測量是不同的，績效管理中的能力考評重在考評員工在工作過程中顯示和發揮出來的履職能力，如員工的判斷預測是否準確、員工和上下級的關係是否融洽等。

（三）工作態度

工作態度是員工在工作過程中表現出來的行為傾向，包括紀律性、積極性、協調性、責任感等。工作態度是工作能力向工作業績轉換的「仲介」，在很大程度上決定了能力向業績的轉換效果。一般情況下，能力越大，業績也會越好，但是工作業績的好壞不僅僅是由能力決定的，如果一個人的能力很強，但是工作不努力、不負責，也不可能有很好的工作業績。

工作態度一般很難用數量來衡量，對於工作態度的考評主要是依靠考核人員的觀察和判斷，因此這類考評指標的主觀性比較強。

（四）個人品德

個人品德是一個人的精神境界、道德品質和思想追求的綜合體現。個人品德決定

了一個人的行為方向、行為強弱和行為方式。個人品德的標準不是一成不變的，不同的時代、行業和層級對個人品德都有不同的標準。

當然，對於組織中不同的崗位、不同層級的人員，績效考核的側重點也會有所區別。例如，對於管理人員來說，考核主要側重於品德、行為方面的指標；對於銷售崗位的員工，考核則側重於業績方面的指標。

二、績效考核的主要方法

績效考核的方法非常多，可以分為控制導向型績效考核方法、行為導向型績效考核方法、特質導向型績效考核方法、戰略導向型績效考核方法和360度評價法。

（一）控制導向型績效考核方法

控制導向型績效考核方法著眼於「干出了什麼」，而不是「干了什麼」。該方法在考核過程中，先為員工設立一個工作結果的標準，然後再將員工的實際工作結果與標準對照。工作標準是衡量工作結果的關鍵，一般應包括工作內容和工作質量兩方面的內容。其考核的重點在於產出和貢獻，而不關心行為和過程。常見的控制導向型績效考核方法有比較法、強制分佈法、評定量表法。該類方法共有的特點與適用性如表7-3所示。

表7-3　　　　　控制導向型績效考核方法的優缺點及適用範圍

優點	缺點	適用範圍
簡單、易操作；成本低；便於員工之間進行對比與排隊	只注重結果，過分強調量化指標，會導致短期行為或引發不利於組織長期發展的事件；對於行為、特質等難以量化的指標無法進行考核	適用於考核可量化的、具體的業績指標；適用於企業操作工人、銷售人員等工作相對簡單、業績易於比較的人員的考核；被考核者的人數較少時適用

1. 比較法

比較法是指通過比較，按考核員工績效的相對優劣程度確定每位被考核者的相對等級或名次。常用的比較法有簡單排序法、間接排序法與配對比較法。

（1）簡單排序法。簡單排序法是指將員工按工作績效從好到壞依次排列，這種績效表現既可以是整體績效，也可以是某項特定工作的績效。其優點是比較簡單，便於操作。但這種方法是概括性的，是不精確的，所評出的等級或名次只有相對意義，無法確定等級差。例如，某公司只有5名員工，其排序結果舉例可能如表7-4所示。

表7-4　　　　　　　　　　簡單排序法

順序	等級	員工姓名
1	最好	王明然
2	較好	劉玉林
3	一般	張明東
4	較差	李亮
5	最差	趙小凡

這種績效排序考核方法僅適用於被考核對象比較少、組織比較小、任務單一的情況，當企業員工的數量比較多、職位工作差別性比較大的時候，以這種方法區分員工績效就比較困難，尤其是對那些績效中等的員工。

（2）間接排序法。間接排序法也稱交替排序法，該方法基於個體所具有的認知感覺差異化選擇性的特徵，即人們可以比較容易地發現群體中最具差異化的個體。績效考核中人們往往最容易辨別出群體中績效最好的及最壞的被考核者。應用間接排序法進行績效考核，先是把績效最好的員工列在名單之首，把績效最差的員工列在名單之尾；再從剩下的被考核者中挑選出績效最好的列在名單第二位，把績效最不好的列在名單倒數第二位……這樣依次進行，不斷挑選出剩餘被考核者群體中績效最好的和最不好的員工，直到排序完成。排序名單上中間的位置是最後被填入的。在實際績效考核過程中，人情、面子都是影響績效考核的因素，因此考核者往往不願意對被考核者做出比較低的評價，容易造成趨中趨勢的誤差，以至分不出員工之間績效的差別。

（3）配對比較法。配對比較法是將被考核者用配對比較的方法決定其優劣次序。比較時用排列組合法決定對數，對於每一對職工，比較其工作績效，判斷誰優誰劣，兩兩一一比較之後，以得優次數進行排序。配對比較法也被稱為對偶比較法或兩兩比較法。

例如，某企業被考核的員工只有 A、B、C、D 四名員工，應用配對比較法進行考核，先將這四名員工進行逐一比較，其中較好的一方記「+」號，較差的一方記「-」號，最後按照獲得「+」號的數量多少來排序。比較結果如表 7-5 所示。

表 7-5　　　　　　　　　　　應用配對比較法

姓名	A	B	C	D	+號合計數
A		+	-	+	2
B	-		-	+	1
C	+	+		+	3
D	-	-	-		0

從避免趨中現象出現及降低比較過程難度方面的角度衡量，配對比較法的優點是考慮了每一個員工與其他員工的績效的比較，更加客觀，準確度比較高。其缺點是操作繁瑣，經過簡單的數學思考，我們就能知道在需要同時評價的員工很多的情況下，這樣的方法需要進行相當多次的比較。

2. 強制分佈法

強制分佈法是按照事物「兩頭小、中間大」的正態分佈規律，先確定好各等級在總數中所占的比例，然後按照每個被考核者績效的相對優劣程度，將其強制分配到其中相應的等級。使用這種方法，重點在於要提前確定準備按照一種什麼樣的比例將被考核者分別分佈到每一個工作績效等級上去（如表 7-6 所示）。

201

表 7-6　　　　　　　　　　　　強制分佈法

績效等級	被考核者績效分佈比例（%）
績效最高的	15
績效較高的	20
績效一般的	30
績效低於要求水平的	20
績效很低的	15

3. 評定量表法

評定量表法是指將績效考核的指標和標準製作成量表（即尺度），並依此對員工的績效進行考核的方法。量表評定法也叫量表法，是應用最為廣泛的績效考核方法之一。

應用量表評定法進行績效考核，通常要先進行維度分解，再沿各維度劃分出等級，並通過設置量表來實現量化考核。量表的形式有多種，實際使用量表評定法時，要設計出一套具有可操作性的考核表格。設計過程具體包括下面三個步驟：

（1）選定考核維度並賦予權重。
（2）確定考核量表的尺度。
（3）界定量表等級。

量表法具有較全面、結果量化、可比性強等優點，但是由於維度分解、等級界定很難做到準確和明晰，考核結果的主觀性仍然難以避免。

（二）行為導向型績效考核方法

行為導向型績效考核方法重點在於甄別與評價員工在工作中的行為表現，即工作是如何完成的。這類方法關注完成任務過程的行為方式是否與預定要求相一致，適合於那些績效職位工作輸出成果難以量化考核或者需要以某種規範行為來完成工作任務的崗位。

常見的行為導向型績效考核方法有關鍵事件法、行為觀察量表法、行為錨定法。其具體特點如表 7-7 所示。

表 7-7　　　　行為導向型績效考核方法的優缺點及適用範圍

優　點	缺　點	適用範圍
提供確切的事實證據； 有利於績效面談； 有利於引導並規範被考評者行為	對基礎管理要求較高； 評價標準制定難度大、操作成本較高	針對考核難以量化的、主觀性的行為； 適合於對事務管理、行政管理等行為態度直接影響績效結果的人員進行考核

1. 關鍵事件法

關鍵事件法是由考核者通過觀察、記錄被考核者的關鍵事件，而對被考核者的績效進行考核的一種方法。關鍵事件是指那些會對企業或部門的整體績效產生重大積極或消極影響的事件。關鍵事件一般分為有效行為和無效行為。

關鍵事件法的基本步驟如下：
（1）當有關鍵事件發生時，填在特殊設計的考核表上。
（2）摘要評分。
（3）與員工進行評估面談。

2. 行為觀察量表法

行為觀察量表法是指描述與各個具體考核項目相對應的一系列有效行為，由考核者判斷、指出被考核者出現各相應行為的頻率，來評價被考核者的工作績效。

行為觀察量表法的關鍵在於界定特定工作的成功績效所要求的一系列合乎希望的行為。行為觀察量表的開發需要收集關鍵事件，並按照維度分類。使用行為觀察量表考核時，考核者需要指出員工在所列舉行為項上的實際的行為頻率狀況，進而來評定工作績效。一個 5 分的量表被分為由「極少」或「從不是」到「總是」的 5 個等級，相應分值為「1」到「5」。通過將員工在每一行為項上的得分相加得到總評分，高的績效分值意味著一個人經常表現出合乎期望的行為。

示例 7-2

行為觀察量表如表 7-8 所示。

表 7-8   行為觀察量表

說明：通過判斷被考核者在考核期內出現下列每個行為的頻率狀況，用下列評定量表在指定區間給出你的評分。		
5=總是　　4=經常　　3=有時　　2=偶爾　　1=極少或從不		
管理技能		
行為		打分
為員工提供培訓與輔導，以提高績效		
向員工清晰說明工作要求		
適度檢查員工的表現		
認可員工重要的表現		
告知員工重要的信息		
徵求員工的意見，讓自己工作得更好		

3. 行為錨定法

行為錨定法是評定量表法和關鍵事件法的結合。使用這種方法，可以對源於關鍵事件的有效和非有效的工作行為進行更客觀的描述。在使用過程中，通過一張登記表反應出不同的業績水平，並且對員工的特定工作行為進行描述。熟悉一種特定工作的人能夠識別這種工作的主要內容，然後他們對每項內容的特定行為進行排列和證實。因為行為錨定法的特點是需要有大量員工參與，所以該方法可能會被部門主管和下屬更快地接受。

行為錨定法的特點在於通過評價等級量表，將關於特別優良或特別劣等績效的敘述加以等級性量化，從而使綜合了前述關鍵事件法和量表法的優點結合起來。因此，

該方法具有較強的客觀性與公平性。

示例7-3

生產主管行為錨定等級標準如表7-9所示。

表7-9　　　　　　　　生產主管行為錨定等級標準

等級	考核要素：計劃的制訂與實施
	行　為　錨
7 優秀	制訂綜合的工作計劃，編制好文件，獲得必要的批准，並將計劃分發給所有的相關人員
6 很好	編制最新的工作計劃完成圖，使任何要求修改的計劃最優化；偶爾出現小的操作問題
5 好	列出每項工作的所有組成部分，對每一部分的工作做出時間安排
4 一般	制定了工作日期，但沒有記載工作進展的重大事件；時間安排上出了疏漏也不報告
3 較差	沒有很好地制訂計劃，編制的時間進度表通常是不現實的
2 很差	對將要從事的工作沒有計劃和安排；對分配的任務不制訂計劃或者很少制訂計劃
1 不能接受	因為沒有計劃，並且對制訂計劃漠不關心，所以很少完成工作

(三) 特質導向型績效考核方法

特質導向型績效考核方法主要是用於考核員工的個性特徵和個人能力、特徵等。該方法所選的內容主要是那些抽象的、概念化的個人基本品質。這種類型的考核對員工工作的最終結果關注不夠。

常見的特質導向型績效考核方法有混合標準尺度法、評語法。該方法的特點及適用範圍如表7-10所示。

表7-10　　　　　特質導向型績效考核方法的優缺點及適用範圍

優　點	缺　點	適用範圍
有利於引導員工注重潛能的開發；利於對員工進行有計劃的長期培養	很難提供確切、具體的事實依據	適用於能力等個性特徵指標的考核 適用於以員工開發為目標的績效考核和對高級管理人員的績效考核

1. 混合標準尺度法

混合標準尺度法是指描述與各個績效考核項目相對應的不同績效等級的績效表現，把各個描述混合起來並在考核表中進行隨機排列，由考核者判斷、選擇出其中與被考核者行為特徵相符合的選項，從而對被考核者進行績效考核的一種方法。

混合標準尺度法屬於行為導向的績效考核方法，適用於對員工行為的考核。設計混合標準尺度的基本步驟為：首先，要分解出若干考核維度；其次，要準確表述與每一維度的好、中、差三個行為等級相對應的典型工作表現，形成不同的描述語句；最後，把前述所有描述語句打亂，呈現混雜無序排列，使考核操作者不易察覺各描述句

是考核哪一維度或表示哪一等級,因而使其主觀成分難以摻入。

2. 評語法

評語法也叫描述法,是指由考核者用描述性的文字表述員工在工作業績、工作能力和工作態度方面的優缺點以及需要加以指導的事項和關鍵性事件,由此得到對員工的綜合考核。

評語法主要適用於以員工開發為目的的績效考核。評語法迫使考核者關注於討論與被考核者績效相關的特別事例,因此能夠減少考核者的偏見和暈輪效應。由於考核者需要列舉員工表現的特別事例,而不是使用量表評定法,因此也能減少趨中和過寬誤差。

評語法明顯的局限性表現為考核者必須對每一員工寫出一篇獨立的考核評語,需要花費較多的時間。另外,評語法描述的不同員工的成績,無法與增長和提升相聯繫。這種方法最適合於小企業或小的工作單位,而且主要目的是開發員工的技能,激發員工的潛能。

(四) 戰略導向型績效考核方法

戰略導向型績效考核方法著眼於企業發展戰略,用於績效管理的全過程,貫穿於績效指標構建、執行、考核與評價的整個績效管理流程,是績效管理的重要方法。使用這類方法可以幫助企業更有效地確定各層級績效目標,保證目標體系的戰略導向性、銜接性和一致性。

常見的戰略導向型績效考核方法有平衡計分卡法、關鍵業績指標法、目標管理法。該方法的特點及適用範圍如表 7-11 所示。

表 7-11　　　　　　戰略導向型績效考核方法的優缺點及適用範圍

優　點	缺　點	適用範圍
支持組織戰略目標的實現; 有利於保證各層級績效目標的一致性; 提升整體管理水平	難度大、耗時耗力、成本高; 涉及面廣,要求全員參與	注重組織戰略發展的組織; 領導重視、員工素質高的組織; 管理基礎好的組織

1. 平衡計分卡法

平衡計分卡法的核心思想是通過財務、客戶、內部經營過程、學習與成長四個方面指標之間相互驅動的因果關係,實現績效評估與績效改進、戰略實施與戰略修正的目標。一方面,通過財務指標保持對組織短期績效的關注;另一方面,通過員工學習、信息技術的運用以及產品、服務創新來提高客戶的滿意度,共同驅動組織未來的財務績效,展示組織的戰略軌跡。

平衡計分卡在傳統的財務考核指標的基礎上,還兼顧了其他三個重要方面的績效反應,即客戶角度、內部流程角度、學習與發展角度。平衡計分卡通過在企業的財務結果和戰略目標建立聯繫來支持業務目標的實現。平衡計分卡法將企業戰略置於被關注的中心,通過建立平衡計分卡,上層管理的遠景目標被分解成一些評估指標。員工通過對照這些評估指標來規範自身行為,這樣就使得首席執行官的遠景目標與員工的具體工作結合了起來,實現個體與集體目標的統一。

2. 關鍵業績指標法（KPI）

關鍵業績指標（KPI），即完成某項任務、勝任某個崗位需具備的決定性因素，是基於崗位職責而設定並與員工工作任務密切相關的衡量標準，體現了各崗位的工作重點。關鍵業績指標是基於企業經營管理績效的系統考核體系。作為一種績效考核體系設計的基礎，我們可以從以下三個方面深入理解關鍵業績指標的具體特徵。

（1）關鍵業績指標是用於考核和管理被考核者績效的可量化的或可行為化的標準體系。

（2）關鍵業績指標體現對組織戰略目標有增值作用的績效指標。

（3）通過在關鍵業績指標上達成的承諾，員工與管理人員就可以進行工作期望、工作表現和未來發展等方面的溝通。

建立關鍵業績考核指標要遵循 SMART 原則。進行考核時，從每個崗位的考核指標中選取 3~5 個與員工本階段工作密切相關的重要指標，以此為標準，對員工進行績效考核。關鍵業績指標一般不能單獨使用，在目前的企業考核方法中，有的企業將關鍵業績指標和目標管理相結合，有的企業將關鍵業績指標和平衡計分卡相結合。

3. 目標管理法

目標管理（MBO）是管理學家杜拉克於 1954 年在《管理的實踐》一書中首先提出的，其被公認為是杜拉克對管理實踐的主要貢獻。目標管理法由員工與主管共同協商制定個人目標，個人目標依據企業的戰略目標及相應的部門目標而確定，並與它們盡可能一致。該方法用可觀察、可測量的工作結果作為衡量員工工作績效的標準，以制定的目標作為對員工考評的依據，從而使員工個人努力目標與組織目標保持一致，減少管理者將精力放到與組織目標無關的工作上的可能性。

（五）360 度評價法

360 度評價法是近年來人力資源管理常用的一種評價方法，也稱為 360 度反饋法或多源評價法。該方法是指在一個組織中，通過所有瞭解和熟悉被評價者的人，即由同事、上級、下屬、顧客以及其他部門人員作為評價者來評價員工績效，然後對來自多方位的信息進行綜合分析和判斷，形成最終評價結果。360 度評價法可以提供全面、公正、真實、客觀、準確、可信的信息。從員工個人角度看，通過 360 度評價，可以瞭解自己在職業發展中存在的不足，從而激勵個人努力工作，創造更好的業績；從組織角度看，通過 360 度評價，可以從更多的渠道瞭解被評價者的績效信息，對其做出客觀的評價。360 度評價法的結果有多種用途，因為信息來源多，使得其評價結果比其他評價方法更準確、可信，可以被廣泛應用在獎勵、薪酬管理、職務晉升以及個人職業開發等各種管理實踐中。

閱讀案例 7-3

科龍公司的績效評估

對幾乎所有的公司來說，歲末年初，績效評估（Performance Appraisal）總是備受關注，科龍公司也不例外。

科龍公司對具體員工的績效評估最重要當然是其直接上司。直接上司的意見是該員工績效評估報告中最關鍵的內容。此外，在有些部門中，對員工進行績效評價的時

候，還會考慮其他人的意見。這些人可能是該員工的同級，或者是下級，或者是間接上級，或者是其內部顧客（即該員工工作成果的使用者或合作者）。這也就是眾所周知的所謂360度評價法或270度評價法。

員工的自我評價也是績效評估的一個重要方面。有趣的是，我們發現，大多數員工的自我評價不是過高，就是過低。但通過綜合各種意見，就可以使績效評估結果趨向理性和客觀。科龍公司的績效評估工作自上而下分為三個層面。

1. 公司對部長的績效評估

這主要是季度考評。在每個季度結束後，各部部長（業務部門叫總監）就填寫一份科龍公司幹部績效季度評估表。表中內容主要有四部分：季度業績回顧、綜合素質評價、綜合得分和評語。填寫時，先由部長對上述四部分內容一一做出自我評價，然後再由其直接領導（總裁或副總裁）對上述內容做出評價，最後由領導填寫評語。

2. 部門對科長或分公司經理的績效評估

這是科龍公司績效評估工作的重點和難點。不同的部門，職責不同，而且涉及的人數和範圍都很廣，有時還會有交叉考核或共同考核的情形。例如，在全國的30個分公司中，冰箱分公司經理和業務代表由冰箱行銷本部考核，而分公司的財務經理則同時由財務部和冰箱行銷本部考核。

部門對科室或分公司進行績效評估的頻率，基本上每月一次，而每季度、每半年和每年的績效評估，也會與當月的月度評估同時進行。但是各部門評估方法和評估指標千差萬別。下面以市場研究部和冰箱行銷本部來舉例說明。在每月月底，市場研究部根據月初確定的工作計劃，對各個科室的各項工作進行一一檢查，然後按照各項工作的質量、效率、工作量等指標進行評分；根據評分數據，產生每月、每季度、每年的「明星科室」「金牌科長」「需改進者」（後進員工）。該項工作由該部門自行開發的電腦軟件和模板自動執行，可以在任一時刻查詢任一科室和人員的績效動態。

冰箱本部作為業務部門，其績效評估的指標與作為職能部門的市場研究部相比有很大的不同。冰箱本部考核的對象有4個科室和30個分公司，其中分公司是重點。對分公司的考核指標主要有銷量計劃完成率、資金回籠完成率、庫存量、渠道結構、零售網點數量、賣場管理、零售效率、市場份額等。根據不同的季節，或者根據行銷策略的需要，其中有些指標會處於變動之中，有時又會增加一些指標，如在新產品上市階段，往往會增加「出樣商場數量」等指標。在對這些指標通過加權評分後，得出各分公司總的績效評分。

3. 科室或分公司對其員工的績效評估。

對具體員工的績效考核頻度，一般也是每月一次，但評估指標就簡單得多。員工只對與其職責相關的指標負責。在總部，這項評估工作的執行者就是科長，而在分公司，執行者則是分公司經理。

以上是科龍公司績效評估基本情況的簡介，但在實際執行中，不但績效評估指標經常處於動態變化之中，而且各種績效評估的方法會交叉或同時使用，另外也會採取其他的一些評估手段，如360度評價法。採用這種評估方法的部門，員工不但要接受上級的評價，還要自評，同時也要接受下級對自己的評價。

第四節　績效管理實務

一、績效考核方案製度

（一）績效考核的目的

（1）績效考核為人員職務升降提供依據。通過全面嚴格的考核，對素質和能力已超過所在職位的要求的人員，應晉升其職位；對素質和能力不能勝任現職要求的人員，則降低其職位；對用非所長的人員，則予以調整。

（2）績效考核為浮動工資及獎金的發放提供依據。通過考核准確衡量員工工作的「質」和「量」，借以確定浮動工資和獎金的發放標準。

（3）績效考核是對員工進行激勵的手段。通過考核，獎優罰劣，對員工起到鞭策、促進作用。

（二）績效考核的基本原則

（1）客觀、公正、科學、簡便的原則。

（2）階段性和連續性相結合的原則，對員工各個考核週期的評價指標數據累積要綜合分析，以求得全面和準確的結論。

（三）績效考核的週期

（1）中層幹部績效考核週期為半年考核和年度考核。

（2）員工績效考核製度週期為月考核、季考核、年度考核。

（四）績效考核的內容

1. 中層以上領導考核內容

（1）領導能力。

（2）部屬培育。

（3）士氣激發。

（4）目標達成。

（5）責任感。

（6）自我啓發。

2. 員工的績效考核內容

（1）德：政策水平、敬業精神、職業道德。

（2）能：專業水平、業務能力、組織能力。

（3）勤：責任心、工作態度、出勤。

（4）績：工作質和量、效率、創新成果等。

（五）績效考核的執行

（1）成立績效考核委員會，對績效考核工作進行組織、部署。

（2）中層幹部的考核由其上級主管領導和人力資源部執行。

（3）員工的考核由其直接上級、主管領導和人力資源部執行。

（六）績效考核的方法

（1）中層幹部和員工的績效考核在各考核週期均採用本人自評與量表評價法相結合的方法。

（2）本人自評是要求被考核人對本人某一考核期間工作情況做出真實闡述，內容應符合本期工作目標和本崗位職責的要求，闡述本考核期間取得的主要成績、工作中存在的問題以及改進的設想。

（3）量表評價法是將考核內容分解為若干評價因素，再將一定的分數分配到各項評價因素，使每項評價因素都有一個評價尺度，然後由考核人用量表對評價對象在各個評價因素上的表現做出評價、打分，乘以相應權重，最後匯總計算總分。

（4）根據階段性和連續性相結合的原則，員工月考核的分數要按一定比例計入季度考核結果分數中；季度考核的分數也應該按一定比例計入年度考核結果分數中。

（七）績效考核的反饋

各考核執行人應根據考核結果的具體情況，聽取有關被考核人對績效考核的各方面意見，並將意見匯總上報人力資源部。

（八）績效考核結果的應用

人力資源部對考核結果進行匯總、分析，並與各公司部門領導協調，根據考核結果對被考核人的浮動工資、獎金發放、職務升降等問題進行調整。

二、績效考核方案範例

示例 7-4

第一章　總　則

第一條　為進一步規範公司的人力資源管理製度，建立一支高素質、高境界和高度團結的員工隊伍，創造一種自我激勵、自我約束和促進優秀人才脫穎而出的用人機制，為公司的快速成長和高效運作提供保障，特制訂本方案。

第二條　本規定適用於公司所有被考核員工（不包括一線工人）。

第二章　績效考核基礎管理

第三條　為保證績效考核的客觀、公正，成立以總經理為核心的績效考核管理小組，以對績效考核的有效性進行監督和平衡。

績效考核管理小組的主要職責為領導和指導績效考核工作，聽取各部門主管的初步評估意見和匯報，糾正評估中的偏差，有效地控制考核評估的尺度，確保績效考核的客觀公正。

績效考核管理小組的人員分工如下：

主　任：總經理。

副主任：分管人力資源經理。

成　員：各部門負責人。

第四條　績效考核的基本原則如下：

（1）堅持公開、公平、公正的原則。
（2）一級考核一級、上級考核下級的原則。
（3）工作目標的設置，堅持能量化的量化、不能量化的也要有相應的評分標準的原則。
（4）以崗位職責為主要依據，堅持上下結合、左右結合，定性與定量考核相結合的原則。
（5）考核人對考評對象應該堅持事前指導、事中支持、事後檢查的原則。
（6）堅持被考核人的意見應當受到尊重，並具有申請復核權的原則。

第五條　績效考核的目的如下：
（1）通過進行績效考核，提高管理者「帶隊伍」的能力。
（2）通過進行績效考核，加強管理者與被管理者之間的相互理解和信任。
（3）通過管理者與被管理者經常性、系統性的溝通，增強員工對公司的認同感和歸屬感，有效地調動員工工作積極性。
（4）為薪酬、福利、晉升、培訓等激勵政策的實施提供依據。

第六條　績效考核管理的基礎工作如下：
（1）進行崗位分析、設計制定每個員工的崗位職責說明書。
（2）員工每月、每周必須有工作計劃和工作總結。
（3）形成有效的人力資源管理機制，讓績效考核與人力資源的其他環節（如培訓開發、管理溝通、崗位輪換、晉升等）相互聯結、相互促進。

第三章　績效考核的實施細則

第七條　績效考核的考核因素。
（1）對員工的考核因素主要分為工作業績、崗位職責、報表和例外事件考核四部分。
工作業績是考核的主要內容，採用目標管理方法，考核員工每月工作計劃的完成情況。
崗位職責是指員工崗位責任書中規定的條款。
報表是指按管理製度的相關規定，必須定時上交的表格、報告等。
例外事件考核包括出勤、重大貢獻、重大失誤及其他項目的考核。
（2）考核因素的比重及計算方式如表 7-12、表 7-13 所示。

表 7-12　　　　　　　　　　　考核因素比重表　　　　　　　　　　單位:%

工作業績	崗位職責	報表	例外考核
70	20	10	另計

表 7-13　　　　　　　　　　　評分比重表　　　　　　　　　　　　單位:%

自評	分管領導
30	70

月度考核獎金＝工作業績總得分×70%＋崗位職責總得分×20%＋報表總得分×10%＋例外考核總得分

（3）工作業績考核辦法如下：
①員工每月 3 日前必須制訂月度工作計劃表。制訂月度工作計劃表的主要依據，

第一個來源是依據公司年初提出的工作計劃和任務要求分解到各個部門的目標；第二個來源是根據崗位職責確定的考核指標。員工的月度工作計劃表必須經過分管領導的同意才能生效。

②各部門員工在每月月底的最後一天填寫當月月度工作目標完成情況匯報表，對照月工作計劃表，按完成工作量的情況，以 100 分為滿分，先做自評，然後由分管領導進行評定。

（4）崗位職責的考核辦法如下：

根據每個員工的崗位職責，分管領導要時常進行檢查工作，對於沒有在當月月度工作計劃表中列出的項目，但仍屬於該崗位的職責，也要進行考核，以 100 分為滿分，員工先做自評，然後由分管領導進行評定。

（5）報表的考核辦法如下：

①員工不填寫某一份報表，此分全失。
②每份報表每拖延一天，扣 5 分，直至扣完 100 分為止。

（6）例外考核辦法（每 1 考核分為 10 元人民幣）。

①出勤考核辦法如表 7-14 所示。

表 7-14　　　　　　　　　　　　　缺勤扣分表

缺勤種類	扣分標準
遲到	10 分鐘內警告，10 分鐘以上每遲到一次扣 2 分
早退	每早退一次扣 2 分
因私外出	每一次（超過 10 分鐘）扣 2 分
事假	按相關制度執行
病假	按相關制度執行
無故缺席	按相關制度執行

②重大貢獻、重大失誤考核辦法如表 7-15、表 7-16 所示。

表 7-15　　　　　　　　　　　重大貢獻考核獎勵標準

獎勵種類	獎勵標準
公司全員大會，總經理表揚	每次加 10~50 分
提合理化建議	建議合理可行每次加 5 分，建議被採納加 10~50 分
有學術文章或宣傳公司的文章發表	每次 5~30 分
為公司挽回經濟損失	500~2,000 元，加 10 分； 2,000~10,000 元，加 20 分； 10,000 元以上，加 50~100 分
參加公司組織的培訓成績優秀	5~10 分
有重大創新和突出貢獻，由部門領導提議，公司總經理批准	100~10,000 分

表 7-16　　　　　　　　　重大失誤懲罰標準

扣分種類	懲罰標準
違反公司的紀律，如無具體懲罰規定	每次扣 1~10 分
不服從領導安排的工作	每次扣 5~50 分
受到公司領導大會批評	每次扣 5 分
丟失重要文件、洩漏公司機密等	扣 5~1,000 分
由於工作失誤，給公司帶來經濟損失	損失在 500~2,000 元，扣 10 分； 損失在 2,000~10,000 元，扣 20 分； 損失在 10,000 元以上，扣 50~100 分

③其他事項考核辦法。例如，服務態度等，標準由人力資源部自行設定。如果客戶針對服務態度每投訴一次，該員工月考核扣 10~100 分。

（7）考核的時間。月度考核的時間為本月的 30 日至次月的 2 日；年度考核的時間在次年的 1 月 1 日至 5 日，若逢節假日，依次順延。

第八條　考核定級。

依據考核總得分情況，將考核指標的好壞定為 5 級，具體定義如表 7-17 所示。

表 7-17　　　　　　　指標完成情況定級及打分表

級別	對應標準
A 級（傑出）	對於定量的目標，相當於完成任務 100% 以上
B 級（優秀）	對於定量的指標，相當於完成任務 90% 以上
C 級（良好）	也稱保本級，相當於完成任務 80% 以上
D 級（合格）	對於定量的指標，相當於完成任務 70% 以上
E 級（低於要求）	對於定量的指標，相當於完成任務 60% 以上

第四章　績效考核結果的管理

第九條　績效考核結果的管理。

人力資源部做好統計和考評跟蹤，並整理員工的績效考核表，建立員工績效考核檔案，以備查、檢索。

第十條　考核結果的運用。

（1）績效獎金分配。根據績效考評的結果確定績效考評等級程度，進行績效獎金的分配。

（2）表彰。對公司員工每月考評得分進行排序，第一名授予「傑出獎」，並通報表揚。

（3）培訓和人事調整。

①連續三個月考核結果為 A 的「傑出獎」獲得者應列為重點培養對象，實施外派培訓、輪崗培訓等激勵方式。

②一年內考評 2 次「低於要求」者，應予以降職、下崗直到辭退。

③人力資源部總結考核情況，分析考核的成效，提出公司員工的成長點、存在的不足和可以進一步提高的問題以及員工進一步的發展方向和可以發揮的潛力；同時，對績效考核方案進行完善。

（4）每次績效考核結束後，由人力資源部負責匯總計算考核獎金，報財務部計發當月工資。

第十一條　年度考核的內容主要為全年各月份的考核得分平均值。

第十二條　公司內凡有與本規定相抵觸的規章製度，以本製度為準。

第十三條　本製度由人力資源部負責解釋。

第十四條　本製度自下發之日起執行。

員工月度考核表如表 7-18 所示。

表 7-18　　　　　　　　　　　員工月度考核表

姓名：　　　　　　所屬部門：

考核時間：自　　年　　月　　日至　　年　　月　　日

考核類別		考核描述	自我評分	領導評分	分項得分
工作業績					
崗位職責					
報表					
例外考核	出勤				
	重大貢獻				
	重大失誤				
	其他情況				
		例外考核總得分			
當月考核總得分					
當月考核等級（A、B、C、D、E）					

說明：

分項得分＝自我評分×30%＋領導評分×70%

例外考核總分＝出勤得分＋重要貢獻得分＋重要失誤得分＋其他情況得分

當月考核總得分＝（工作業績分×70%＋崗位職責分×20%＋報表分×10%）＋例外考核總得分

月度考核獎金＝（工作業績總得分×70%＋崗位職責得分×20%＋報表總得分×10%）÷100×考核獎金基數＋例外考核總得分×10 元/分

【本章小結】

績效管理是人力資源管理的一個重要組成部分，在整個人力資源管理職能體系中居於核心的地位。績效管理系統的有效與否，對人力資源管理的其他職能都會產生影響。

本章介紹了績效的含義和特點、績效管理的內涵及原則。績效管理是一個不斷循環的管理系統，包括績效計劃、績效監控、績效考核、績效反饋與改進四個階段。在系統有效的績效管理體系下，每經過一個績效管理週期，績效就會有所提升。績效考核是績效管理的一個重要環節，是管理人員和員工都非常重視的一個環節。績效考核主要是考察員工的工作業績、工作能力、工作態度和個人品德四個方面。考核的方法主要分為控制導向型績效考核方法、行為導向型績效考核方法、特質導向型績效考核方法、戰略導向型績效考核方法和360度評價法。

【簡答題】

1. 績效管理的原則是什麼？
2. 績效計劃的特點？
3. 簡述績效管理和績效考核的關係。
4. 談談績效面談的溝通技巧？
5. 什麼是強制分佈法？它有什麼特點？
6. 什麼是KPI？制定KPI要注意什麼問題？
7. 什麼是目標管理法？它與KPI有什麼區別？
8. 什麼360度評價法？它適用於什麼場合？

【案例分析題】

韓國某企業集團是世界上著名的跨國公司，在全世界66個國家和地區擁有23萬餘名員工和340多個辦事機構，其業務範圍包括電子、機械、航空、通信、商業、化學、金融和汽車等領域。該公司在中國各地投資興建了幾十家生產和銷售公司，由於各個公司投產的時間都不長，因此內部管理製度的建設還不完善，於是在績效評估中採用設計和實施相對比較簡單的強制分佈評估方法對員工進行績效評估。各個公司的生產員工和管理人員都是每個月進行一次績效評估，評估的結果對員工的獎金分配和日後的晉升都有重要的影響。這家公司的最高管理層很快就發現這種績效評估方法存在著許多問題，但是又無法確定問題的具體表現及其產生的原因，於是他們請北京的一家管理諮詢公司對企業的員工績效評估系統進行診斷和改進。

諮詢公司的調查人員在實驗性調查中發現該企業在中國的各個生產分公司都要求在員工績效評估中將員工劃分為A、B、C、D、E五個等級，其中A代表最高水平，而E代表最低水平。按照公司的規定，每次績效評估中要保證4%~5%的員工得到A級評

估，20%的員工得到 B 級評估，4%~5%的員工得到 D 級或 E 級評估，餘下的大多數員工得到 C 級評估。員工績效評估的依據是工作態度占 30%，績效占 40%~50%，遵守法紀和其他方面的權重占 20%~30%。被調查的員工認為在績效評估過程中存在著輪流坐莊的現象，並受員工與負責評估工作的主管的人際關係的影響，結果使評估過程與工作績效之間聯繫不夠緊密。因此，對他們來說，績效評估雖然有一定的激勵作用，但是不強烈。評估的對象強調員工個人，而不考慮各個部門之間績效的差別。因此，在一個整體績效一般的部門工作，工作能力一般的員工可以得到 A 級或 B 級；而在一個整體績效較好的部門工作，即使員工非常努力也很難得到 A 級或 B 級。員工還指出，他們認為員工的績效評估是一個非常重要的問題，這不僅是因為評估的結果將影響到自己的獎金數額，更主要的是員工需要得到一個對自己工作成績的客觀公正的評估。員工認為績效評估的標準比較模糊、不明確。在銷售公司中，銷售人員抱怨的是自己的銷售績效不理想在很多情況下都是由於市場不景氣和自己負責銷售的產品在市場上的競爭力不強造成的。這些因素都是自己的能力和努力無法克服的，但是在評估中卻被評為 C 級甚至 D 級，因此他們覺得目前這種績效評估方法很不合理。

思考題：
1. 指出該公司績效評估體系存在的主要問題，並做簡要分析。
2. 一個有效的績效管理過程應包括哪些環節？

【實際操作訓練】

實訓項目：績效管理考核方案設計。

實訓目的：在理論學習的基礎上，通過實訓，進一步掌握績效管理的方法，能夠編制出特定崗位的績效考評方案。

實訓內容：
1. 分組討論，以班主任為考評對象，確立對班主任進行考評的主體有哪些。
2. 討論班主任工作性質特點，確定班主任崗位考評的主要內容、考評週期。
3. 學生個人根據小組討論結果設計班主任績效考核方案及績效考核評價指標表。

第八章　薪酬福利管理

開篇案例

不要薪酬的實習生

羅傑是某大學四年級人力資源管理專業的學生。今年2月，他在一家物流企業開始實習工作。他的工作內容是對該企業的人力資源製度進行重新思考與構建。他在這個企業工作了3個月，工作做得有聲有色，不僅指出了該企業人力資源管理工作中存在的一些問題，也為該企業的人力資源管理製度構建提出了切實可行的計劃，因而受到了主管的好評。在實習期行將結束的時候，企業明確表達了希望羅傑能夠留下來為企業工作的願望。然而，在實習期間，企業除了給了羅傑一點午餐補貼外，其他什麼也沒給。

與此同時，羅傑的一個同學趙鑫在一個諮詢公司從事培訓行銷工作。在實習期間，趙鑫先後為該公司發展了3個客戶，為此趙鑫領到了1,500元的業務提成。此外，該公司還為趙鑫提供了專項的培訓經費。

今年夏天，大三的王敏在一個職業運動隊做媒介宣傳工作。她發布新聞、整理剪報以及編寫了一本75頁的媒介指南。回家時，王敏帶走了職業運動隊的許多紀念品——咖啡杯、鑰匙鏈、紀念衫——但沒有一分錢。

現在，越來越多的畢業生提出了零薪酬就業。

問題與思考：
1. 雇傭雙方從以上實習活動中得到了什麼？
2. 零薪酬就業的動機是什麼？你是否能接受這種理念？為什麼？

第一節　薪酬管理概述

一、薪酬的概念

所謂薪酬，就是指雇員由於就業得到的所有各種貨幣收入以及實物報酬的總和。

薪酬由薪和酬組成。在現實的企業管理環境中，往往將薪和酬兩者融合在一起運用。

薪是指薪水，又稱薪金、薪資，所有可以用現金、物質來衡量的個人回報都可以稱之為薪。也就是說，薪是可以數據化的。企業發給員工的工資、保險、實物福利、獎金、提成等都是薪。編制工資、人工成本預算時，企業預計的數額都是薪。

酬是指報酬、報答、酬謝，是一種著眼於精神層面的酬勞。有不少的企業，給員工的工資不低、福利不錯，員工卻還對企業有諸多不滿，到處說企業壞話；而有些企業，給員工的工資並不高，工作量不小，員工很辛苦，但員工卻很快樂。為什麼呢？究其根源，還是在付酬上出了問題。當企業沒有精神、沒有情感時，員工感覺沒有夢想、沒有前途、沒有安全感，就只能跟企業談錢，員工跟企業間變成單純的交換關係，這樣的單純的給付關係是不讓員工產生歸屬感的。

二、薪酬的構成

（一）基本工資

基本工資是指根據勞動者所提供的勞動的數量和質量，按事先規定的標準和時間週期付給勞動者的相對穩定的勞動報酬。基本工資主要反應員工所承擔職位（或崗位）的價值或者員工所具備的技能或能力的價值。在國外，基本工資往往有小時工資、月薪、年薪等形式，如從事管理工作和負責經營的人員按月或年領取的固定薪金（英文稱為 Salary），一線的操作工人按件、小時、日、周或月領取的固定薪金（英文稱為 Wages）。

（二）績效工資

績效工資是指根據員工的年度績效評價的結果而確定的對基礎工資的增加部分，並將調整的結果作為下一考核週期內的基本工資。績效工資與獎金的最大差別在於績效工資不是一次性支付的，而是具有累積性的。一般做法是，根據員工的績效評價等級（卓越、優秀、合格、基本合格、不合格）而將員工的基本工資上下浮動10%左右。有的企業規定，如果員工連續3年以上年度績效評價獲得「卓越」，則基本工資永久性上調1～2級。績效加薪也是對員工優良績效的一種激勵，由於績效提薪具有對基本工資的附加性，而且一旦增加就成為基本工資的永久性部分，不再具有可變性、激勵性，也發揮不了獎金的作用，因此宜將績效加薪納入基本工資的範疇。

（三）獎金

獎金是指為了獎勵那些已經（超標準）實現某些績效標準的完成者，或為了激勵追求者去完成某些預定的績效目標，而在基本工資的基礎上一次性支付可變的、具有激勵性的報酬。獎金的最大特點是激勵性、靈活性，隨企業績效而上下浮動，不會增加企業的固定成本。其中，向個人高績效支付的一次性報酬，稱為個人獎金，如佣金、超時獎、建議獎、節約獎、績效獎、特別獎、特殊貢獻獎等；以團隊或部門為基礎的獎勵，稱為團隊激勵計劃，如利潤分享計劃、收益分享計劃和風險收益計劃等；以企業全體成員為基礎的激勵計劃，稱為全員獎勵計劃，如年終分紅、基於特定目標的獎勵等。

（四）津貼與補貼

津貼與補貼是指對員工在特殊勞動條件、工作環境中的額外勞動消耗和生活費用的額外支出的補償。通常把與生產（工作）相聯繫的補償稱為津貼，把與生活相聯繫的補償稱為補貼。津貼與補貼一般以現金形式支付，但占薪酬總額的比例往往較小。

津貼的最大特點是補償性、平衡性，只將艱苦或特殊的環境作為衡量的唯一標準，而與員工的工作能力和工作業績無關，當艱苦或特殊的環境消失時，津貼也隨即終止。因此，津貼體現了企業對一些特殊崗位（主要是艱苦崗位）員工的一種關懷。

（五）福利

福利是指員工因被企業雇用承擔某項工作而獲得的間接報酬，是對員工生活（食、宿、醫療等）的照顧，通常表現為延期支付的非現金收入。福利是對勞動的間接回報，一般不是按工作時間和員工的個人貢獻給付的，只要是組織的正式員工都可以基本均等地獲得福利，其基本目的是為員工提供各種必需的保障，使員工能安心工作。

（六）股票期權

股票期權是指考核、支付週期通常超過一年，通過向員工提供股票、股份或股權的一種激勵性長期報酬形式。早期的股權激勵對象主要是企業高級管理者，近年來逐漸擴大到各個層次的員工。通過股權計劃可以讓員工擁有一定的剩餘索取權並承擔相應的風險，從而將員工個人的利益和企業的整體利益相連接，強化員工的主人翁精神，優化企業治理結構。

三、影響薪酬體系的主要因素

（一）內部因素的影響

1. 企業負擔能力

員工的薪酬與企業負擔能力的大小存在著非常直接的關係，如果企業的負擔能力強，則員工的薪酬水平高且穩定；如果薪酬負擔超過了企業的承擔能力，則企業就會造成嚴重虧損、停產甚至破產。

2. 企業經營狀況

企業經營狀況直接決定著員工的工資水平。經營得越好的企業，其薪酬水平相對比較穩定且有較大的增幅。

3. 企業願景

企業處在生命週期不同的階段，企業的盈利水平和盈利能力及願景是不同的，這些差別會導致薪酬水平的不同。

4. 薪酬政策

薪酬政策是企業分配機制的直接表現，薪酬政策直接影響著企業利潤累積和薪酬分配關係。注重高利潤累積的企業與注重平衡的企業在薪酬水平上是不同的。

5. 企業文化

企業文化是企業分配思想、價值觀、目標追求、價值取向和製度的土壤，企業文化不同，必然會導致觀念和製度的不同。這些不同決定了企業的薪酬模型、分配機制的不同，這些因素間接影響著企業的薪酬水平。

（二）個人因素的影響

1. 工作表現

員工的薪酬是由個人的工作表現決定的，因此在同等條件下，高薪酬也來自於個

人工作的高績效。

2. 工作技能

現代企業之爭便是人才之爭，掌握關鍵技能的人才，已成為企業競爭的利器。這類人才成為企業高薪聘請的對象。

3. 崗位及職務

崗位及職務的差別意味著責任與權力的不同，權力大者責任也相對較重，因此其薪酬水平也就高。

4. 資歷與工齡

通常資歷高與工齡長的員工的薪酬水平也高。

(三) 外部因素的影響

1. 地區與行業的差異

一般情況下，經濟發達地區的薪酬水平比經濟落後地區的薪酬水平高，處於成長期和成熟期企業的薪酬水平比處於衰退期企業的薪酬水平高。

2. 地區生活指數

企業在確定員工的基本薪酬時應參照當地的生活指數，一般生活指數高的地區，其薪酬水平相對也高。

3. 勞動力市場的供求關係

勞動力價格（工資）受供求關係影響，勞動力的供求關係失衡時，勞動力價格也會偏離其本身的價值。一般情況下，勞動力供大於求時，勞動力價格會下降，反之亦然。

4. 社會經濟環境

社會經濟環境直接影響著薪酬水平，通常在社會經濟較好時，員工的薪酬水平相對也較高。

5. 現行工資率

國家對部分企業，尤其是一些國有企業，規定了相應的工資率，這些工資率是決定員工薪酬水平的關鍵因素。

6. 相關法律法規

與薪酬相關的法律法規包括最低工資製度、個人所得稅徵收製度以及強制性勞動保險種類及繳費水平等。通常這些製度及因素都直接影響著員工的薪酬水平。

7. 勞動力價格水平

通常勞動力價格水平越高的地區，薪酬水平也越高；勞動力價格水平越低的地區，薪酬水平也越低。

第二節　薪酬設計的流程

一般而言，薪酬體系設計主要包括確定薪酬戰略與策略、工作分析、工作評價、員工績效評估、薪酬調查、薪酬結構設計、制定並完善薪酬製度，如圖8-1所示。

```
        薪酬戰略與策略
             ↓
          工作分析
             ↓
          工作評價
             ↓
         員工績效評估
             ↓
          薪酬調查
             ↓
         薪酬結構設計
             ↓
       制定并完善薪酬制度
```

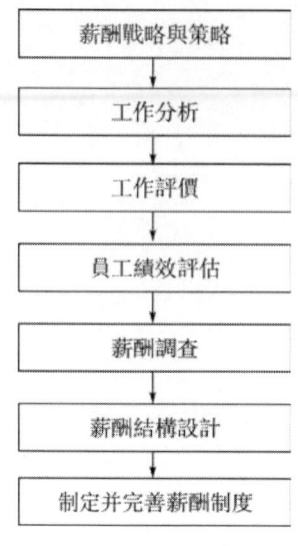

圖 8-1　薪酬體系設計的步驟

一、確定薪酬戰略與策略

薪酬戰略與策略的確定是薪酬體系設計的第一步，也是薪酬體系設計的前提。

企業薪酬戰略指企業薪酬管理體系設計和實施的方向性指引，是企業人力資源戰略和企業戰略的重要組成部分。通過制定和實施適合企業的薪酬戰略，企業可以向員工明晰薪酬激勵的方向以及企業整體戰略的落實。企業薪酬戰略的制定與企業的整體戰略、業務情況、所處的發展階段、人力資源戰略、組織結構及企業的文化等有密切的關係。

企業薪酬策略是薪酬戰略的具體操作與實施指引，薪酬策略又可以分為薪酬水平、薪酬確定標準、薪酬結構、薪酬製度、薪酬管理權限等具體方面。

二、工作分析

進行工作分析是薪酬體系設計的基礎工作，只有進行了工作分析，才能開展後續的工作評價。同時，工作分析也是薪酬結構設計的基礎，薪酬結構將依據不同的類型的職位分類進行設計。

工作分析的主要內容包括梳理企業整體經營目標、業務模式、工作流程，明確部門的職責和工作劃分，進行職位職責的調查分析，編寫職位說明書。

三、工作評價

進行工作評價是以科學的方式比較企業內部各個職位的相對價值，來形成職位的序列、等級。工作評價是以工作分析為前提和基礎的，根據工作分析環節形成的職位說明書，以多種方法對職位進行多角度的分析與評價，綜合後形成職位評價結果，即企業的職位序列和職位等級。工作評價可以保證企業內部薪酬的公平性，保證薪酬針

對不同的職位職責、任職條件等而有所區分。

四、員工績效評估

在進行完工作分析和工作評價後，下一個環節是對員工進行績效評估與定位。客觀地評估員工實際具備的技能與能力，將員工與職位進行匹配。對員工進行評估與定位，最常見的是員工能力素質評價模型，通過職位所需要的知識、技能、能力等形成對員工的評價體系，將員工的實際情況與評價體系進行科學的對比。這樣能夠保證內部的公平性，能夠區別員工的不同情況，進而可以對員工確定不同的職位等級和薪酬等級。

五、薪酬調查

薪酬調查可以分為內部薪酬調查和外部薪酬調查。

（一）內部薪酬調查

內部薪酬調查也稱為內部薪酬滿意度調查，是指企業為了解企業員工對薪酬的滿意程度、對薪酬的期望值以及對企業薪酬管理製度的意見和建議等而進行的內部調查。內部薪酬調查一般由企業管理者提出，或者由企業人力資源管理部門定期按制度規定執行。內部薪酬調查的執行週期一般為每年度調查一次，對於有特殊情況或企業有特殊變動的，也可能會縮短調查週期。內部薪酬調查的目標是定期瞭解企業內部員工對於實際支付薪酬的滿意程度，定期瞭解企業內部員工對於企業薪酬相關管理的意見與建議，與外部薪酬調查結果相結合，驗證市場薪酬變化對企業薪酬水平的影響，預測企業人才流動與核心人才流動的可能，幫助企業管理者做出決策是否調整薪酬策略、薪酬結構、薪酬製度等。

（二）外部薪酬調查

外部薪酬調查就是通過各種方法，對市場薪酬進行分類、匯總和統計分析。企業通過與市場薪酬的對比，發現企業薪酬在市場薪酬中的水平，同時也為企業薪酬體系設計的決策提供依據和參考。外部薪酬調查一般選擇的範圍為企業所處地區、行業，因為這更具有針對性，企業的目標人才一般會在這個範圍內流動。外部薪酬調查的主要內容一般包括本地區薪酬平均水平、同行業關鍵職位的薪酬水平、同行業通行的薪酬結構、薪酬動態與趨勢。薪酬調查的主要方法包括委託專業的第三方進行薪酬調查、主動分析部分權威部門發布的薪酬數據、公開的薪酬調查、企業組織聯合薪酬調查以及企業以其他方式就某一職位或特定領域進行外部薪酬調查。

六、薪酬結構設計

薪酬結構是指企業各職位的各類薪酬構成，這種結構的差別不僅僅表現在相同職位的薪酬數額差別上，還包括了不同層次職位的薪酬構成差別。薪酬結構反應出企業不同職位、不同技能、不同業績的重要性差別與價值差別。

薪酬結構的設計最重要的是科學性和合理性，要保證薪酬結構能夠在企業管理的實際運行中保證員工發展、崗位調整、晉升等對薪酬的需求。同時，薪酬結構還要保

證薪酬具有對外公平、對內公平、個人公平的三公平原則。

七、制定並完善薪酬製度

薪酬製度的制定和完善是薪酬體系設計的最後一個環節，也是整體薪酬體系設計的最後歸納環節。薪酬製度是薪酬體系的最終體現，並且是薪酬體系日常管理的執行依據。

一般地，薪酬製度包括薪酬管理的總體原則、薪酬結構、薪酬等級、薪酬考核、薪酬發放、薪酬調整、薪酬保密、福利管理、其他薪酬管理規定等具體內容。薪酬製度可以是一個綜合的製度，也可以分解為不同的子製度，如薪資管理製度、福利管理製度，再細分一些，還可以分為不同崗位的薪酬管理製度、薪酬總額管理製度、薪酬等級管理製度、年度調薪酬管理製度、具體的福利管理製度等。

閱讀案例 8-1

朗訊公司的薪酬管理

一、薪酬構成

朗訊公司的薪酬結構由兩大部分構成：一部分是保障性薪酬，跟員工的業績關係不大，只跟其崗位有關；另一部分薪酬跟業績緊密掛勾。朗訊公司的銷售人員的待遇中有一部分專門屬於銷售業績的獎金，業務部門根據個人的銷售業績，每一季度發放一次。在同行業中，朗訊公司的薪酬中浮動部分比例較大，朗訊公司這樣做是為了將公司每個員工的薪酬與公司的業績掛勾。

二、業績比學歷更重要

朗訊公司在招聘人才時比較重視學歷，「對於從大學剛剛畢業的學生，學歷是我們的基本要求」。對市場銷售工作，基本的學歷是必要的，但是經驗就更重要了。學位到了公司之後在比較短的時間就淡化了，無論做市場還是做研發，待遇、晉升和學歷的關係慢慢消失。在薪酬方面，朗訊公司是根據工作表現決定薪酬的。進了朗訊公司以後，薪酬和職業發展跟學歷與工齡的關係越來越淡化，基本上跟員工的職位和業績掛勾。

三、薪酬政策的考慮因素

朗訊公司在執行薪酬製度時，不僅僅看公司內部的情況，而是將薪酬放到一個系統中考慮。朗訊公司的薪酬政策主要有兩個考慮，一個考慮是保持公司的薪酬在市場上有很大的競爭力。為此，朗訊公司每年委託一個專業的薪酬調查公司進行市場調查，以此來瞭解人才市場的宏觀情形。這是大公司在制定薪酬標準時的通常做法。另一個考慮是人力成本因素。綜合這些考慮之後，人力資源部會根據市場情況給公司提出一個薪酬的原則性建議，指導所有的勞資工作。人力資源部將各種調查匯總後會告訴業務部門總體的市場情況，在這個情況下每個部門有一個預算，主管在預算允許的情況下對員工的待遇做出調整決定。

四、加薪策略

朗訊公司在加薪時做到對員工盡可能的透明，讓每個人知道加薪的原因。加薪時員工的主管會找員工談話，根據員工一年的業績，告知其可以加多少薪酬。每年的 12 月 1 日是加薪日，朗訊公司加薪的總體方案出台後，人力資源部總監會和從事薪酬

管理工作的經理進行交流，告訴員工當年薪酬的總體情況、市場調查的結果是什麼、今年的變化是什麼、加薪的時間進度是什麼等。朗訊公司每年加薪的最主要目的是保證朗訊公司在人才市場上增加一些競爭力。

一方面，我們都知道高薪酬能夠留住人才，因此每年的加薪必然能夠留住人才；另一方面，薪酬不能任意上漲，必須和人才市場的情況掛勾，如果有人因為薪酬問題提出辭職，很多情況下是讓他走或者用別的辦法留人。

五、薪酬與發展空間

薪酬在任何公司都是一個基礎性的東西。一個企業需要具有一定競爭能力的薪酬吸引人才來，還需要有一定保證力的薪酬來留住人才。如果和外界的差異過大，員工肯定會到其他地方找機會。薪酬會在中短期時間內調動員工的注意力，但是薪酬不是萬能的，工作環境、管理風格、經理和下屬的關係都對員工的去留有影響。員工一般會注重長期的打算，公司會以不同的方式告訴員工發展方向，讓員工看到發展前景。

朗訊公司在薪酬管理方面的實踐給了我們很多有益的啟示：在薪酬的構成中，學歷和資歷的因素應該逐漸淡化，更需要強調的是業績；加薪是保持企業競爭力的重要手段，但是必須清楚地瞭解市場薪酬水平，並考慮企業人力成本的承受力；薪酬固然重要，但是如果不能提供給員工足夠的發展空間，仍然會造成人才的流失，因此企業應在職業生涯規劃、環境營造、文化建設方面投入更多的經歷，而不是把目光完全放在薪酬方面。

第三節　薪酬體系設計

一、目前典型的薪酬體系

薪酬體系是企業運用各種薪酬管理評價手段，按照一定的原則向員工支付報酬的政策和程序。知識經濟時代，企業管理的中心就是人力資源管理，薪酬是人力資源管理的核心問題之一，是企業吸引、留住人才，充分發揮員工的主觀能動性，提高競爭優勢的關鍵。

薪酬體系決策的主要任務是確定企業的基本薪酬以什麼為基礎。根據企業決定員工基本薪酬的基礎不同，薪酬體系大致分為職位薪酬體系、技能薪酬體系、能力薪酬體系和績效薪酬體系四種。

（一）職位薪酬體系

職位薪酬體系以職定酬，即以職位的類型、性質確定員工的薪酬。實施職位薪酬體系要建立一套規範、標準和具有時效性的職位說明書；能夠很好地掌握和應用職位評價方法，這是實施職位薪酬體系的關鍵環節；職位的內容應基本穩定，短期內不會發生變動；企業應保持相對較多的職位級數和相對較高的薪酬水平，員工能力與職位要求基本匹配。職位薪酬體系的優點在於實現同崗同酬和按勞分配，保證了企業內部的公平性；有利於按照職位序列進行薪酬管理，操作簡單，管理成本低；薪酬隨職位晉升而提高，調動了員工努力工作、不斷提高自身技能以爭取晉升的積極性。職位薪

酬體系的缺點主要體現在員工加薪主要依靠職務晉升，而企業職位數量有限，員工晉升機會減少，極易挫傷員工的積極性；由於職位相對穩定，與職位相聯繫的薪酬也相對穩定，不利於企業對外部多變的經營環境做出迅速的反應。

這種薪酬體系適用於內部職位級別較多、外部環境相對穩定、市場競爭壓力不是很大的企業。就職位類別而言，職位薪酬體系適用於職能管理類崗位。

(二) 技能薪酬體系

技能薪酬體系是指根據員工所掌握的與工作有關的知識或技能的深度和廣度來確定員工的薪酬。實施技能薪酬體系要求企業內部的員工對所從事的工作具備一定深度和廣度的技能以及管理層對技能薪酬體系的認可；要建立一套對員工技能水平的評估標準體系；對企業所需具備的技能劃分等級，確定每一個等級的薪酬水平；對員工具有的技能水平進行評定，根據評定結果確定員工的技能等級和與其對應的薪酬水平。技能薪酬體系的優點在於薪酬與技能水平的高低掛鉤，能激發員工不斷學習科學知識，提高技能，有利於企業生產效率的提高；有利於專業技術人才安心本職工作，從一定程度上遏制了「官本位」思想；注重技能，使許多員工一技多能，企業在員工的配置上增強了靈活性。技能薪酬體系的不足之處在於做同樣的工作，由於兩人的技能不同而報酬有差異，極易造成內部的不公平感，更何況技能高並非貢獻就大；技能的界定和評定並非易事，管理成本較高；員工需要參加各種培訓提高技能水平，又增加了企業的人工成本支出。

這種薪酬體系適用於組織結構扁平化、管理職位較少、生產技術是連續流程性的企業。就職位類別而言，技能薪酬體系適用於技術類（尤其是基礎研究類）、部分操作類崗位。

(三) 能力薪酬體系

能力薪酬體系以員工的能力（技能、知識、行為特徵及其他個人特性的總稱）為依據來支付員工的薪酬。實施能力薪酬體系通常需要建立一套員工能力評估標準體系，即能力素質模型，對員工所具有的綜合素質和能力進行測評，並根據評估得出的能力水平確定相應的薪酬等級。能力薪酬體系的優點是以對員工能力的評估結果確定薪酬，能激勵員工不斷提升自身能力，把員工的成長與公司的發展統一起來考慮，鼓勵員工發展自身的工作能力，體現了以人為本的理念。能力薪酬體系的缺點是對員工的能力進行測試和評價很難做到科學而有效，往往有失偏頗，引發不公平；基於能力設計薪酬是一個複雜而耗時、耗力的過程，管理成本較高。

這種薪酬體系適用於處於初級階段和處於高度競爭環境，堅信和強調個人成就理念的企業。就職位類別來說，能力薪酬體系適用於研發崗位。

(四) 績效薪酬體系

績效薪酬體系是指員工薪酬按照個人或者團隊績效目標的實際完成狀況確定薪酬的一種薪酬體系。其最大特點是將員工薪酬收入與個人業績掛鉤，薪酬數額隨績效目標的完成狀況而浮動。隨著市場競爭的激烈，按績效付酬已是大勢所趨。

實施績效薪酬體系要求企業建立有效的績效管理體系，績效管理基礎必須非常牢靠，崗位職責體系要明確，績效目標分解合理，績效評價公開、公平。其中，績效目

標及衡量標準的確定是關鍵環節，否則對員工的激勵作用會大打折扣。績效薪酬體系將員工的個人收入與績效掛勾，既公平，又有一定的激勵作用。在整體效益不好時，企業無需支付過高的報酬，從而有利於節省人工成本。

但是，績效薪酬體系的績效目標和衡量標準很難做到客觀、準確，這就可能造成新的不公平，影響其激勵功能；按績效付酬過分強調物質刺激，長期使用會造成不良導向；在企業困難時員工得不到高報酬，可能會消極怠工甚至離職；按績效付酬容易使員工看重個人績效，造成部門之間、員工之間的不正當競爭，影響員工間的合作與企業的和諧發展。

這種薪酬體系適用於建立了一套科學、有效的績效評估體系，績效管理完善的企業。就職位類別來說，績效薪酬體系適用於生產、行銷、高級管理等崗位。

二、職位評價方法

所謂職位評價，就是根據工作分析的結果，按照一定的標準，對工作的性質、強度、責任、複雜性以及所需的任職資格等因素的差異程度，進行綜合評估的活動。職位評價是為了確定一個職位相對於組織中其他職位所進行的正式的、系統的比較和評價，這個評價的結果會成為確定薪酬的有力證據。

職位評價的內容主要包括工作的任務和責任、完成工作所需要的技能、工作對組織整體目標實現的相對貢獻大小、工作的環境和風險等。這些內容恰恰是工作分析所提供的信息，因此工作分析是職位評價的基礎。在工作分析中我們對工作進行系統的研究，工作描述的信息讓我們瞭解了工作的責任大小、複雜程度、工作的自由度和權力大小等，工作描述的信息也讓我們瞭解對任職完成工作所需要技能的要求、任職者的任職資格、工作的環境條件等信息。對這些信息進行識別、確定和權衡使我們對工作的相對價值做出恰當的評價。

目前國際通用職位評價方法有四種，即職位排序法、職位分類法、因素比較法、要素計點法。

（一）職位排序法

職位排序法是目前國內外廣泛應用的一種職位評價方法，這種方法是一種整體性的職位評價方法。職位排序法是根據一些特定的標準，如工作的複雜程度、對組織的貢獻大小等對各個職位的相對價值進行整體的比較，進而將職位按照相對價值的高低排列出一個次序的職位評價方法。

職位排序法在排序時基本採用兩種做法：第一，直接排序，即按照職位的說明根據排序標準從高到低或從低到高進行排序。第二，交替排序，即先從所需排序的職位中選出相對價值最高的排在第一位，再選出相對價值最低的排在倒數第一位，然後再從剩下的職位中選出相對價值最高的排在第二位，選出相對價值最低的排在倒數第二位，依此類推。

職位排序法的主要優點是簡單、容易操作、省時省力，適用於規模較小、職位數量較少的組織。但是這種方法也有一些不完善之處，首先，這種方法帶有一些主觀性，評價者多依據自己對職位的主觀感覺進行排序；其次，對職位進行排序無法準確得知職位之間的相對價值關係。

（二）職位分類法

所謂職位分類法，就是通過制定出一套職位級別標準，將職位與標準進行比較，並歸到各個級別中去。職位分類法好像一個有很多層的書架，每一層都代表著一個等級，比如說把最貴的書放到最上面的一層，把最便宜的書放到最下面的一層，而每個職位則好像是一本書，我們的目標是將這些書分配到書架的各層上去，這樣的結果便是我們就可以看到不同價值的職位分佈情況。因此，我們先需要建立一個很好的書架，也就是職位級別的標準。如果這個標準建立的不合理，那麼就可能會出現書架中有的層擠了很多書，而有的層則沒有書，這樣擠在一起的書就很難區分出來。

職位分類法的關鍵是建立一個職位級別體系。建立職位級別體系包括確定等級的數量和為每一個等級建立定義與描述。等級的數量沒有什麼固定的規定，只要根據需要設定，便於操作並能有效地區分職位即可。對每一定等級的定義和描述要依據一定的要素進行，這些要素可以根據組織的需要來選定。最後就是要將組織中的各個職位歸到合適的級別中去。

職位分類法是一種簡便、容易理解和操作的職位評價方法，適用於大型組織，可以對大量的職位進行評價。同時，這種方法的靈活性較強，在組織中職位發生變化的情況下，可以迅速地將組織中新出現的職位歸類到合適的類別中去。

但是，這種方法也有一定的不足，那就是對職位等級的劃分和界定存在一定的難度，有一定的主觀性。如果職位級別劃分的不合理，將會影響對全部職位的評價。另外，這種方法對職位的評價也是比較粗糙的，只能得知一個職位歸在哪個等級中，到底職位之間的價值的量化關係是怎樣的也不是很清楚，因此在應用到薪酬體系中時會遇到一定的困難。同時，職位分類法的適用具有點局限性，即適合性質大致類似、可以進行明確的分組且改變工作內容的可能性不大的職位。

（三）因素比較法

因素比較法是一種量化的職位評價方法，實際上是對職位排序法的一種改進。這種方法與職位排序法的主要區別是職位排序法是從整體的角度對職位進行比較和排序，而因素比較法則是選擇多種報酬因素，按照各種因素分別進行排序。

因素比較法分析基準職位，找出一系列共同的報酬因素。這些報酬因素是應該能夠體現出職位之間的本質區別的一些因素，如責任、工作的複雜程度、工作壓力水平、工作所需的教育水平和工作經驗等。二是將每個基準職位的工資或所賦予的分值分配到相應的報酬因素上。

因素比較法的一個突出優點就是可以根據在各個報酬因素上得到的評價結果計算出一個具體的報酬金額，這樣可以更加精確地反應出職位之間的相對價值關係。一般在下列條件下因素比較法較為適用：企業需要一種量化方法，願花大量的費用引入一種職位評價體系；這種複雜方法的運用不會產生理解問題或雇員的接受問題，並且企業希望把工資結構和基準職位的相對等級或勞動力市場上通行的工資更緊密地聯繫起來。

應用因素比較法時，應該注意兩個問題：一是薪酬因素的確定要比較慎重，一定要選擇最能代表職位間差異的因素；二是由於市場上的工資水平經常發生變化，因此要及時調整基準職位的工資水平。由於中國處於經濟體制的轉軌時期，多種薪酬體制

並存；同時國內薪酬體制透明度較低，勞動力市場價格在一定程度上處於混沌狀態，因而使用因素比較法的基礎數據不足。目前，因素比較法在國內基本未得到使用。

(四) 要素計點法

要素計點法就是選取若干關鍵性的薪酬因素，並對每個因素的不同水平進行界定，同時給各個水平賦予一定的分值，這個分值也稱為點數，然後按照這些關鍵的薪酬因素對職位進行評價，得到每個職位的總點數，以此決定職位的薪酬水平。

要素計點法首先要選擇薪酬要素，並將這些薪酬要素建立起一個結構化的評定量表。專家委員會根據這個評定量表對職位在各個要素上進行評價，得出職位在各個要素上的分值，並匯總成總的點數，再根據總的點數處在哪個職位級別的點數區間內，確定職位的級別。要素計點法的主要缺點是操作過程較為複雜，而且提前要與員工進行充分的溝通，以對要素理解達成共識。對於規模較小的企業，要素計點法的使用可能會使簡單的問題複雜化，可能會不如非量化的方法實用。

要素計點法在下述情況下可能是最合適的：對準確度、工作職位資料和工資決策需要明確無誤，使採用量化方法所費額外成本物有所值；排列大量極不相同的工作職位的需要使考慮運用一系列通用因素成為必然；工作內容不斷地進行調整，並且有可能把工作職位最終歸入相當數量的不同的工資級別之中。

三、薪酬定位

薪酬定位是指在薪酬體系設計過程中，確定企業的薪酬水平在勞動力市場中相對位置的決策過程。薪酬定位直接決定了薪酬水平在勞動力市場上競爭能力的強弱程度。薪酬定位是薪酬管理的關鍵環節，是確定薪酬體系中的薪酬政策線、等級標準和等級範圍的基礎。

(一) 薪酬定位的影響因素

制約薪酬定位的因素很多，以下從內部環境和外部環境兩方面進行分析。

1. 企業內部環境

從企業的內部環境來說，制約薪酬定位最直接的因素是薪酬戰略和薪酬理念，其次是人力資源規劃，再次是企業發展戰略。

(1) 薪酬戰略與理念。通常情況下，企業在決定進行薪酬體系設計的時候，總是希望通過薪酬體系設計來解決一些內部分配方面的價值偏離問題，比如說新老員工之間的薪酬矛盾、「大鍋飯」現象、按行政級別確定薪酬水平、關鍵崗位的激勵不足和招聘困難、薪酬調整機制不健全、績效與薪酬的掛鈎比例和方式不合理等問題。這時企業一般都會有一個明確的薪酬體系設計的目標。而這個目標又是在一定的薪酬戰略與理念的基礎上產生的。許多企業在激烈的市場競爭過程中已經體會到，薪酬不單單是如何發錢的問題，更多的是如何吸引、保留和激勵那些對企業長期發展具有重要影響的關鍵人才的問題，是如何確保企業戰略得到有效實施和順利實現的問題，從而形成了新的薪酬戰略，明確了企業在內部分配過程中所必須堅持的基本原則和價值導向；明確了薪酬支付的價值基礎（或以職位重要性為基礎，或以能力高低為基礎，或以業績優劣為基礎等）；明確了內部分配過程中的重點傾斜對象，形成了清晰的薪酬理念

（或是倡導按資歷加薪以鼓勵員工長期服務，或是倡導利潤分享以鼓勵員工創造更高的價值，或是倡導為卓越加薪以鼓勵員工的創新能力等）。這些都對企業的薪酬定位產生了直接的影響。

（2）人力資源規劃。企業的人力資源規劃也要對薪酬定位產生影響。一般情況下，企業都會在人力資源規劃中明確企業未來的人力資源需求以及在什麼時間採用什麼手段來滿足這些人力資源需求等一系列人力資源管理方面的指導原則和方針。比如是通過建立完善的培訓體系，有計劃地提升現有員工的能力水平，並通過內部勞動力市場的人員流動來滿足這些需求，還是通過外部招聘來滿足這些需求。這些指導原則和方針是企業在進行薪酬定位決策時需要認真考慮的約束條件。例如，一個企業可能在人力資源規劃中明確提出要在未來幾年內對現有員工隊伍進行優化，並通過內部晉升來填補中高層職位空缺。在這種情況下進行薪酬定位就需要考慮什麼樣的薪酬水平能夠很好地保留現有的優秀人才，並激勵他們不斷提升自己的管理能力，以填補未來的職位空缺。企業在考慮總體薪酬水平的同時，還需要考慮靜態薪酬（如基本工資）、動態薪酬（如績效工資和獎金）以及人態薪酬（如商業保險、交通補貼等）的水平應該如何設計。這樣才能對人力資源規劃中的指導原則和方針的貫徹與落實提供有效的支撐。

（3）企業發展戰略。企業發展戰略也是薪酬定位決策過程中必須要考慮的一個重要因素。比如採取低成本戰略的公司，在進行薪酬定位的時候考慮的重點一般是如何對薪酬總額進行控制的問題；而採取差異化戰略的公司，在進行薪酬定位的時候考慮的重點一般是如何提高對那些極具創造力的人才的吸引力問題。

除了上面所談到的這幾個制約因素之外，企業的支付能力、業務擴張速度、人才培養速度、內部勞動力市場的流動性等也都是需要考慮的相關因素。

2. 企業外部環境

從企業的外部環境來說，在進行薪酬定位決策時，需要重點考慮目標勞動力市場的薪酬水平、產品市場的差異化程度等因素。

（1）勞動力市場的薪酬水平。通常情況下，企業在人力資源戰略規劃當中，都會明確企業為保障其戰略規劃的順利實現而應該重點關注的關鍵人才的類型以及他們所具備的核心技能或者其他關鍵特徵。有時企業還會對外部勞動力市場進行細分，明確所關注的目標勞動力市場的具體範圍，甚至目標公司的目標職位或目標人才。在這種情況下，企業在進行薪酬定位時，必須要考慮目標勞動力市場的薪酬水平，並且將其作為薪酬定位決策時的重要參照。

（2）產品市場的差異化程度。產品市場的差異化程度對薪酬定位的影響也是非常巨大的。在產品市場差異化程度較高的情況下，人才流動性會大大降低，從目標勞動力市場上獲取所需人才的難度也大大增加。在產品差異化程度較低的情況下，人才流動性會比較高一些，人才獲取的難度也相應降低。在前一種情況下，薪酬定位的水平通常要高一些，在後一種情況下，薪酬定位的水平通常來說可能就要低一些。

除了上面談到的目標勞動力市場和產品市場之外，相關的法律法規（如競業禁止）等一些其他因素也是在進行薪酬定位決策時需要考慮的。

（二）薪酬定位的類型

一般情況下，薪酬定位有三種基本形式，即領先型、追隨型、滯後型。領先型是

指企業的薪酬水平高於市場平均水平，追隨型是指企業的薪酬水平與市場平均水平基本相當，滯後型是指企業的薪酬水平落後於市場平均水平。在這三種基本形式的基礎之上，有些企業採取的則是對不同的員工群體，採取不同的定位，由此形成了混合型薪酬定位。

不同的薪酬定位，對企業的人力資源管理、企業的核心競爭力、企業戰略的實現會產生不同的影響。

比如說，採取領先型薪酬定位的企業，其薪酬水平在市場上具有足夠強的吸引力，這樣必然會吸引許多能力非常強的優秀候選人，在這種情況下就要求企業在進行招聘的時候具有較高的甄選能力。因為能力強的候選人一般都有比較好的職業背景，都有在既定文化下形成的行為習慣和思維定勢，如果甄選手段不完善、甄選能力不強，將那些價值觀、行為方式、思維方式等與企業文化所倡導的價值觀、行為方式和思維方式相去甚遠的人才招聘進來的可能性就會增大，而這樣的人才對企業人力資源管理系統的穩定性、連貫性和一致性的衝擊力、影響力或者說殺傷力是非常大的，尤其是那些就任高層職位的人才。因此，在進行薪酬定位的時候，需要考慮每種定位對現有的人力資源管理能力和水平，尤其是對甄選能力、具有不同文化背景的人才的同化能力、人事危機的處理能力等方面所提出的要求和挑戰。同樣，不同的薪酬定位對企業的核心競爭力以及企業的戰略實現進程的影響也都需要進行慎重的考慮。

四、薪酬結構設計

（一）薪酬結構類型

1. 以崗定酬和以人定酬的薪酬結構

按照確定薪酬結構的決定標準，薪酬結構可以歸納為以崗定酬（Job-based）和以人定酬（Person-based）兩種。

以崗定酬的薪酬結構（即以職位為基礎的薪酬結構）依據工作內容，即完成了的工作任務、組織期望的行為、組織期望的結果來確定薪酬的高低。以人定酬的薪酬結構（即以技能工資制、績效工資制為基礎的薪酬結構）則以員工擁有的知識或技能（不管這些知識或技能是否應用到正在從事的工作當中），或者以員工具有的能力作為確定薪酬結構的標準。

（1）基於工作導向的薪酬結構。基於工作導向的薪酬結構指的是以工作為依據設計薪酬結構，這就需要首先進行工作評價，即根據各種工作中所包括的技能要求、努力程度要求、崗位責任要求和工作環境等因素，來決定各種工作之間的相對價值。

（2）基於任職者的薪酬結構。基於任職者的薪酬結構指的是薪酬等級標準是人們與所開展工作相關的技能或能力方面的差別。基於任職者的薪酬結構的一個基本理念是如果企業希望自己的員工學習更多的技能，並且在他們所從事的工作中變得更加富有靈活性，那麼就應當按照能夠促使他們這樣去做的方式來支付工資。

2. 固定薪酬結構與浮動薪酬結構

根據薪酬的變化幅度，薪酬結構可以劃分為固定薪酬結構與浮動薪酬結構。固定薪酬是指在一段時期內相對固定的薪酬，包括基本工資、崗位工資、技能或能力工資、工齡工資等。浮動薪酬是指隨著工作業績的變化而變化的薪酬，包括效益工資、業績

工資、獎金等。

（1）固定薪酬結構。固定薪酬是指在法律的保障範圍內，依靠勞資雙方達成的契約，勞動者明確可知的、固定獲得的報酬。固定薪酬通常包括固定的工資、固定的工作時間、固定的福利等。

（2）浮動薪酬結構。浮動薪酬是指相對對固定薪酬來講具有風險性的報酬，其獲得通常是非固定的和不可預知的。浮動薪酬是組織為了激勵員工更努力地工作而使薪酬與績效相掛勾的薪酬形式，浮動薪酬與勞動者的具體工作表現正相關。

（3）固定薪酬和浮動薪酬結構比例。固定薪酬與浮動薪酬的比例取決於職位的性質，對績效控制力強的職位，浮動比例可大一些，否則可小一些。

3. 組合薪酬結構

組合薪酬結構吸收了工作導向型薪酬結構和任職者薪酬結構的雙重優點，是一種根據決定薪酬的不同因素及薪酬的不同職能而將薪酬劃分為幾個部分，每一部分薪酬對應一種付酬因素，並通過對幾部分數額的合理確定，匯總後確定員工薪酬總額的薪酬結構。

組合薪酬結構一般由以下幾個部分構成：

（1）基礎工資。
（2）職務（技術、崗位）工資。
（3）年功工資。
（4）技能工資。
（5）效益工資。
（6）福利。

多元組合薪酬結構是組合薪酬結構的最常見的形式，是指組合薪酬結構的諸多工作報酬要素，如技能、崗位、年齡和工齡等都要顧及。實施這種薪酬結構必須要合理安排多個組成部分之間的分配比例關係。

（二）薪酬結構設計

一般企業中最簡單的薪酬結構由工資、獎金、福利、津貼四部分組成，但不同類型的人才要不同對待，這樣才能產生激勵的效果。

雖然不同企業確定薪酬結構的具體方式有所不同，但總的來說確定薪酬結構包含對企業目標與詳細信息的瞭解、對固定工資與浮動工資的合理組合與運用、對薪酬結構的評估與測算。薪酬結構是薪酬體系的重要組成部分，是薪酬體系成功與否的關鍵。

針對不同的崗位，應結合企業的不同特性進行有針對性的設計。本書選擇了幾個比較有代表性的崗位，介紹薪酬結構的設計情況。

1. 針對管理類崗位

管理類崗位的主要職能是輔導下屬的工作內容，指引經營思路，並最終達成公司經營目標。其崗位的勝任能力主要體現在最終的經營結果中，並不直接負責達成業績。因此，該崗位工資通常會採用基本工資+績效工資+工齡工資+分紅獎勵的形式，並且基本工資在工資中所占的比例相對較低。

2. 針對研發類崗位

研發類崗位在日常的工資發放中主要以崗位的勝任能力為主，但其最終的收益應體現在研發後的結果轉化能力中。因此，研發類崗位的薪酬結構通常由基本工資+技能

工資+工齡工資+項目獎勵或成果轉換分紅構成。日常的工資收入相對於分紅而言，所佔比重並不高，並且技能工資作為勝任能力的體現形式應佔有相當比重。

3. 針對生產類崗位

生產類崗位以保質保量完成生產任務為核心任務，輔以技術革新、創新與其他崗位職責指標要求。因此，在生產類崗位的薪酬構成中常見的項目有基本工資、績效工資、工齡工資、計件工資、獎勵。根據企業的不同情況可以進行相應的組合，但需要注意與其他崗位保持相對的一致性。

4. 針對銷售類崗位

銷售類崗位的薪酬結構組合方式有很多，光是提成一項就可以分為銷售額提成、毛利提成、純利提成、分品類提成等很多種形式。由於銷售類崗位的最主要衡量指標除了銷售額和利潤指標，還涉及客戶維護、貨款回收等多方面的內容，因此銷售類崗位的薪酬通常會採取基本工資+績效工資+工齡工資+提成+獎勵的構成方式。根據企業的不同發展階段，工資項目的佔比也會進行適當調整。在企業或者產品的初始階段，提成和獎勵等浮動薪酬的佔比會較高，當企業或者產品已經較為成熟，市場維護變得越發重要時，則可以適當上調績效工資的比例。

5. 針對職能類崗位

人力資源、行政、財務等不直接產生業績，以崗位勝任能力和工作項目完成情況為主要衡量依據的崗位，建議採用以下薪酬結構組合：基本工資+績效工資+工齡工資+技能工資+獎勵。具體的比例可以根據崗位的不同與收入的額度進行調整。

閱讀案例 8-2

富士康集團的困境：薪酬結構亟須調整

富士康集團董事長郭臺銘可能沒想到，從 2010 年 6 月 1 日開始實施的基層員工漲薪三成的動作，會引來新的不滿。

近日富士康集團旗下佛山普立華科技有限公司（以下簡稱佛山普立華）一些老員工因不滿「一刀切」的漲薪製度，在工廠門口聚集抗議，不滿情緒在員工中蔓延。

1. 漲薪「一刀切」

2010 年 11 月 21 日晚上 10 點，佛山市禪城區古新路與長虹東路交界的小河邊很是熱鬧，很多戴著富士康集團工牌的員工在此享受忙碌工作後的休閒。而不遠處他們工作的場所——佛山普立華和全億大科技有限公司（富士康集團旗下的另一家公司）卻被冰冷的鐵絲網圈著。

「那天聚集抗議的是些老員工，大概有兩三百人。」從湛江來的小馬對《第一財經日報》表示，公司從 6 月開始調整基層員工工資，除還在試用期的和沒有通過技能考核的員工外，4 月以前來的所有一線基層作業員基本工資都漲到了 1,400 元。

不滿調薪的主要是老員工。因為基本工資漲到 1,400 元的員工有一部分是工作 3 年以上的老員工，這些老員工的基本工資在 4 月以前就已有 1,200 元，而有些新進公司不到一年、4 月以前基本工資只有 1,000 元的也和他們一樣調了薪。「一些老員工心裡很不平衡。」小馬說。

相比之下，被加薪的新員工則非常滿意。「我現在基本工資 1,400 元，比之前多了 400 元，底薪提升了，同時還提了加班費，每月收入比之前多了 1,000 多元。」從湖北

來的小肖說。

小馬指出，如有1,400元的基本工資，再算上加班費，一般月收入會超過3,000元。不過，加班費計算方式是每周5個工作日、每個工作日加班4小時，周六周日不休息。小馬解釋，基層員工就是靠加班賺錢，周六周日加班費加倍。

根據隨機調查發現，超半數員工對此次調薪不滿，問題主要是：第一，調薪幅度不夠；第二，如工作日加班時請假，要用周六周日的加班來彌補，但其計算方式卻按工作日加班來計酬。部分老員工說，原來是1,200元的基本工資上調至1,400元，幅度僅為16.67%，沒達到之前承諾的漲薪三成。只有按月總收入（基本工資+加班工資）計算才有三成左右。

2. 同工同酬

關於員工的不滿，富士康集團有關人士表示，公司是按崗位計酬，雖然老員工工作時間長，但其所做的其實與新員工差不多，公司採用的是同工同酬的計酬方式。

面對部分老員工的抗議，富士康集團管理人員顯得無奈：「同工同酬是國家法規提倡的，非國有企業也沒有工齡工資的說法。」其實，老員工對漲薪幅度的不滿並不只是在佛山工廠，深圳和其他生產基地的老員工也有同樣的情緒。

「我們正跟進此事。」佛山市禪城區人力資源和社會保障局相關負責人指出，佛山市正在推動工資協商製度，根據當地生活消費水平、工廠效益，通過工人與企業協商，以求工人工資達到一個合理的平衡點。工資協商製度推行的前提是工會必須發揮橋樑作用。「現在很多企業正在健全工會，到其真正發揮作用還有一個過程。」上述負責人說。

華南師範大學人力資源研究所所長諶新民則表示，從佛山普立華老員工的不滿來看，富士康集團應加強管理、完善薪酬製度，才能徹底消除這種不安定因素。因為工資標準的設定一定要參照對外競爭性和對內公平性，而對內公平性是可以完善的。

3. 無奈成本，反思管理

與佛山普立華相鄰的華國公司和華永公司都打出招聘橫幅，其薪酬與富士康集團現行薪酬相比有差距，基本工資僅900多元，加上加班費最高不過2,000~2,300元。

或許這正是富士康集團感到無奈的根本原因，因為漲薪可能造成成本大幅提升。富士康集團旗下子公司富士康國際8月底公布的半年報顯示，當期虧損1.44億美元（約合9.79億元人民幣），公司員工2010年上半年月工資為360美元（約合2,448元人民幣），相比2009年同期的328.6美元（約合2,234元人民幣）增長不到一成。

這僅是截至2010年6月30日的上半年財報，漲薪三成所帶來的營運成本增長效應還沒有充分體現。富士康國際行政總裁曾在公告中表示，富士康集團員工漲薪將會增加公司營運成本，是否會對公司本年度財務表現構成任何重大不利影響還要看公司業務表現。

已漲薪一次的富士康集團還在消化漲薪後營運成本增加的影響，如此時再計算工齡工資，無疑進一步增加成本壓力，而按工齡工資加薪的方式，還可能使勞動力成本逐年增長。

作為一家龐大的代工企業，富士康集團現在要考慮的，或許不僅是生產工廠的定位，近百萬員工的規模已使其成為一個小型社會或社區，其內部管理也應從單純企業管理模式向更高層次的社會管理模式邁進。

（資料來源：孫燕颷. 富士康漲薪招致員工不滿 老員工抗議漲薪一刀切［EB/OL］.（2010-11-23）［M］. http://finance.people.com.cn/GB/13289024.html.）

第四節　可變薪酬

一、可變薪酬界定

可變薪酬也稱績效薪酬，是指相對於固定薪酬來講具有風險性的一次性經濟報酬，其獲得通常是非固定的和不可預知的。可變薪酬的支付依據是績效，包括個體績效、群體績效（團隊、部門績效）、組織績效，因此也可以說可變薪酬是以績效為條件的薪酬。

可變薪酬是一種按照企業業績的某些預定標準支付給經營者的薪酬，是短期激勵和長期激勵的組合。與基本薪酬相比，可變薪酬更容易通過調整來反應組織目標的變化。在動態環境下，面向較大員工群體實行的可變薪酬能夠針對員工和組織所面臨的變革和較為複雜的挑戰做出靈活的反應，從而不僅能夠以一種積極的方式將員工和企業聯繫在一起，從而為在雙方之間建立起夥伴關係提供了便利，同時還能起到鼓勵團隊合作的效果。此外，可變薪酬一方面能夠對員工所達成的有利於企業成功的績效提供靈活的獎勵，另一方面在企業經營不利時可變薪酬還有利於控制成本開支。

二、可變薪酬形式

企業實踐中可變薪酬的形式主要包括：個人激勵計劃，如獎金、績效調薪、技能薪酬、佣金、股票期權、員工持股計劃；群體激勵計劃，如收益分享；以組織績效為基礎的激勵計劃，如利潤分享。組織一般不會採用單一的可變薪酬形式，大部分組織的可變薪酬計劃是以上多種形式的混合。

(一) 個人績效獎勵

1. 績效工資

績效工資根據員工每月或每季度達到的工作績效水平而定，與員工的工作努力程度、工作能力、工作結果相關，反應了員工在當前崗位與技能、能力水平上的績效產出。

根據該公司的績效考評製度，績效工資有兩種形式，即月度績效工資、季度績效工資。其具體適用人員如表 8-1 所示。

表 8-1　　　　　　　　　　績效工資適用人員

人員類別		考核週期
普通員工	導遊	月考核
	司機	
	行政類	
	財務類	
	人事類	
中層管理者	部門主管	月考核與季度考核
	部門經理	

表8-1(續)

人員類別		考核週期
高層管理者	總經理	月考核與季度考核
	副總經理	
	經營總監	
	經營經理	

績效工資具體計算辦法如下：

月度績效工資 = 崗位工資 ×月度考核係數

例如，月度考核係數定義如表8-2所示。

表8-2

考核結果	優	良	中	基本合格	不合格
月度考核係數	1.5	1.2	1.1	0.8	0.4

季度績效工資 = 崗位工資 × 季度考核係數

例如，季度績效考核係數定義如表8-3所示。

表8-3

考核結果	優	良	中	基本合格	不合格
季度考核結果	2.2	1.8	1.5	0.8	0.4

2. 全勤獎

員工當月未出現任何遲到、早退、請假、曠工，並且在工作時間內態度認真，很好地完成本職工作任務，企業通常會給予全勤獎。

（1）全勤獎條件。凡領取全勤獎勵者均應符合以下三項條件，其中任何一項無法滿足時均無權領取。

①員工考核當月除國家規定的法定節日及公休外，未出現任何遲到、早退、請假、曠工行為。

②員工考核當月能夠保值、保量完成工作任務，並達到公司績效考核標準（中等以上）。

③員工考核當月無違反國家法律、公司管理製度規定的行為。

（2）全勤獎核實。企業人力資源部門對員工考勤及申領條件進行核實，如出現下列現象之一者，取消其當月全勤獎勵：

①打卡記錄作假。

②代他人打卡。

③打卡上班後，擅自離開工作場所。

④私自接打電話、閒聊、因私事會客、怠工及工作疏忽。

⑤請假、遲到、早退。

（3）全勤獎停發。當員工出現以下問題時，全勤獎停止計發。

①考核當月工作表現和工作業績不良，未達到公司考核標準者全勤獎停發，待工作水平提升至公司要求時，再參照公司全勤獎申領條件予以重新計發。

②考核當月仍處於停薪留職期員工，全勤獎勵停發，待正式恢復工作時，再參照公司全勤獎申領條件予以重新計發。

(二) 團隊績效獎勵

收益分享計劃是企業提供的一種與員工共同分享因生產率提高、成本節約和服務質量提高而帶來的收益的績效獎勵模式，如表 8-4 所示。

表 8-4　　　　　　　　　　　　收益分享利潤分配

收益分享指標	收益標準	企業分享利潤	全體員工分享利潤
成本節約	15%以上	50%成本節約額	50%成本節約額
	5%~15%	60%成本節約額	40%成本節約額
	≤5%	70%成本節約額	30%成本節約額
淨資產收益額	60%以上	50%淨資產收益增加額	50%淨資產收益增加額
	25%~60%	60%淨資產收益增加額	40%淨資產收益增加額
	≤25%	70%淨資產收益增加額	30%淨資產收益增加額

註：收益標準的確定基於上一年度成本節約額與淨資產收益額的對比，從而計算出該年度的相對增加額

為了體現可變薪酬設計的差異性原則，個人分享的收益是部門與個人的績效考核系數的有機結合，從而大大激勵員工。具體分享比例如表 8-5 所示。

表 8-5　　　　　　　　　　　　個人收益分享利潤比例

部門考核系數	個人年度績效考核系數	個人分享比例（%）
2.0	1.5	10
	1.3	9
	1.1	8
	0.9	7
	0.7	6
1.7	1.5	8
	1.3	7
	1.1	6
	0.9	5
	0.7	4
1.4	1.5	6
	1.3	5
	1.1	4
	0.9	3
	0.7	2

表8-5(續)

部門考核系數	個人年度績效考核系數	個人分享比例（%）
1.1	1.5	4
	1.3	3
	1.1	2
	0.9	1
合計	—	100

(三) 股權激勵

相對於以工資+獎金+福利為基本特徵的傳統薪酬激勵體系而言，股權激勵使企業與員工之間建立起了一種更加牢固、更加緊密的戰略發展關係。目前，基本工資和年度獎金已不能充分調動公司高級管理人員的積極性，尤其是對長期激勵很難奏效。股權激勵作為一種長期激勵方式，是通過讓經營者或公司員工獲得公司股權的形式，或給予其享有相應經濟收益的權利，使他們能夠以股東的身分參與企業決策、分享利潤、承擔風險，從而勤勉盡責地為公司的長期發展服務。

股權激勵在西方發達國家應用很普遍，其中美國的股權激勵工具最豐富，製度環境也最完善。以下是一些常見的股權激勵模式：

1. 股票期權

股票期權也稱認股權證，實際上是一種看漲期權，是公司授予激勵對象的一種權利，激勵對象可以在規定的時間內（行權期）以事先確定的價格（行權價）購買一定數量的本公司流通股票（行權）。股票期權只是一種權利，而非義務，持有者在股票價格低於行權價時可以放棄這種權利，因而對股票期權持有者沒有風險。股票期權的行權也有時間和數量限制，並且需要激勵對象自己為行權支出現金。

實施股票期權的假定前提是公司股票的內在價值在證券市場能夠得到真實的反應，由於在有效市場中股票價格是公司長期盈利能力的反應，而股票期權至少要在一年以後才能實現，因此被授予者為了使股票升值而獲得價差收入，會盡力保持公司業績的長期穩定增長，使公司股票的價值不斷上升，這樣就使股票期權具有了長期激勵的功能。同時，股票期權還要求公司必須是公眾上市公司，有合理合法的、可資實施股票期權的股票來源。

股票期權模式目前在美國最為流行，運作方法也最為規範。隨著20世紀90年代美國股市出現「牛市」，股票期權給高級管理人員帶來了豐厚的收益。股票期權在國際上也是一種最為經典、使用最為廣泛的股權激勵模式。全球500家大型企業中已有89%的企業對高層管理者實施了股票期權。

2. 虛擬股票

虛擬股票是指公司授予激勵對象一種虛擬的股票，激勵對象可以依據被授予虛擬股票的數量參與公司的分紅並享受股價升值收益，但沒有所有權，沒有表決權，不能轉讓和出售，在離開企業時自動失效。其好處是不會影響公司的總資本和所有權結構，但缺點是兌現激勵時現金支出壓力較大，特別是在公司股票升值幅度較大時。

虛擬股票和股票期權有一些類似的特性和操作方法，但虛擬股票並不是實質性的

股票認購權，它實際上是將獎金延期支付，其資金來源於企業的獎勵基金。與股票期權相比，虛擬股票的激勵作用受證券市場的有效性影響要小，因為當證券市場失效時（如遇到「熊市」），只要公司有好的收益，被授予者仍然可以通過分紅分享到好處。

3. 經營者持股

經營者持股，即管理層持有一定數量的本公司股票並進行一定期限的鎖定。激勵對象得到公司股票的途徑可以是公司無償贈予；公司補貼，被激勵者購買；公司強行要求受益人自行出資購買；等等。激勵對象在擁有公司股票後，成為自身經營企業的股東，與企業共擔風險，共享收益。參與持股計劃的被激勵者得到的是實實在在的股票，擁有相應的表決權和分配權，並承擔公司虧損和股票降價的風險，從而建立起企業、所有者與經營者三位合一的利益共同體。

4. 員工持股計劃

員工持股計劃是指由公司內部員工個人出資認購本公司部分股份，並委託公司進行集中管理的產權組織形式。員工持股製度為企業員工參與企業所有權分配提供了製度條件，持有者真正體現了勞動者和所有者的雙重身分。其核心在於通過員工持股營運，將員工利益與企業前途緊緊聯繫在一起，形成一種按勞分配與按資分配相結合的新型利益制衡機制。同時，員工持股後便承擔了一定的投資風險，這就有助於喚起員工的風險意識，激發員工的長期投資行為。由於員工持股不僅使員工對企業營運有了充分的發言權和監督權，而且使員工更關注企業的長期發展，這就為完善科學的決策、經營、管理、監督和分配機制奠定了良好的基礎。

5. 管理層收購

管理層收購又稱經理層融資收購，是指公司的管理者或經理層（個人或集體）利用借貸所融資本購買本公司的股份（或股權），從而改變公司所有者結構、控制權結構和資產結構，實現持股經營。同時，管理層收購也是一種極端的股權激勵手段，因為其他激勵手段都是所有者（產權人）對雇員的激勵，而管理層收購則乾脆將激勵的主體與客體合二為一，從而實現了被激勵者與企業利益、股東利益完整的統一。

管理層收購通常的做法是公司管理層和員工共同出資成立職工持股會或公司管理層出資（一般是信貸融資）成立新的公司作為收購主體，一次性或多次通過其授讓原股東持有的公司國有股份，從而直接或間接成為公司的控股股東。如果國有股以高於公司每股淨資產的價格轉讓，可避免國有資產的流失。

由於管理層可能一下子拿不出巨額的收購資金，一般的做法是管理層以私人財產作為抵押向投資銀行或投資公司融資，成功收購後，再改用公司股權作為抵押，有時出資方也會成為股東。

6. 業績股票

業績股票是持股計劃的另外一種方式，是根據激勵對象是否完成並達到了公司事先規定的業績指標，由公司授予其一定數量的股票或提取一定的獎勵基金購買公司股票。業績股票主要用於激勵經營者和工作業績有明確的數量指標的具體業務的負責人。業績股票是中國上市公司中應用較為廣泛的一種激勵模式。

與限制性股票不同的是，績效股票的兌現不完全以（或基本不以）服務期作為限制條件，被授予者能否真實得到被授予的績效股票主要取決於其業績指標的完成情況。

在有的持股計劃中，績效股票兌現的速度還與業績指標完成的具體情況直接掛勾：達到規定的指標才能得到相應的股票；業績指標完成情況越好，則業績股票兌現速度越快。

閱讀案例 8-3

華為公司的股權激勵

華為公司成立於 1987 年，最初是一家生產公共交換機的香港公司的銷售代理。由於採取「農村包圍城市，亞非拉包圍歐美」的戰略，華為公司迅速成長為全球領先的電信解決方案供應商，專注於與營運商建立長期合作夥伴關係，產品和解決方案涵蓋移動、網路、電信增值業務和終端等領域。華為公司在美國、德國、瑞典、俄羅斯、法國、印度等國家以及中國深圳、北京、上海、杭州、成都和南京等地設立了多個研究所，8 萬多名員工中有 43% 從事研發工作。華為公司在全球建立了 100 多個分支機構，行銷及服務網路遍及全世界，為客戶提供快速、優質的服務。2008 年，華為公司實現合同銷售額 233 億美元（約合 1,618 億元人民幣），同比增長 46%，其中 75% 的銷售額來自國際市場。

在企業管理上，華為公司積極與國際商業機器公司（IBM）、海氏管理諮詢有限公司（Hay Group）、普華永道國際會計師事務所（PwC）等世界一流管理諮詢公司合作，在集成產品開發（IPD）、集成供應鏈（ISC）、人力資源管理、財務管理和質量控制等方面進行深刻變革，建立了基於信息技術的管理體系。華為公司在企業文化上堅持「狼性」文化與現代管理理念相結合，其薪酬和人力資源管理上的創新是吸引眾多優秀人才進入華為公司的重要原因，其中股權激勵扮演著重要角色。

華為公司內部股權計劃始於 1990 年，即華為成立 3 年之時，至今已實施了 4 次大型的股權激勵計劃。

1. 創業期股票激勵

創業期的華為公司一方面由於市場拓展和規模擴大需要大量資金，另一方面為了打壓競爭者需要大量科研投入，加上當時民營企業的性質，出現了融資困難。因此，華為公司優先選擇內部融資。內部融資不需要支付利息，存在較低的財務困境風險，同時可以激發員工努力工作。1990 年，華為公司第一次提出內部融資、員工持股的概念。當時參股的價格為每股 10 元，以稅後利潤的 15% 作為股權分紅。那時，華為公司的員工的薪酬由工資、獎金和股票分紅組成，這三部分數量幾乎相當。其中，股票是在員工進入公司一年以後，依據員工的職位、季度績效、任職資格狀況等因素進行派發，一般用員工的年度獎金購買。如果新員工的年度獎金不夠派發的股票額，公司幫助員工獲得銀行貸款購買股權。華為公司採取這種方式融資，一方面減少了公司現金流風險，另一方面增強了員工的歸屬感，穩住了創業團隊。也就是在這個階段，華為公司完成了「農村包圍城市」的戰略任務，1995 年銷售收益達到 15 億元人民幣，1998 年將市場拓展到中國主要城市，2000 年在瑞典首都斯德哥爾摩設立研發中心，海外市場銷售額達到 1 億美元（約合 8.3 億元人民幣）。

2. 網路經濟泡沫時期的股權激勵

2000 年網路經濟泡沫時期，信息技術行業受到毀滅性打擊，融資出現空前困難。

2001年年底,由於受到網路經濟泡沫的影響,華為公司迎來發展歷史上的第一個冬天,此時華為公司開始實行名為「虛擬受限股」的期權改革。虛擬股票是指公司授予激勵對象一種虛擬的股票,激勵對象可以據此享受一定數量的分紅權和股價升值權,但是沒有所有權,沒有表決權,不能轉讓和出售,在離開企業時自動失效。虛擬股票的發行維護了華為公司管理層對企業的控制能力,不至於導致一系列的管理問題。華為公司還實施了一系列新的股權激勵政策:第一,新員工不再派發長期不變一元一股的股票;第二,老員工的股票也逐漸轉化為期股;第三,以後員工從期權中獲得收益的大頭不再是固定的分紅,而是期股所對應的公司淨資產的增值部分。期權比股票的方式更為合理,華為公司規定根據公司的評價體系,員工獲得一定額度的期權,期權的行使期限為4年,每年兌現額度為1/4。假設某人在2001年獲得100萬股,當年股價為1元/股,其在2002後逐年可以選擇以下方式行使期權:兌現差價(假設2002年股價上升為2元/股,則可獲利25萬元)、以1元/股的價格購買股票、留於以後兌現、放棄(即什麼都不做)。從固定股票分紅向「虛擬受限股」的改革是華為公司激勵機制從普惠原則向重點激勵的轉變。下調應屆畢業生底薪,拉開員工之間的收入差距便是此種轉變的反應。

3.「非典」時期的自願降薪運動

2003年,尚未挺過網路經濟泡沫的華為公司又遭受「非典」的重創,出口市場受到影響,同時和思科公司之間存在的產權官司直接影響華為公司的全球市場。華為公司內部以運動的形式號召公司中層以上員工自願提交「降薪申請」,同時進一步實施管理層收購,穩住員工隊伍,共同渡過難關。2003年的這次配股與華為公司以前每年例行的配股方式有三個明顯差別:一是配股額度很大,平均接近員工已有股票的總和;二是兌現方式不同,往年累積的配股即使不離開公司也可以選擇每年按一定比例兌現,一般員工每年兌現的比例最大不超過個人總股本的1/4,對於持股股份較多的核心員工每年可以兌現的比例則不超過1/10;三是股權向核心層傾斜,即骨幹員工獲得配股額度大大超過普通員工。此次配股規定了一個3年的鎖定期,3年內不允許兌現,如果員工在3年之內離開公司的話則所配的股票無效。華為公司同時也為員工購買虛擬股權採取了一些配套的措施:員工本人只需要拿出所需資金的15%,其餘部分由公司出面,以銀行貸款的方式解決。自此改革之後,華為公司實現了銷售業績和淨利潤的突飛猛漲。

4. 新一輪經濟危機時期的激勵措施

2008年,由於美國「次貸」危機引發的全球經濟危機給世界經濟發展造成重大損失。面對本次經濟危機的衝擊和經濟形勢的惡化,華為公司又推出新一輪的股權激勵措施。2008年12月,華為公司推出配股公告,此次配股的股票價格為每股4.04元,年利率逾6%,涉及範圍幾乎包括了所有在華為公司工作時間一年以上的員工。由於這次配股屬於「飽和配股」,即不同工作級別匹配不同的持股量,比如級別為13級的員工持股上限為2萬股,級別為14級的員工持股上限為5萬股。大部分在華為公司總部的老員工,由於持股已達到其級別持股量的上限,並沒有參與這次配股。之前有業內人士估計,華為公司的內部股在2006年時約有20億股。按照上述規模預計,此次的配股規模在16億~17億股,因此是對華為公司內部員工持股結構的一次大規模改造。這

次的配股方式與以往類似，如果員工沒有足夠的資金實力直接用現金向公司購買股票，華為公司以公司名義向銀行提供擔保，幫助員工購買公司股份。

華為公司的股權激勵歷程說明，股權激勵可以將員工的人力資本與企業的未來發展緊密聯繫起來，形成一個良性的循環體系，使員工獲得股權，參與公司分紅，實現公司發展和員工個人財富的增值。同時，與股權激勵同步的內部融資，可以增加公司的資本比例，緩衝公司現金流緊張的局面。

(四) 利潤分享計劃

利潤是公司經營的目的和最終結果，很大程度上取決於管理層的努力。因此，理論上，利潤分享應更側重報酬管理層和骨幹層。在實際操作中，利潤分享是全員覆蓋的。根據美國2006年的統計，接近50%的企業實行了各種分享計劃，其中利潤分享計劃佔到38%。利潤分享有一定的激勵作用，但如何真正地調動起廣大員工的積極性，使他們更多地投入到企業的價值創造過程中去，發揮他們的創造性和主動性仍是一個需要不斷研究和實踐的問題。利潤分享有以下三種分配方式：

1. 按工資級別分配

利潤分享對應著工資級別，通常是按照工資的級別來進行分配的。如果工資製度不合理，就會直接影響利潤分享的合理性。

2. 按責任和貢獻大小分配

按責任和貢獻大小分配也就是在利潤分享中加入績效考核。林肯電氣公司的做法值得參考。該公司的利潤分享機制先是直接和業績掛勾，徹底地實行計件工資，然後在利潤分享機制中又加入了績效考核。在林肯電氣公司，一是考核員工的可信賴性，二是考核質量，三是考核產出（產出在計件工資已經考核了，但是在利潤分享的時候，還要考核員工總的貢獻是多少），四是考核建議和合作。實際上該公司的利潤分享計劃，儘管引入了績效考核，但不是照搬獎金計劃，或者照搬其他的工資增長計劃中的業績考核。

3. 按稅後利潤分紅

按稅後利潤分紅，即公司先交稅，再分紅。當然，交稅以後再分紅，按照美國的稅收機制，能夠算作年終獎，也就是說其稅率是固定的。如果要算在每個月的工資裡，工資低的稅率可能還要低，如果是工資高的，累進的話則稅率更高。我們其實可以籠統地把分紅用稅前利潤或利潤總額的一定比例來分配，甚至可以按毛利率的比例分配。這樣能夠計入成本，可以減少公司的納稅額，但是對個人則是按累進稅來納稅的。

閱讀案例8-4

沃爾瑪公司與員工：利潤分享計劃

所謂利潤分享計劃，顧名思義，就是一項所有員工參與利潤分享的計劃。這是沃爾瑪公司創始人山姆·沃爾頓最引以為豪的舉動，也是保證沃爾瑪公司繼續前進的動力。該計劃具體的規定是，每一個在沃爾瑪公司待了一年以上以及每年至少工作1,000小時的員工都有資格參與分享沃爾瑪公司的利潤。運用一個與利潤增長相關的公式，沃爾瑪公司把每個合格的員工工資的一定百分比歸入員工的計劃檔案中，員工們離開

公司時可取走這個份額——或以現金方式，或以沃爾瑪公司股票方式。結果，這個計劃發展速度極快且大獲成功。

山姆・沃爾頓是這樣思考利潤分享計劃的：利潤率的高低不僅與工資數有關，也與利潤多少有關，而如何提高利潤呢？有一個簡單的道理，那就是公司與員工共享利潤——不管以工資、獎金、紅利或股票折讓方式，公司的利潤就會越多。因為員工會以管理層對待他們的方式來對待顧客。而如果員工能夠善待顧客，顧客就會樂意來這家商店，顧客越多，利潤越多，而這正是該行業利潤的真正源泉。僅靠把新顧客拉進商店，做一筆生意算一筆生意，或不惜成本大做廣告是達不到這種效果的。因此，在沃爾瑪公司的發展中，顧客稱心滿意、反覆光臨，才是沃爾瑪公司驚人的利潤率的關鍵，而那些顧客之所以對沃爾瑪公司忠誠，是因為沃爾瑪公司的員工比其他商店的員工好。

山姆・沃爾頓在自傳中對自己還沒有很快想到這個問題而感到懊悔不已，他回憶道：「很長的一段時間內我並沒有意識到這個問題。事實上，我整個事業中的最大缺憾就是，當1970年我們的公司公開發行股票時，我們最初的利潤分享計劃只包括經理人員，而沒有擴大到所有員工。由於我太擔心自己的負債狀況，也太急於讓公司迅速擴展，因而忽視了這一點。」

但山姆・沃爾頓很快意識到這些問題。於是1971年，利潤分享計劃全面實施了，不僅是對高層人員，而且是包括大部分員工。1971年，沃爾瑪公司開始在全公司內推行利潤分享計劃，具體規定為：第一，凡加入公司一年以上，每年工作時數不低於1,000小時的所有員工都有權分享公司的一部分利潤。第二，公司根據利潤情況和員工工資數的一定百分比提留。當員工離開公司或退休時，可以提取這些提留，提取方式可以選擇現金，也以可選擇公司股票。該計劃發展極快，隨著沃爾瑪公司銷售額和利潤的增長，基本上所有員工的紅利也在增加。員工為公司發展努力，也因此獲益。

第五節　員工福利

一、員工福利

員工福利是指員工除了工資和勞動保險之外所享受到的物質利益。在社會主義國家，員工福利一般指企業、事業單位和國家機關為員工舉辦的集體福利事業和建立的某些補助和補貼製度。員工福利的具體內容、方式和水平，取決於社會主義不同時期的生產力水平與職工的消費水平以及單位經營成果的大小。

福利必須被視為全部報酬的一部分，而總報酬是人力資源戰略決策的重要方面之一。從管理層的角度看，福利可對以下若干戰略目標做出貢獻：協助吸引員工、協助保持員工、提高企業在員工心目中的形象、提高員工對職務的滿意度。與員工的收入不同，福利一般不需要納稅。由於這一原因，相對於等量的現金支付，福利在某種意義上來說，對員工就具有更大的價值。

二、員工福利的構成

(一) 法定福利

法定福利也稱基本福利，是指按照國家法律法規和政策規定必須發生的福利項目，其特點是只要企業建立並存在，就有義務、有責任且必須按照國家統一規定的福利項目和支付標準支付，不受企業所有制性質、經濟效益和支付能力的影響。法定福利包括：

1. 社會保險

社會保險是國家通過立法手段建立的，旨在保障勞動者在遭遇年老、疾病、傷殘、失業、生育以及死亡等風險和事故，暫時或永久性地失去勞動能力或勞動機會，從而全面或部分喪失生活來源的情況下，能夠享受國家或社會給予的物質幫助，維持其基本生活水平的社會保障製度。中國的社會保險主要有養老保險、醫療保險、失業保險、工傷保險、生育保險。

2. 法定休假

法定休假是國家通過法律的形式規定的員工應該享有的休假時間。《中華人民共和國勞動法》規定員工享有的休假待遇包括六個基本方面：勞動者每日休息時間；每個工作日內的勞動者的工間、用餐休息時間；每周休息時間；法定節假日放假時間；帶薪年休假休息；特殊情況下的休息，如探親、病假休息等。

3. 特殊情況下的工資支付

特殊情況下的工資支付是指除屬於社會保險，如病假工資或疾病救濟費（疾病津貼）、產假工資（生育津貼）之外的特殊情況下的工資支付，如婚喪假工資、探親假工資。

(二) 非法定福利（自定福利）

非法定福利是指企業自主建立的，根據自身的經營效益、利潤完成等情況，為滿足職工的生活和工作需要，在工資收入之外，向員工本人及其家屬提供的一系列福利項目。

1. 保險類

補充醫療保險、意外傷害保險、團體健康保險、企業年金、退休計劃等。

2. 生活保障類

員工餐廳、購房貸款、購車貸款、員工互助基金、汽油費報銷等。

3. 個人發展類

員工職業生涯規劃、員工培訓計劃、員工晉升計劃、進修教育、圖書閱覽室等。

4. 補助類

住房補助、結婚補助、生育補助、交通補助、通信補助等。

5. 活動類

員工活動、家庭日活動、員工聚餐、員工旅遊等。

6. 員工俱樂部類

健身俱樂部、足球俱樂部、籃球俱樂部、乒乓球俱樂部、象棋俱樂部等。

7. 身心健康類

年度體檢、健康顧問、員工幫助計劃（EAP）等。

8. 公司層面類

獎金、津貼、節假日或生日禮金、員工持股、員工股票期權、本公司產品優惠、利潤分享計劃、收益分享計劃等。

9. 實物類

購物卡、電話卡、代金券、電影票、健身卡、美容卡、日用品、圖書等。

三、彈性福利制

（一）彈性福利制的概念

除了強制實施的法定福利之外員工對非法定福利項目的偏好往往各不相同，眾口難調。統一型的福利計劃模式往往無法考慮到員工多樣化的需求，從而削弱了福利實施的效果，這反而增加了企業的成本。從20世紀70年代開始，在西方發達國家的一些企業中，開始針對員工不同的需求提供不同的福利內容，彈性福利模式逐漸興起並成了福利管理發展的一個趨勢。

彈性福利制就是由員工自行選擇福利項目的福利管理模式。彈性福利制還有幾種不同的名稱，如自助餐式福利計劃、菜單式福利模式等。在實踐中，通常是由企業提供一份列有各種福利項目的「菜單」，然後由員工依照自己的需求從中選擇其需要的項目，組合成屬於自己的一套福利「套餐」。這種製度強調員工參與的過程。當然員工的選擇不是完全自由的，有一些項目，如法定福利就是每位員工的必選項。此外，企業通常都會根據員工的薪水、年資或家庭背景等因素來設定每一個員工所擁有的福利限額，同時福利清單的每項福利項目都會附一個金額，員工只能在自己的限額內「購買」喜歡的福利。

（二）彈性福利制設計需要考慮的因素

（1）法律法規。設立福利也是為了合理避稅，但對於福利金提取使用，按照國家規定比例走稅前列支。非稅前列支福利項目需要將其納入員工個人收入中。

（2）利弊分析。採用彈性福利制有一定的益處，但也有一定的弊端，並不是每一個企業都能適用，應根據企業自身的特點靈活運用。因此，應認真檢查福利製度的激勵作用，從正面和負面加以分析。

（3）員工真正需求。不同企業、不同崗位性質、不同員工結構，員工需求不盡相同，企業可以通過問卷調查或團體焦點訪談的方式來瞭解員工想法，以設計真正滿足員工需求的福利製度。

（4）行政與人力成本投入。許多企業在提供彈性福利制時，感到困擾的是需要花許多人工審核與處理員工申請補助的單據，也需要花很多時間與合作機構議價。

（5）全員溝通與文化塑造。好的福利製度，必須讓員工明白企業為何提供。若員工不能瞭解企業美意，認為只是換湯不換藥，可能導致使用率不高。更何況彈性福利制讓員工從被動接受轉為擁有選擇權，員工需要擔負關注與規劃自己需求的責任。這些文化與製度的轉變，在導入初期，全面且持續溝通是必要的。

(三)彈性福利制的類型

1. 標準組件式福利

這是指由企業同時推出多種固定的福利組合,每一種組合所包含的福利項目或優惠水準都不一樣,員工只能選擇其中的一個組合,不能要求更換組合中的內容。

2. 核心加選擇型福利

這是指福利製度由核心福利和彈性選擇福利組成。核心福利是每個員工都可以享受的基本福利,不能自由選擇。彈性選擇福利是員工在獲得的福利限額內可以根據自己的需求或喜好隨意選擇的福利項目,每一個福利項目都附有價格。員工獲得的福利限額是員工享有的福利總值減去核心福利的價值後的餘額。如果員工所購彈性福利總值低於其享有的福利限額,差額可以折發現金;反之,超出福利限額,超過部分必須從稅前薪酬中扣抵。

3. 附加型彈性福利

這是指在現有的福利計劃之外,再提供其他不同的福利措施或擴大原有福利項目的範圍,讓員工去選擇。這是一種最普遍的彈性福利製度,其除了維持現有的福利外,又提供額外的福利項目供員工選擇,擴大了員工的選擇範圍,能夠滿足員工的多樣化需求。

4. 彈性支用帳戶式福利製度

員工每年可以從其稅前收入中撥出一定數額的款項存入自己的專用帳戶,並以此帳戶去選擇各種福利項目的福利計劃。由於撥入該帳戶的金額不用繳納所得稅,因此對員工很有吸引力。但該帳戶中的金額如果本年度沒有用完,一般不能在來年使用,也不能用現金形式發放或挪作他用,餘額歸企業所有。

5. 自助式福利

這是指企業提供一份列有各種福利項目的「菜單」,員工在「菜單」中完全自由地選擇其所需要的福利。企業應根據員工的不同需求盡量提供多樣化的福利項目,以便供員工有餘地選擇。

閱讀案例 8-5

微軟公司福利政策

微軟(Microsoft)公司是世界計算機機軟件開發的先導,由比爾‧蓋茨與保羅‧艾倫創立於 1975 年,總部設在華盛頓州的雷德蒙市(Redmond,鄰近西雅圖)。目前,微軟公司是全球最大的電腦軟件提供商。微軟公司現有雇員 6.4 萬人,2005 年營業額達 368 億美元。其主要產品為「Windows」操作系統、「Internet Explorer」網頁瀏覽器以及「Microsoft Office」辦公軟件套件。1999 年,微軟公司推出了「MSN Messenger」網路即時信息客戶程序。2001 年微軟公司推出了「Xbox」遊戲機,參與遊戲終端機市場競爭。面對如此激烈的市場競爭環境,微軟公司無疑是當今世界最成功的公司之一,微軟公司的成功必然是諸多因素的結合,微軟公司獨具特色的福利體系吸引了世界上最優秀的技術人員的加盟,使微軟公司長期保持在軟件行業的領先地位。

1. 雇員股票購買計劃(Employee Stock Purchase Plan)

雇員股票購買計劃又稱儲蓄投資計劃(Saving Investment Plan),根據該計劃,員

工可用從工資中扣減的錢購買公司股票。該計劃的主要特點是購買公司股票所需的錢直接從稅後工資中扣減；公司股票直接從公司購買，無須交納證券交易費用；購買公司股票時，價格上一般有優惠。

2003 年，微軟公司宣布股權激勵將以受限股票代替股票期權，微軟公司向所有員工提供受限制的股份獎勵，這些股票的所有權在 5 年內逐步轉移到微軟公司的員工手中。所謂限制性，是指微軟公司的員工必須將公司以獎勵形式發放的股票保留 5 年，5 年後員工如果還在微軟公司就職，將有權賣出這些股票。

2. 舒適的辦公環境

微軟公司的辦公環境相當優美，整個建築格局就像一所大學一樣。不僅如此，在西雅圖，微軟公司每一位正式員工都有自己獨立的辦公室，該辦公室的裝修、布置和擺設由員工全權負責。

3. 生日祝福

員工生日時會收到由其上司帶來的微軟公司的祝福。

4. 家人體驗日

每年一天家人體驗日，在這一天，微軟公司的員工可以帶家庭成員來公司體驗生活。

5. 體育鍛煉卡

為了讓員工工作之餘能得到全面的休息，微軟公司給員工免費提供附近體育館的鍛煉卡。

6. 工作與生活的平衡

微軟公司在員工子女的幼兒園中安放了攝像設備，員工可以在線看到孩子，將因惦記孩子而分心工作的時間減至最少。微軟公司規定男性員工也有一個月的「產假」，以便照顧妻子和嬰兒。

7. 形式多樣的培訓機會

微軟公司提供給員工很多培訓和交流的機會，鼓勵團隊與團隊之間、人與人之間的知識和文化的分享。每年的「技術節」是一個內部員工經驗交流與分享的盛會。他們把「技術節」看成一個扁平化的社交場所，研究部門有機會接觸公司所有對新技術感興趣的人（包括蓋茨本人），並減少相互間的信息傳遞障礙，這是一種輕鬆自在的交流氛圍。微軟公司人才培育經驗是建立卓越軟件培訓部，該部門每周都會對員工進行 90 分鐘的技術與流程管理培訓，鼓勵他們在軟件設計、開發以及測試等各領域建立起學習組，從而培養出一批諳熟軟件研發流程、擅長項目管理的人才。

8. 自由放鬆的溝通氛圍

微軟公司亞洲工程院傳承了微軟公司總部的理念，其在中國的工作環境和方式也是很自由、和諧、放鬆的。微軟公司的員工可以邊享受美食邊瞭解公司新的戰略、商業計劃和產品；可以選擇自己有興趣的培訓或研究小組，實現工作角色的轉換；甚至工作時間都會讓員工自己安排。因為微軟公司給予員工足夠的信任與尊重，它相信員工能夠合理地安排好工作時間和提高效率。

第六節　薪酬福利管理實務

一、薪酬管理製度設計

示例 8-1

第一章　總則

第一條　目的。

為規範集團公司及各成員企業薪酬管理，充分發揮薪酬體系的激勵作用，特制定本製度。

第二條　制定原則。

（一）競爭原則：企業保證薪酬水平具有相對市場競爭力。

（二）公平原則：使企業內部不同職務序列、不同部門、不同職位員工之間的薪酬相對公平合理。

（三）激勵原則：企業根據員工的貢獻，決定員工的薪酬。

第三條　適用範圍：本企業所有員工。

第二章　薪酬構成

企業薪酬設計按人力資源的不同類別，實行分類管理，著重體現崗位（或職位）價值和個人貢獻。鼓勵員工長期為企業服務，共同致力於企業的不斷成長和可持續發展，同時共享企業發展帶來的成果。

第四條　企業正式員工薪酬構成。

（一）企業高層薪酬構成＝基本年薪＋年終效益獎＋股權激勵＋福利。

（二）員工薪酬構成＝崗位工資＋績效工資＋工齡工資＋各種福利＋津貼或補貼＋獎金。

第五條　試用期員工薪酬構成。

企業一般員工試用期為 1~6 個月不等，具體時間長短根據所在崗位而定。

員工試用期工資為轉正後工資的 70%~80%，試用期內不享受正式員工所發放的各類補貼。

第三章　工資系列

第六條　企業根據不同職務性質，將企業的工資劃分為行政管理、技術、生產、行銷、後勤五類工資系列。員工工資系列適用範圍詳見表 8-6。

表 8-6　　　　　　　　　　工資系列適用範圍表

工資系列	適用範圍
行政管理系列	企業高層領導； 各職能部門經理； 行政部（勤務人員除外）、人力資源部、財務部、審計部所有職員
技術系列	產品研發部、技術工程部所有員工（各部門經理除外）

表8-6(續)

工資系列	適用範圍
生產系列	生產部門、質量管理部門、採購部門所有員工(各部門經理除外)
行銷系列	市場部、銷售部所有員工
後勤系列	一般勤務人員,如司機、保安、保潔員等

第四章 高層管理人員薪酬標準的確定

第七條 基本年薪是高層管理人員的一個穩定的收入來源,是由個人資歷和職位決定的。該部分薪酬應占高層管理人員全部薪酬的30%~40%。

第八條 高層管理人員的薪酬水平由薪酬委員會確定,確定的依據是上一年度的企業總體經營業績以及對外部市場薪酬調查數據的分析。

第九條 年終效益獎。

年終效益獎是對高層管理人員經營業績的一種短期激勵,一般以貨幣的形式於年底支付,該部分應占高層管理人員全部薪酬的15%~25%。

第十條 股權激勵。

這是非常重要的一種激勵手段。股權激勵主要有股票期權、虛擬股票和限制性股票等方式。

第五章 一般員工工資標準的確定

第十一條 崗位工資。

崗位工資主要根據該崗位在企業中的重要程度來確定工資標準。企業實行崗位等級工資制,根據各崗位所承擔工作的特性及對員工能力要求的不同,將崗位劃分為不同的級別。

第十二條 績效工資。

績效工資根據企業經營效益和員工個人工作績效計發。企業將員工績效考核結果分為五個等級,其標準如表8-7所示。

表8-7　　　　　　　　績效考核標準劃分

等級	S	A	B	C	D
說明	優秀	良	好	合格	差

績效工資分為月度績效工資、年度績效獎金兩種。

月度績效工資:員工的月度績效工資同崗位工資一起按月發放,月度績效工資的發放額度依據員工績效考核結果確定。

年度績效獎金:企業根據年度經營情況和員工一年的績效考核成績,決定員工的年度獎金的發放額度。

第十三條 工齡工資。

工齡工資是對員工長期為企業服務所給予的一種補償。其計算方法為從員工正式進入企業之日起計算,工作每滿一年可得工齡工資10元/月;工齡工資實行累進計算,滿10年不再增加。工齡工資按月發放。

第十四條　獎金。

獎金是對做出重大貢獻或優異成績的集體或個人給予的獎勵。

第六章　員工福利

福利是在基本工資和績效工資以外，為解決員工後顧之憂所提供的一定保障。

第十五條　社會保險。

社會保險是企業按照國家和地方相關法律規定為員工繳納的養老、失業、醫療、工傷和生育保險。

第十六條　法定節假日。

企業按照《中華人民共和國勞動法》和其他相關法律規定為員工提供相關假期。法定假日共11天，具體如下：

元旦（1月1日）	1天
春節（農曆正月初一）	3天
清明節（4月5日）	1天
勞動節（5月1日）	1天
端午節（農曆五月初五）	1天
中秋節（農曆八月十五）	1天
國慶節（10月1日~10月3日）	3天

第十七條　帶薪年假。

員工在企業工作滿一年可享受×個工作日的帶薪休假，以後在企業工作每增加一年可增加×個工作日的帶薪休假，但最多不超過×個工作日。

第十八條　其他帶薪休假。

企業視員工個人情況，員工享有婚假、喪假、產假和哺乳假等帶薪假。

第十九條　津貼或補貼。

（一）住房補貼。企業為員工提供宿舍，因企業原因而未能享受企業宿舍的員工，企業為其提供每月×××元的住房補貼。

（二）加班津貼。凡製度工作時間以外的出勤為加班，主要指休息日、法定休假日加班以及8小時工作日的延長作業時間。

加班時間必須經主管認可，加點、加班時間不足半小時的不予計算。加班津貼計算標準如表8-8所示。

表8-8　　　　　　　　　加班津貼支付標準

加班時間	加班津貼
工作日加班	每小時加點工資＝正常工作時間每小時工資×150%支付
休息日加班	每小時加點工資＝正常工作時間每小時工資×200%支付
法定節假日加班	每小時加班工資＝正常工作時間每小時工資×300%支付

（三）學歷津貼與職務津貼。為鼓勵員工不斷學習，提高工作技能，特設立此津貼項目。其標準如表8-9所示。

表 8-9　　　　　　　　　　學歷津貼、職務津貼支付標準

津貼類型		支付標準
學歷津貼	本科	×××元
	碩士	×××元
	博士及以上	×××元
職務津貼	初級	×××元
	中級	×××元
	高級	×××元

（四）午餐補助。公司為每位正式員工提供×元／天的午餐補助。

第七章　附則

第二十條　本製度由企業人力資源部制定，經總經理核准後實施，修改時亦同。

二、福利管理製度設計

示例 8-2

第一章　總則

第一條　目的。

為了給員工營造一個良好的工作氛圍，吸引人才，鼓勵員工長期為企業服務並增強企業的凝聚力，以促進企業的發展，特製定本製度。

第二條　適用範圍。本企業所有員工。

第三條　權責單位。

（一）人力資源部負責本製度的制定、修改、解釋和廢止等工作。

（二）總經理負責核准本製度的制定、修改、廢止等。

第二章　福利的種類及標準

第四條　社會保險。

企業按照《中華人民共和國勞動法》及其他相關法律規定為員工繳納養老保險、醫療保險、工傷保險、失業保險和生育保險。

第五條　企業補充養老保險。

企業補充養老保險是指由企業根據自身經濟實力，在國家規定的實施政策和實施條件下為本企業員工建立的一種輔助性的養老保險。企業補充養老保險居於多層次的養老保險體系中的第二層次，由國家宏觀指導、企業內部決策執行。企業補充養老保險的資金由企業和員工共同承擔。

（一）企業補充養老保險資金來源的主要渠道。

（1）參保員工繳納的部分費用。

（2）公益金。

（3）福利金或獎勵基金。

（二）企業與參保員工繳費比例。

企業每月繳費比例為參加補充養老保險員工工資總額的×%，員工每月繳費為其月

工資總額的×%。

第六條　各種補助或補貼。

（一）工作餐補助。

發放標準為每人每日×元，隨每月工資一同發放。

（二）節假日補助。

每逢勞動節、國慶節和春節，企業為員工發放節假日補助，正式員工每人×元。

（三）其他補助。

（1）生日補助：正式員工生日時（以員工身分證上的出生日期為準），企業為員工發放生日賀禮×××元，並贈送由總經理親筆簽名的生日賀卡。

（2）結婚補助：企業正式員工滿一年及以上者，給付結婚賀禮×××元，正式聘用未滿半年者賀禮減半，男女雙方都在企業服務的正式員工賀禮加倍。

第七條　教育培訓。

為不斷提升員工的工作技能和員工自身發展，企業為員工定期或不定期地提供相關培訓，採取的方式主要有在職培訓、短期脫產培訓、公費進修和出國考察等。

第八條　設施福利。

旨在豐富員工的業餘生活，培養員工積極向上的道德情操，包括組織旅遊、文體活動等。

第九條　勞動保護。

（一）因工作原因需要勞動保護的崗位，企業必須發放在崗人員勞動保護用品。

（二）員工在崗時，必須穿戴勞動用品，並不得私自挪做他用。員工辭職或退休離開企業時，必須到人力資源部交還勞保用品。

第十條　各種休假。

（一）國家法定假日。

包括元旦（1天）、春節（3天）、清明節（1天）、勞動節（1天）、端午節（1天）、中秋節（1天）、國慶節（3天）。

（二）帶薪年假。

員工為企業服務每滿1年可享受×天的帶薪年假；每增1年相應增1天，但最多為×天。

（三）其他假日。

員工婚嫁、產假、事假、病假期間，其休假待遇標準如表8-10所示。

表8-10　　員工婚嫁、產假、事假、病假期間，其休假待遇標準

假日	相關說明	薪資支付標準
婚假	符合《中華人民共和國婚姻法》規定的員工結婚時，享受3天婚假。若是晚婚，除享受國家規定的婚假外，增加晚婚假7天	全額發放員工的基本工資
產假	女職工的產假有90天，產前假15天，產後假75天。難產的，增加產假15天。多胞胎生育的，每多生育一個嬰兒增加產假15天	按相關法律規定和公司政策執行

表8-10(續)

假日	相關說明	薪資支付標準
事假	必須員工本人親自處理時，方可請事假並填寫請假單	扣除請假日的全額工資
病假	員工請病假，需填寫請假單；規定醫療機構開具的病休證明	勞動者本人所在崗位標準工資的××%

第三章　員工福利管理

第十一條　人力資源部於每年年底必須將福利資金支出情況編制成相關報表，交付相關部門審核。

第十二條　福利金的收支帳務程序比照一般會計製度辦理，支出金額超過××××元以上者需提交總經理審核。

【本章小結】

在薪酬管理中，薪酬的概念構成和主要因素是傳統工資與現代薪酬的主要區別。薪酬設計的原則包括公平性、有效性、合法性。

職位薪酬體系通過薪酬調查，設計合理化問卷，並完成數據統計和篩選，最終完成調查報告。

可變薪酬的種類分佈中，從績效薪酬到個體和團隊激勵，最難做好的是高層激勵計劃。留住核心員工應從完善企業可變薪酬方案設計開始。

員工福利包括企業自定的和非自定的兩種福利，各有利弊。

【簡答題】

1. 薪酬的主要構成有哪些？對企業有哪些重要作用？
2. 簡述薪酬體系設計的流程。
3. 簡述薪酬調查的主要步驟。
4. 可變薪酬有哪些常見形式？
5. 股權制可變薪酬有哪幾類？
6. 員工福利中法定福利有哪些類型？
7. 員工福利中企業自主福利有哪些類型？
8. 如何設計彈性福利？

【案例分析題】

康貝思公司的薪酬體系

康貝思公司是一家在20世紀90年代中期創辦成立的集研發、生產和銷售為一體的民營家電企業。其主要產品為燃氣用具、廚房電器、家用電器等家電產品。自成立以來，康貝思公司抓住市場機遇，以高科技為先導，高起點、高標準引進國內外先進的

燃具生產技術和工藝，嚴格按照質量標準組織生產，通過建立自有行銷渠道網路進行產品銷售。經過10餘年的發展，康貝思公司現有員工1,000多人，總資產8億元，淨資產3億元，年銷售額達到10億多元。近一年來，康貝思公司出現產品開發跟不上消費者需求變化和開發週期過長、向客戶提供產品不及時、生產成本與競爭對手相比居高不下、銷售業績停滯不前等現象。為了應對新環境對公司產生的影響，康貝思公司和當前大多數企業一樣，也推行了戰略重組、流程優化、組織精簡等變革措施，以期提升企業的經營業績。然而，迄今為止，令人遺憾的是康貝思公司付出的這些努力都沒有取得預期的成果。

康貝思公司以前的薪酬製度是以管理職務等級標準建立的，公司薪酬項目主要包括三部分：基本工資、績效工資和福利。這種基於管理職務等級標準為基礎來確定薪酬的內部等級體系，主要考慮的是崗位的職務高低、管轄範圍、決策權力等。

康貝思公司所有崗位按照管理職務等級劃分為12個等級，一個職務等級對應一個薪酬級別，即一崗一薪。基本工資和績效工資總額水平由管理職務等級確定，所有崗位的兩者比例都一樣，為90：10。工資等級要得到晉升必須要在管理職務上獲得提升，一旦員工職務上得不到升級，其工資水平基本上不會發生變化，除非康貝思公司進行員工工資普調。

康貝思公司每個月進行員工績效考核來決定員工的績效工資，主要集中對生產和銷售人員的考核，考核是由員工的直接上級進行，人力資源部進行復核和歸總。考核主要是從工作態度、工作任務和出勤方面進行，以確定員工的績效等級。績效考核結果共分為三級：一等（優秀）、二等（稱職）、三等（不稱職）。其相應等級的考核系數為1.1：0.9：0.7。其採取強制分佈法將員工考核一、二、三等的比例控制在10%：60%：30%範圍內。每年年底，康貝思公司會對員工一年的績效進行一次歸總性評估，評選出具有卓越貢獻的員工並給予特別獎勵，自實施以來，最多的一次獲得特別獎勵的員工也沒有超過5人。

薪酬項目組合：基本工資+績效工資+福利。

狀態：固定+浮動+固定。

基本工資的確定辦法如下：

（1）以職務等級標準進行確定，等級越高工資水平越高。

（2）反應職務高低、管轄權、預算決策權的職位等級標準是工資等級體系建立的基礎；工資水平是基於內部職務高低，而不考慮外部工資水平。

（3）每一等只有一級，共有12個等級，其平均差距為25%左右，最高與最低工資相差14倍多。

（4）工資增長依據職務晉升實現。

（5）基本工資每月固定發放，與員工的出勤率相關。

（6）績效工資：績效工資占基本工資的11%左右。

（7）績效工資獲取依據員工的績效考核結果對應的等級系數決定。

（8）績效認可：績效考核由上級依據員工工作態度、工作任務和出勤率進行考核。

（9）考核結果等級的系數按等級分為：一等（優秀）1.1、二等（稱職）0.9、三等（不稱職）0.7。

（10）考核等級得到嚴格控制：員工考核一、二、三等的比例控制在 10%：60%：30% 範圍內，在年底對於特別優秀的極個別員工給予特殊獎勵。

（11）公司對表現優異的員工頒發總經理獎。

（12）公司總經理為了調動員工的積極性，在薪酬之外實施了總經理獎勵製度，由總經理依據公司階段性工作任務安排進行獎勵，獎勵方式是以現金進行，額度為 200～1,000 元，其實施對象主要是部門負責人以上級別人員。

康貝思公司在內部進行了一次員工民意調查，調查結果清晰地反應出幾個主要問題：除了高層外，員工大多數不清楚公司的戰略和目標，更不知公司如何有效實施戰略以及公司戰略和自己有什麼關係；公司在實施變革後，員工工作責任發生變化，但薪酬還是老樣子；員工薪酬的升降只由職務等級決定；員工的薪酬獲取雖說以績效考核確定，但績效考核又缺乏相應的客觀標準，基本上全由上級說了算；等等。

思考題：
1. 康貝思公司的薪酬體系是以什麼為主建立的？其薪酬由哪些方面構成？
2. 康貝思公司的薪酬體系有什麼問題嗎？如果有，應該如何改進？

【實際操作訓練】

實訓項目：銷售人員薪酬福利方案設計。

實訓目的：在學習理論知識的基礎上，通過實訓，進一步掌握薪酬管理的方法，能夠制定合理的薪酬管理製度。

實訓內容：
1. 進行銷售人員崗位評價。
2. 進行銷售人員崗位薪酬調查。
3. 根據擬定虛擬企業背景資料，進行薪酬定位。
4. 明確銷售人員薪酬結構。
5. 設計銷售人員薪酬福利方案。

第九章　員工關係管理

開篇案例

谷歌公司的福利激發創造力

　　2012年，美國《財富》雜誌做了一項調查，得出結論：在全球互聯網企業中，員工福利最好的非谷歌公司莫屬。眾所周知，從事信息技術產業的員工很大一部分工作是創新性的，他們承受著巨大的壓力，時常需要加班、熬夜。

　　谷歌公司人力營運高級副總裁拉茲羅·博克介紹，谷歌公司共有約3萬名員工，為讓他們保持愉悅的心情、健康的身體，使員工關係更加親密，最大限度激發員工的創造力，谷歌公司付出了巨大努力，包括推行高標準的員工福利政策，如免費美食、現場洗衣、改衣服務、戶外運動、邀請名人演講等。

　　谷歌公司為什麼要提供如此豐厚的福利和待遇？谷歌公司為員工創造了什麼樣的工作氛圍？這是很多企業高管想知道的。谷歌公司在曼哈頓的工程總監內維爾曼寧介紹：「谷歌公司的企業哲學其實很簡單，其成功依賴於創新和協作，其做的一切就是讓創新和協作更簡單。」

　　谷歌公司的辦公樓是一個把休閒度假和家庭風格混合的、充滿輕快和溫馨氣息的地方。這裡有開放式廚房、多功能咖啡吧、陽光房、遊戲室、餐廳、藝術走廊以及按摩室、瑜伽教室、擁有多種器材的健身房等。這些設施距離辦公室只有一步之遙，員工們工作勞累時，就可以在這裡小休片刻，讓精神放鬆。

　　走進圖書館，打開書櫃，你會發現裡面隱藏著更大的空間，你可以在這裡獨自看書，不用擔心他人的打擾。而當你到了遊戲廳，你會發現整個遊戲廳就是一個巨大的樂高玩具庫，你進入其中就像進入了迷宮一樣。

　　谷歌公司的福利不僅是辦公環境的人性化，還體現在個性化方面。谷歌公司讓眾多的軟件工程師自己設計辦公桌的風格。有些人不喜歡整天坐在桌子旁邊，就站著工作；有的人在自己的辦公桌旁邊加了一個跑步機。谷歌公司還將女性生產假期調整為7周（這在美國是比較多的），還開闢了嬰兒室、寵物室、兒童室，女性員工上班可以帶孩子。

　　在健康飲食方面，谷歌公司可以說是不遺餘力。一日免費三餐自不必說，像各種糖果、飲料都全天提供。當然，這些食物多是健康食品。

　　谷歌公司的福利不僅表現在物質生活上，還表現在他們對員工文化生活的關注上。谷歌公司經常會舉辦各種演講、音樂會、舞會以及其他交誼活動。

　　（資料來源：學習谷歌好榜樣：谷歌幫員工管好情緒［EB/OL］.（2015-07-07）［2016-11-10］. http://www.wtoutiao.com/p/hcfXBF.html.）

問題與思考：
1. 此案例給了我們什麼啟發？
2. 員工關係對企業來說有何價值？
3. 為什麼要進行員工關係管理？

第一節　員工關係管理概述

一、員工關係管理的概念

從廣義上講，員工關係管理是在企業人力資源體系中，各級管理人員和人力資源職能管理人員，通過擬訂和實施各項人力資源政策和管理行為以及其他的管理溝通手段調節企業和員工、員工與員工之間的相互聯繫和影響，從而實現組織的目標並確保為員工、社會增值。從狹義上講，員工關係管理是企業和員工的溝通管理，這種溝通更多採用柔性的、激勵性的、非強制的手段，從而提高員工滿意度，支持組織其他管理目標的實現。員工關係管理的主要職責是協調員工與公司、員工與員工之間的關係，引導建立積極向上的工作環境。

二、員工關係管理的具體內容

從廣義的概念上看，員工關係管理的內容涉及了企業文化和人力資源管理體系的構建。從企業願景和企業價值觀的確立、內部溝通渠道的建設和應用、組織的設計和調整、人力資源政策的制定和實施等，所有涉及企業與員工、員工與員工之間的聯繫和影響的方面，都是員工關係管理體系的內容。

從管理職責來看，員工關係管理主要有以下幾個方面：

（一）勞動關係管理

勞動關係管理主要包括勞動爭議處理、員工上崗、離崗面談及手續辦理，處理員工申訴、人事糾紛和意外事件，引導員工遵守公司的各項規章製度、勞動紀律，提高員工的組織紀律性，在某種程度上對員工行為規範起約束作用；為員工提供有關國家勞動法律、法規、政策、個人身心等方面的諮詢服務，協助員工平衡工作與生活。

（二）員工溝通管理

員工溝通管理要求保證溝通渠道的暢通，引導公司上下級及時的雙向溝通，完善員工建議製度。員工關係管理的重點是員工成長溝通管理。員工成長溝通可以細分為入職前溝通、崗前培訓溝通、試用期間溝通、轉正溝通、工作異動溝通、定期考核溝通、離職面談、離職後溝通管理8個方面，從而構成一個完整的員工成長溝通管理體系，以改善和提升員工關係管理水平，為公司領導經營管理決策提供重要的參考信息。

（三）員工健康管理

員工健康管理要求組織員工健康體檢，組織員工心態、滿意度調查，對謠言、怠

工的預防、檢測及處理，解決員工關心的問題。

（四）企業文化建設

這是指企業建設積極有效、健康向上企業文化，引導員工價值觀，維護企業的良好形象。

（五）員工關係管理培訓

這是指企業組織員工進行人際交往、溝通技巧等方面的培訓。

三、員工關係管理的目標

（一）協調和改善企業內部人際關係

企業的總目標能否實現，關鍵在於企業與個人目標是否一致，企業內部各類員工的人際關係是否融洽員工關係管理就是要暢通企業內部信息交流渠道，消除誤會和隔閡，聯絡感情，在企業內部形成相互交流、相互配合、相互支持、相互協作的人際關係，而這種人際關係一旦形成，標誌著創造了一種良好的企業心理氣氛，成為提高工作效率，推動企業發展的強大動力。

（二）樹立員工的團體價值

企業的價值觀念是企業內部絕大多數人認同並持有的共同信念和判斷是非的標準，是調整企業員工行為和人際關係的持久動力，是企業精神的表現。員工的團體價值是決定企業興衰成敗的根本問題，對於塑造企業形象和企業生存發展具有重要的作用。企業的價值觀念是經過長期的培養逐步形成的。因此，企業應通過員工關係管理，逐步地精心培育全體員工認同的價值觀念，從而影響企業的經營決策、領導風格以及全體員工的工作態度和作風，引導全體員工把個人的目標和理想凝聚在同一目標和信念上，形成一股強大的凝聚力。

（三）增強企業對員工的凝聚力

員工關係管理可以使每一個員工都從內心真正把自己歸屬於企業之中，處處為企業的榮譽和利益著想，把自己的命運和企業的興衰聯繫在一起，為自己是企業的一員而自豪，使企業內部上下左右各方面心往一處想，勁往一處使，成為一個協調和諧、配合默契、具有強大凝聚力的集體。

綜上所述，員工關係管理的問題最終是人的問題，主要是管理者的問題。因此，管理者，特別是中高層管理者的觀念和行為起著至關重要的作用。在員工關係管理和企業文化建設中，管理者應是企業利益的代表者，應是群體最終的責任者，應是下屬發展的培養者，應是新觀念的開拓者，應是規則執行的督導者。在員工關係管理中，每一位管理者能否把握好自身的管理角色，實現自我定位、自我約束、自我實現、自我超越，關係到員工關係管理的成敗和水平，更關係到一個優秀的企業文化建設的成敗。

第二節　勞動關係管理

一、勞動關係管理的概念

勞動關係管理就是指傳統的簽合同、解決勞動糾紛等內容。勞動關係管理是對人的管理，對人的管理是一個思想交流的過程，在這一過程中的基礎環節是信息傳遞與交流。勞動關係管理是要通過規範化、製度化的管理，使勞動關係雙方（企業與員工）的行為得到規範，權益得到保障，維護穩定和諧的勞動關係，促使企業經營穩定運行。企業勞動關係主要指企業所有者、經營管理者、普通員工和工會組織之間在企業的生產經營活動中形成的各種責、權、利關係，所有者與全體員工的關係，經營管理者與普通員工的關係，經營管理者與工人組織的關係，工人組織與職工的關係。

二、勞動關係管理的主體

勞動關係中的一方應是符合法定條件的用人單位，另一方只能是自然人，而且必須是符合勞動年齡條件，並且具有與履行勞動合同義務相適應的能力的自然人。

（一）用人單位

用人單位包括企業、個體經濟組織、民辦非企業單位、律師事務所、會計師事務所、基金會以及國家機關、事業單位、社會團體等。

（二）勞動者

勞動者必須是年滿16周歲且具有勞動能力的自然人。文藝、體育和特種工藝單位招用未滿16周歲的未成年人，必須依照國家有關規定，履行審批手續，並保障其接受義務教育的權利。勞動者不包括公務員、參公管理人員、實行聘用制的事業單位工作人員、現役軍人、家庭保姆、在校學生、義工、單純從事農業生產的農民等。

三、勞動合同

（一）勞動合同的種類

勞動合同分為固定期限勞動合同、無固定期限勞動合同和以完成一定工作任務為期限的勞動合同。

無固定期限勞動合同是指用人單位與勞動者約定無確定終止時間的勞動合同。用人單位與勞動者協商一致，可以訂立無固定期限勞動合同，無條件限制。有下列情形之一，勞動者有權要求訂立無固定期限勞動合同：

（1）勞動者在該用人單位連續工作滿10年的。

（2）用人單位初次實行勞動合同製度或者國有企業改制重新訂立勞動合同時，勞動者在該用人單位連續工作滿10年且距法定退休年齡不足10年的。

（3）連續訂立兩次固定期限勞動合同，續訂勞動合同的。

視為訂立無固定期限勞動合同的情形是指用人單位自用工之日起滿一年不與勞動

者訂立書面勞動合同的，視為用人單位與勞動者已訂立無固定期限勞動合同。用人單位違反相關規定不與勞動者訂立無固定期限勞動合同的，自應當訂立無固定期限勞動合同之日起向勞動者每月支付兩倍的工資。

(二) 勞動合同的成立和效力

　　1. 訂立書面勞動合同

　　勞動合同應當以書面形式訂立。勞動合同應當在用工同時或者自用工之日起一個月內訂立。用人單位自用工之日起超過一個月且不滿一年未與勞動者訂立書面勞動合同的，應當向勞動者每月支付兩倍的工資並補立書面勞動合同；用人單位自用工之日起滿一年不與勞動者訂立書面勞動合同的，除按上述規定每月支付兩倍工資外，視為用人單位與勞動者已訂立無固定期限勞動合同。先訂立勞動合同後用工的，勞動關係自用工之日起建立。勞動合同由勞動合同書和規章製度等附件構成，規章製度與集體合同或者勞動合同不一致的，勞動者有權請求優先適用合同約定。

　　2. 勞動合同的成立和生效

　　（1）勞動合同由用人單位與勞動者協商一致，並經用人單位與勞動者在勞動合同文本上簽字或者蓋章生效。

　　（2）無效的勞動合同的情形包括：以詐欺、脅迫的手段或者乘人之危，使對方在違背真實意思的情況下訂立或者變更勞動合同的；用人單位免除自己的法定責任、排除勞動者權利的；違反法律、行政法規強制性規定的。勞動合同無效的處理類似於民事合同無效的處理。

　　（3）無書面形式的勞動合同形成的事實上的勞動關係。用人單位招用勞動者未訂立書面勞動合同，但同時具備下列情形的，勞動關係成立：用人單位和勞動者符合法律、法規規定的主體資格；用人單位依法制定的各項勞動規章製度適用於勞動者，勞動者受用人單位的勞動管理，從事用人單位安排的有報酬的勞動；勞動者提供的勞動是用人單位業務的組成部分。

　　3. 告知義務

　　用人單位招用勞動者時，應當如實告知勞動者工作內容、工作條件、工作地點、職業危害、安全生產狀況、勞動報酬以及勞動者要求瞭解的其他情況。用人單位有權瞭解勞動者與勞動合同直接相關的基本情況，勞動者應當如實說明。用人單位招用勞動者，不得扣押勞動者的居民身分證和其他證件，不得要求勞動者提供擔保或者以其他名義向勞動者收取財物。用人單位違反此規定，由勞動行政部門責令限期退還勞動者本人，並以每人 500 元以上 2,000 元以下的標準處以罰款；給勞動者造成損害的，用人單位應當承擔賠償責任。

(三) 勞動合同的條款

　　1. 必備條款

　　勞動合同的必備條款包括當事人、期限、工作內容和地點、工作時間和休息休假、勞動報酬、社會保險、勞動保護、勞動條件和職業危害防護。必備條款欠缺會導致合同不成立。用人單位提供的勞動合同文本未載明必備條款或者用人單位未將勞動合同文本交付勞動者的，由勞動行政部門責令改正；給勞動者造成損害的，用人單位應當

承擔賠償責任。

2. 關於試用期的強制性規定

試用期是指用人單位和勞動者在建立勞動關係時，經過平等協商，在勞動合同中約定，供雙方相互瞭解、相互考查、相互選擇的不超過法律規定時長的期限。試用期在勞動合同解除方式、工資水平等方面與正式勞動合同期間有所不同。

試用期的具體時間，應由勞動者和用人單位協商確定，但不得違反國家有關試用期最長限度的規定。

（1）勞動合同期限在三個月以上一年以下的，試用期不得超過一個月。

（2）勞動合同在一年以上三年以下的，試用期不得超過二個月。

（3）三年以上固定期限和無固定期限的合同，試用期不得超過六個月。

非全日制用工、以完成一定工作任務為期限的勞動合同、勞動合同期限不滿三個月的，不得約定試用期。

同一用人單位與同一勞動者只能約定一次試用期。試用期包含在勞動合同期限內。勞動合同僅約定試用期的，試用期不成立，該期限為勞動合同期限。勞動者在試用期的工資不得低於本單位相同崗位最低檔工資的80%或者不得低於勞動合同約定工資的80%，並不得低於用人單位所在地的最低工資標準。用人單位應當為試用者繳納社會保險費。

用人單位違反規定與勞動者約定試用期的，由勞動行政部門責令改正；違法約定的試用期已經履行的，由用人單位以勞動者試用期滿月工資為標準，按已經履行的超過法定試用期的期間向勞動者支付賠償金。

3. 關於違約金的強制性規定

（1）違約金約定。除勞動者違反服務期約定和競業限制條款外，勞動合同不得約定由勞動者承擔違約金。

（2）服務期約定。用人單位為勞動者提供專項培訓費用，對其進行專業技術培訓的，可以與該勞動者訂立協議，約定服務期。勞動者違反服務期約定的，應當按照約定向用人單位支付違約金。約定的違約金數額不得超過用人單位提供的培訓費用。用人單位要求勞動者支付的違約金數額不得超過服務期尚未履行部分所應分攤的培訓費用。

（3）競業限制條款。為了保護商業秘密，防止不正當競爭，用人單位的高級管理人員、高級技術人員和其他負有保密義務的人員在競業限制期限內按月給予勞動者經濟補償；競業限制期限不得超過兩年。勞動者違反競業限制約定的，應當按照約定向用人單位支付違約金。

限制的範圍條款主要包括時間限制、地域限制、領域限制等。例如，禁止引誘離職條款（職工離職後負有不得誘使其他知悉企業商業秘密的員工離職的義務，如果違反此義務，則應該承擔相應的責任）；補償費條款（職工負有競業禁止的義務，企業應支付一定數額的競業禁止補償金，具體標準可由雙方約定，可執行相關行業或地方規定）。

閱讀案例 9-2

重慶破獲首例侵犯商業秘密案，涉案金額上千萬元

據重慶市公安局打假總隊披露，警方近日成功破獲當地首例侵犯商業秘密案，涉案金額 1,000 餘萬元，3 名主要犯罪嫌疑人已被刑事拘留。

據介紹，2006 年 1 月，巴南區公安分局經偵支隊接到重慶市某淨化設備公司舉報：重慶市某機械制造公司生產銷售的再生精餾設備涉嫌侵犯該公司商業秘密，對其造成重大經濟損失。警方偵查發現，2015 年 3 月，重慶市某淨化設備公司原廠長夏某離職後，伙同該廠銷售負責人鄭某，罔顧與某淨化設備公司簽訂的保密承諾，私自註冊成立某機械制造公司。

之後，夏某等人採取高薪回報等方式，先後將上述淨化設備公司原生產負責人唐某、銷售骨幹王某和黃某等人陸續招攬到新成立的公司。夏某等人利用上述人員在某淨化設備公司工作期間掌握的再生精餾設備制造核心技術、報價方案、聯絡渠道、客戶信息、客戶需求等商業秘密，在短短兩個月內，仿造出原公司花費數年心血、耗資 800 餘萬元研製的再生精餾設備。

同時，夏某等人通過降低售價與上述淨化設備公司展開不正當競爭，進而搶占客戶資源，並利用網路銷售平臺將侵權產品大肆銷往岡比亞、緬甸、土耳其、馬來西亞等多國，涉案金額累計超過 1,000 萬元。警方在掌握確鑿證據後，從上述機械制造公司查獲涉嫌侵權產品「VTS-PP 再生精餾設備」3 臺。目前，夏某、鄭某、唐某 3 名主要犯罪嫌疑人已被批捕，該案還在進一步查辦中。

（資料來源：吳新偉. 重慶破獲首例侵犯商業秘密案 涉案金額逾千萬 [EB/OL]. (2016-05-13) [2016-11-10]. http://news.ifeng.com/a/20160513/48765958_0.shtml.）

（四）勞動合同的解除與終止

1. 勞動合同解除的法律後果

（1）勞動合同解除和終止後用人單位應承擔的後合同義務。用人單位應當在解除或者終止勞動合同時出具解除或者終止勞動合同的證明，並在 15 日內為勞動者辦理檔案和社會保險關係轉移手續。勞動者應當按照雙方約定，辦理工作交接。用人單位依照有關規定應當向勞動者支付經濟補償的，在辦結工作交接時支付。用人單位對已經解除或者終止的勞動合同的文本，至少保存兩年備查。

（2）單方解除合同的法律後果。單方解除勞動合同系違反《中華人民共和國勞動合同法》的行為，用人單位或勞動者由於本身的過錯造成的不履行或不適應履行合同義務，應承擔相關的法律責任，即行政責任、經濟責任和刑事責任。

（3）用人單位違法解除或者終止勞動合同的處理。用人單位違反法律、法規規定解除或者終止勞動合同，勞動者要求繼續履行勞動合同的，用人單位應當繼續履行；勞動者不要求繼續履行勞動合同或勞動合同已經不能繼續履行的，用人單位應當依照經濟補償標準的兩倍向勞動者支付賠償金。

（4）勞動者違法解除勞動合同的處理。勞動者違反法律、法規規定解除勞動合同，或者違反勞動合同中約定的保密義務或競業限制，給用人單位造成損失的，應當承擔

賠償責任。用人單位招用與其他用人單位尚未解除或者終止勞動合同的勞動者，給其他用人單位造成損失的，應當承擔連帶賠償責任。

2. 協商解除

用人單位與勞動者協商一致，可以解除勞動合同。協商解除勞動合同要求雙方當事人具有平等的解除合同請求權；必須經雙方平等、自願、協商一致；協商解除不受約定終止合同條件的約束；由用人單位提出解除勞動合同的，用人單位必須支付補償金。工作每滿一年的，發給相當於一個月的工資補償，最多不超過12個月；工作時間不滿一年發給相當於一個月工資的經濟補償金。勞動合同解除後，用人單位未按規定給予勞動者經濟補償的，除發給經濟補償外，還必須按經濟補償金額的50%支付額外經濟補償金。

3. 勞動者單方解除

（1）無條件的單方解除（預告解除）。勞動者提前30日以書面形式通知用人單位，可以解除勞動合同。勞動者在試用期內提前3日通知用人單位，可以解除勞動合同。

（2）有條件的單方解除（單位過錯）。根據《中華人民共和國勞動合同法》（以下簡稱《勞動合同法》）第三十八條的規定，用人單位有下列情形之一的，勞動者可以解除勞動合同：

①未按照勞動合同約定提供勞動保護或者勞動條件的；

②未及時足額支付勞動報酬的；

③未依法為勞動者繳納社會保險費的；

④用人單位的規章製度違反法律、法規的規定，損害勞動者權益的；

⑤勞動合同無效的；

⑥法律、行政法規規定勞動者可以解除勞動合同的其他情形。

用人單位以暴力、威脅或者非法限制人身自由的手段強迫勞動者勞動的，或者用人單位違章指揮、強令冒險作業危及勞動者人身安全的，勞動者可以立即解除勞動合同，不需事先告知用人單位。

4. 用人單位單方解除

（1）用人單位隨時解除（過錯性解除）。根據《勞動合同法》第三十九條的規定，勞動者有下列情形之一的，用人單位可以解除勞動合同：

①在試用期間被證明不符合錄用條件的；

②嚴重違反用人單位的規章製度的；

③嚴重失職，營私舞弊，給用人單位造成重大損害的；

④勞動者同時與其他用人單位建立勞動關係，對完成本單位的工作任務造成嚴重影響，或者經用人單位提出，拒不改正的；

⑤勞動合同無效的；

⑥被依法追究刑事責任的。

（2）用人單位提前通知解除（非過錯性解除）。根據《勞動合同法》第四十條的規定，有下列情形之一的，用人單位提前30日以書面形式通知勞動者本人或者額外支付勞動者1個月工資後，可以解除勞動合同：

①勞動者患病或者非因工負傷，在規定的醫療期滿後不能從事原工作，也不能從

事由用人單位另行安排的工作的;

②勞動者不能勝任工作,經過培訓或者調整工作崗位,仍不能勝任工作的;

③勞動合同訂立時所依據的客觀情況發生重大變化,致使勞動合同無法履行,經用人單位與勞動者協商,未能就變更勞動合同內容達成協議的。

(3) 經濟性裁員。根據《勞動合同法》第四十一條的規定,有下列情形之一的,需要裁減人員 20 人以上或者裁減不足 20 人但占企業職工總數 10% 以上的,用人單位提前 30 日向工會或者全體職工說明情況,聽取工會或者職工的意見後,裁減人員方案經向勞動行政部門報告,可以裁減人員:

①依照企業破產法規定進行重整的;

②生產經營發生嚴重困難的;

③企業轉產、重大技術革新或者經營方式調整,經變更勞動合同後,仍需裁減人員的;

④其他因勞動合同訂立時所依據的客觀經濟情況發生重大變化,致使勞動合同無法履行的。

裁減人員時,應當優先留用下列人員:

①與本單位訂立較長期限的固定期限勞動合同的;

②與本單位訂立無固定期限勞動合同的;

③家庭無其他就業人員,有需要扶養的老人或者未成年人的。

用人單位依照規定裁減人員,在 6 個月內重新招用人員的,應當通知被裁減的人員,並在同等條件下優先招用被裁減的人員。

閱讀案例 9-2

王某等 26 名職工與某商場簽訂了勞動合同,在勞動合同履行中,該商場以經營虧損為由,於 2015 年 5 月辭退王某等 26 名職工。王某等人遂向當地勞動保障局的勞動保障監察機構舉報,提請糾正該商場的錯誤行為,維護自己的合法權益。勞動保障監察機構在接到王某等人的舉報後,經多次深入調查取證,查明該商場不具備企業經濟性裁減人員的法定條件,又違反了企業經濟性裁減人員的法定程序,在此前提下,單方解除王某等 26 名職工的勞動合同,屬違約行為,並責令該商場限期改正。該商場在勞動保障監察機構規定的期限內撤銷了辭退王某等 26 名職工的決定,恢復了王某等人的工作,補發了王某等人的工資並為其補繳了社會保險費。

這是一起因用人單位違反經濟性減員法律規定,擅自解除勞動合同的案件。《勞動合同法》對於經濟性裁員的法定條件,包括人數要求、程序、法定情形、優先留用的人員的強制性規定,都進行了明確的規定。該商場解除王某等 26 名職工勞動合同時不具備法定條件,也未履行法定程序,嚴重違反經濟性裁員有關法律規定,侵害了王某等 26 名職工的合法權益。勞動保障監察機構依法對某商場做出責令限期改正的決定是完全正確的。

(4) 用人單位單方解除合同的限制。根據《勞動合同法》第四十二條的規定,勞動者有下列情形之一的,用人單位不得依照《勞動合同法》第四十條和四十一條的規定解除勞動合同:

①從事接觸職業病危害作業的勞動者未進行離崗前職業健康檢查，或者疑似職業病病人在診斷或者醫學觀察期間的；
②在本單位患職業病或者因工負傷並被確認喪失或者部分喪失勞動能力的；
③患病或者非因工負傷，在規定的醫療期內的；
④女職工在孕期、產期、哺乳期的；
⑤在本單位連續工作滿15年，並且距法定退休年齡不足5年的；
⑥法律、行政法規規定的其他情形。

5. 勞動合同的終止

根據《勞動合同法》第四十四條的規定，有下列情形之一的，勞動合同終止：

（1）勞動合同期滿的；
（2）勞動者開始依法享受基本養老保險待遇的；
（3）勞動者死亡，或者被人民法院宣告死亡或者宣告失蹤的；
（4）用人單位被依法宣告破產的；
（5）用人單位被吊銷營業執照、責令關閉、撤銷或者用人單位決定提前解散的；
（6）勞動者達到法定退休年齡的；
（7）法律、行政法規規定的其他情形。

（五）經濟補償、一次性安置費和經濟賠償

1. 經濟補償

根據《勞動合同法》第四十七條的規定，經濟補償按勞動者在本單位工作的年限，每滿一年支付一個月工資的標準向勞動者支付。6個月以上不滿一年的，按一年計算；不滿6個月的，向勞動者支付半個月工資的經濟補償。勞動者月工資高於用人單位所在直轄市、設區的市級人民政府公布的本地區上年度職工月平均工資3倍的，向其支付經濟補償的標準按職工月平均工資3倍的數額支付，向其支付經濟補償的年限最高不超過12年。月工資是指勞動者在勞動合同解除或者終止前12個月的平均工資。

有下列情形之一的，用人單位應當向勞動者支付經濟補償：

（1）勞動者因用人單位的違法或過錯解除勞動合同的；
（2）用人單位提出解除勞動合同並與勞動者協商一致解除勞動合同的；
（3）用人單位提前通知解除勞動合同的；
（4）用人單位經濟性裁員的；
（5）勞動合同期滿而終止（但勞動者不同意續訂的除外）；
（6）用人單位消滅終止勞動合同的；
（7）以完成一定工作任務為期限的勞動合同因任務完成而終止的；
（8）法律、行政法規規定的其他情形。

有下列情形之一的，用人單位解除勞動合同不用支付經濟補償金：

（1）試用期被證明不符合錄用條件的；
（2）嚴重違反用人單位的規章製度的；
（3）嚴重失職，營私舞弊，給用人單位造成重大損害的；
（4）勞動者同時與其他用人單位建立勞動關係，對完成本單位的工作任務造成嚴重影響，或者經用人單位提出，拒不改正的；

(5) 以詐欺、脅迫的手段或者乘人之危，使對方在違背真實意思的情況下訂立或變更勞動合同的，致使勞動合同無效；

(6) 被依法追究刑事責任的。

2. 一次性安置費

一次性安置費是指國家為了支持國有企業改革和減員增效而在國務院確定的優化資本結構試點城市中實行的一項安置破產企業職工的政策，政府可根據當地的實際情況，發放一次性安置費，不再保留國有企業職工身分。一次性安置費原則按照破產企業所在市的企業職工上年平均工資收入的3倍發放，具體發放由有關人民政府規定。

經濟補償金與一次性安置費的區別如下：

(1) 支付與領受的依據不同。一次性安置費是基於勞動保障的政策性規定，不屬於企業的法定義務，是一項政策性措施；經濟補償金是企業的法定義務，是保障勞動者合法權益的一項法律手段。

(2) 支付與領受主體不同。領取一次性安置費僅適用於國有破產企業職工；領取經濟補償金適用於所有類型的用人單位與勞動者。

(3) 支付與領受主體意願不同。支付與領受一次性安置費必須經由職工個人自願申請並與企業達成協議後由企業支付；支付經濟補償金無需勞動者申請，用人單位負有法定的支付義務。

(4) 支付與領受標準不同。領取一次性安置費的標準為不高於當地企業職工上年平均工資收入的3倍。領取經濟補償金的標準為企業正常生活情況勞動者解除勞動合同前12個月平均工資水平，每滿一年發給相當於一個月工資，最多不超過12個月。工作時間6個月以上不滿一年的按一年標準發給；不滿6個月的向勞動者支付半個月工資的經濟補償金。

(5) 支付與領受條件不同。支付及領受一次性安置費的適用對象僅為破產國有企業職工；支付及領受經濟補償金適用於各類所有制及其勞動者的解除勞動合同的情形。

(6) 支付與領受形式不同。支付與領受一次性安置費屬於職工自願申請並與企業達成協議，屬雙方法律行為；領取經濟補償金無需職工申請。

3. 經濟賠償

經濟賠償是用人單位因違法或者違約行為造成勞動者損失的情況下給予的賠償。經濟賠償以損失為提前，以遭受的實際損失為計算基礎。

《勞動合同法》第四十八條規定：「用人單位違反本法規定解除或者終止勞動合同，勞動者要求繼續履行勞動合同的，用人單位應當繼續履行；勞動者不要求繼續履行勞動合同或者勞動合同已經不能繼續履行的，用人單位應當依照本法第八十七條規定支付賠償金。」

《勞動合同法》第八十七條：「用人單位違反本法規定解除或者終止勞動合同的，應當依照本法第四十七條規定的經濟補償標準的二倍向勞動者支付賠償金。」

《勞動合同法》第四十七條：「經濟補償按勞動者在本單位工作的年限，每滿一年支付一個月工資的標準向勞動者支付。六個月以上不滿一年的，按一年計算；不滿六個月的，向勞動者支付半個月工資的經濟補償。勞動者月工資高於用人單位所在直轄市、設區的市級人民政府公布的本地區上年度職工月平均工資三倍的，向其支付經濟

補償的標準按職工月平均工資三倍的數額支付，向其支付經濟補償的年限最高不超過十二年。本條所稱月工資是指勞動者在勞動合同解除或者終止前十二個月的平均工資。」

（1）用人單位直接涉及勞動者切身利益的規章製度。用人單位直接涉及勞動者切身利益的規章製度違反法律、法規規定的，由勞動行政部門責令改正，給予警告；給勞動者造成損害的，用人單位應當承擔賠償責任。用人單位提供的勞動合同文本未載明《勞動合同法》規定的勞動合同必備條款或者用人單位未將勞動合同文本交付勞動者的，由勞動行政部門責令改正；給勞動者造成損害的，用人單位應當承擔賠償責任。

（2）用人單位自用工之日起超過一個月不滿一年未與勞動者訂立書面勞動合同。用人單位自用工之日起超過一個月不滿一年未與勞動者訂立書面勞動合同的，應當向勞動者每月支付兩倍的工資。用人單位違反《勞動合同法》規定不與勞動者訂立無固定期限勞動合同的，自應當訂立無固定期限勞動合同之日起向勞動者每月支付兩倍的工資。

（3）用人單位違反《勞動合同法》規定與勞動者約定試用期。用人單位違反《勞動合同法》規定與勞動者約定試用期的，由勞動行政部門責令改正；違法約定的試用期已經履行的，由用人單位以勞動者試用期滿月工資為標準，按已經履行的超過法定試用期的期間向勞動者支付賠償金。

（4）用人單位違反《勞動合同法》規定，扣押勞動者居民身分證等證件。用人單位違反《勞動合同法》規定，扣押勞動者居民身分證等證件的，由勞動行政部門責令限期退還勞動者本人，並依照有關法律規定給予處罰。

（5）用人單位違反《勞動合同法》規定，以擔保或者其他名義向勞動者收取財物。用人單位違反《勞動合同法》規定，以擔保或者其他名義向勞動者收取財物的，由勞動行政部門責令限期退還勞動者本人，並以每人500元以上2,000元以下的標準處以罰款；給勞動者造成損害的，用人單位應當承擔賠償責任。勞動者依法解除或者終止勞動合同，用人單位扣押勞動者檔案或者其他物品的，依照上述規定處罰。

（6）其他情形。用人單位有下列情形之一的，由勞動行政部門責令限期支付勞動報酬、加班費或者經濟補償；勞動報酬低於當地最低工資標準的，應當支付其差額部分；逾期不支付，責令用人單位按應付金額50%以上100%以下的標準向勞動者加付賠償金：

①未按照勞動合同的約定或者國家規定及時足額支付勞動者勞動報酬的；
②低於當地最低工資標準支付勞動者工資的；
③安排加班不支付加班費的；
④解除或者終止勞動合同，未依照規定向勞動者支付經濟補償的。

用人單位有下列情形之一的，依法給予行政處罰；構成犯罪的，依法追究刑事責任；給勞動者造成損害的，用人單位應當承擔賠償責任：

①以暴力、威脅或者非法限制人身自由的手段強迫勞動的；
②違章指揮或者強令冒險作業危及勞動者人身安全的；
③侮辱、體罰、毆打、非法搜查或者拘禁勞動者的；
④勞動條件惡劣、環境污染嚴重，給勞動者身心健康造成嚴重損害的。

用人單位違反《勞動合同法》規定未向勞動者出具解除或者終止勞動合同的書面證明，由勞動行政部門責令改正；給勞動者造成損害的，用人單位應當承擔賠償責任。勞動者違反《勞動合同法》規定解除勞動合同，或者違反勞動合同中約定的保密義務或者競業限制，給用人單位造成損失的，應當承擔賠償責任。

用人單位招用與其他用人單位尚未解除或者終止勞動合同的勞動者，給其他用人單位造成損失的，應當承擔連帶賠償責任。

(六) 特別規定

1. 集體合同

集體合同又稱團體協議、集體協議等，是指工會或職工推舉的職工代表代表全體職工與用人單位依照法律、法規的規定就勞動報酬、工作條件、工作時間、休息休假、勞動安全衛生、社會保險、勞動福利等事項，在平等協商的基礎上締結的書面協議。

(1) 集體合同的訂立。集體合同草案應當提交職工代表大會或者全體職工討論通過。用人單位與本單位職工簽訂集體合同或專項集體合同以及確定相關事宜，應當採取集體協商的方式。集體協商主要採取協商會議的形式，它比一般的民事合同訂立要複雜得多，是一種高度規定化、程序化的商談。嚴重違反集體談判的程序性規範而簽訂的集體合同應認定為無效。集體合同由工會代表企業職工一方與用人單位訂立；尚未建立工會的用人單位，由上級工會指導勞動者推舉的代表與用人單位訂立。集體合同訂立後，應當報送勞動行政部門。勞動行政部門自收到集體合同文本之日起15日內未提出異議的，集體合同即行生效。

(2) 集體合同的效力。集體合同中勞動報酬和勞動條件等標準不得低於當地人民政府規定的最低標準；用人單位與勞動者訂立的勞動合同中勞動報酬和勞動條件等標準不得低於集體合同規定的標準。

(3) 集體合同爭議。用人單位違反集體合同，侵犯職工勞動權益的，工會可以依法要求用人單位承擔責任。因履行集體合同發生爭議，經協商解決不成的，工會可以依法申請仲裁、提起訴訟。集體合同處於協商爭議階段產生的糾紛，按《集體合同規定》第五十一條的規定，集體協商爭議處理實行屬地管轄，具體管轄範圍由省級勞動保障行政部門規定。中央管轄的企業以及跨省、自治區、直轄市用人單位因集體協商發生的爭議，由勞動保障部指定的省級勞動保障行政部門組織同級工會和企業組織三方面的人員協調處理，必要時，勞動保障部也可以組織有關方面協調處理。集體合同履行階段產生糾紛，如果是申請仲裁的，按照《工會法》第二十條第四款的規定，企業違反集體合同，侵犯職工勞動權益的，工會可以依法要求企業承擔責任；因履行集體合同發生爭議，經協商解決不成的，工會可以向勞動爭議仲裁機構提請仲裁，仲裁機構不予受理或者對仲裁裁決不服的，可以向人民法院提起訴訟。如果提起訴訟的，則按照訴訟程序規定的訴訟管轄來執行。

2. 勞務派遣

(1) 勞務派遣的概念。勞務派遣又稱人力派遣、人才租賃、勞動派遣、勞動力租賃、雇員租賃，是指由勞務派遣機構與派遣勞工訂立勞動合同，把勞動者派向其他用工單位，再由用工單位向派遣機構支付一筆服務費用的一種用工形式。勞動力給付的事實發生於派遣勞工與要派企業（實際用工單位）之間，要派企業向勞務派遣機構支

付服務費，勞務派遣機構向勞動者支付勞動報酬。

勞動合同用工是中國企業的基本用工形式。勞務派遣用工是補充形式，只能在臨時性、輔助性或替代性的工作崗位上實施。用工單位應當嚴格控制勞務派遣用工數量，不得超過其用工總量的一定比例。

（2）勞務派遣單位。經營勞務派遣業務的法人註冊資本不得少於人民幣200萬元，應當向勞動行政部門依法申請行政許可。經許可的，依法辦理相應的公司登記；未經許可的，任何單位和個人不得經營勞務派遣業務。勞務派遣單位應當與勞動者訂立兩年以上的固定期限勞動合同，按月支付勞動報酬。勞務派遣單位不得以非全日制用工形式招用被派遣勞動者。被派遣勞動者在無工作期間，勞務派遣單位應當按照最低工資標準向其按月支付報酬。用人單位不得設立勞務派遣單位向本單位或者所屬單位派遣勞動者。

（3）用工單位。實際用工單位應當履行下列義務：
①執行國家勞動標準，提供相應的勞動條件和勞動保護。
②告知被派遣勞動者的工作要求和勞動報酬。
③支付加班費、績效獎金，提供與工作崗位相關的福利待遇。
④對在崗被派遣勞動者進行工作崗位所必需的培訓。
⑤連續用工的，實行正常的工資調整機制。
⑥用工單位不得將被派遣勞動者再派遣到其他用人單位。
⑦對被派遣勞動者與本單位同類崗位的勞動者實行相同的勞動報酬分配辦法。用工單位無同類崗位勞動者的，參照用工單位所在地相同或者相近崗位勞動者的勞動報酬確定。

（4）責任。用工單位違法而給被派遣勞動者造成損害的，勞務派遣單位與用工單位承擔連帶賠償責任。

3. 非全日制用工

非全日制用工屬於勞動合同用工範疇，一般的非全日制用工的當事人雙方是勞動者和用人單位。《勞動合同法》第九十四條規定：「個人承包經營違反本法規定招用勞動者，給勞動者造成損害的，發包的組織與個人承包經營者承擔連帶賠償責任。」可見，個人作為承包方聘用勞動者的，一般適用用人單位規定，即個人能夠招收非全日制工。非全日制用工雙方當事人可以訂立口頭協議。口頭形式一般適用於短期的即時結清的合同形式。對於以小時為單位的非全日制用工形式，經雙方協商同意，可以訂立口頭勞動合同。但如果勞動者提出訂立書面合同的，應以書面形式訂立。勞動者可以建立多重勞動關係。非全日制用工雙方當事人不得約定試用期。非全日制用工雙方當事人任何一方都可以隨時通知對方終止用工。終止用工，用人單位不向勞動者支付經濟補償。非全日制用工勞動報酬結算支付週期最長不得超過15日。

（七）勞動基準（勞動條件的最低標準）

1. 一般規定

標準工時是8小時/日，40小時/周，1周休息2天。企業因生產特點不能實行法定工作時間的，經與工會和勞動者協商並經勞動行政部門批准，可以實行其他工作和休息辦法，如不定時工作時間和綜合計算工作時間。實行綜合計算工作時間的，計算週

267

期可以周、月、季或年計算，如果綜合計算週期內總實際工作時間超過總法定標準工作時間，要支付 1.5 倍勞動報酬；法定休假日安排勞動者工作的，需要支付 3 倍勞動報酬。國家實行帶薪年休假製度。職工累計工作已滿 1 年不滿 10 年的，年休假 5 天；已滿 10 年不滿 20 年的，年休假 10 天；已滿 20 年的，年休假 15 天。對職工應休未休的年休假天數，單位應當按照該職工日工資收入的 300% 支付年休假工資報酬。

2. 加班

用人單位由於生產經營需要，經與工會和勞動者協商後可以延長工作時間，一般每日不得超過 1 小時；因特殊原因需要延長工作時間的，在保障勞動者身體健康的條件下延長工作時間每日不得超過 3 小時，但是每月不得超過 36 小時。

有下列情形之一的，延長工作時間不受的限制：發生自然災害、事故或者因其他原因，威脅勞動者生命健康和財產安全，需要緊急處理的；生產設備、交通運輸線路、公共設施發生故障，影響生產和公眾利益，必須及時搶修的；法律、行政法規規定的其他情形。

有下列情形之一的，用人單位應當按照下列標準支付高於勞動者正常工作時間工資的工資報酬：安排勞動者延長工作時間的，支付不低於工資的 150% 的工資報酬；休息日安排勞動者工作又不能安排補休的，支付不低於工資的 200% 的工資報酬；法定休假日安排勞動者工作的，支付不低於工資的 300% 的工資報酬。

3. 最低工資

最低工資是指勞動者在法定工作時間內履行了正常勞動義務的前提下，由其所在單位支付的最低勞動報酬。最低工資不包括：加班工資；中班、夜班、高溫、低溫、井下、有毒有害等特殊工作環境條件下的津貼；國家法律、行政法規和政策規定的勞動者保險、福利待遇；用人單位通過貼補伙食、住房等支付給勞動者的非貨幣收入。

最低工資標準一般採取月最低工資標準和小時最低工資標準的形式。月最低工資標準適用於全日制就業勞動者，小時最低工資標準適用於非全日制就業勞動者。

用人單位支付的工資不得低於當地最低工資標準。根據《中華人民共和國勞動法》的規定，最低工資具體標準應當由各省、自治區、直轄市人民政府確定。最低工資標準由省級人民政府規定，報國務院備案。

4. 女職工保護

禁止安排女職工從事礦山井下、國家規定的第四級體力勞動強度的勞動和其他禁忌從事的勞動。不得安排女職工在經期從事高處、低溫、冷水作業和國家規定的第三級體力勞動強度的勞動。不得安排女職工在懷孕期間從事國家規定的第三級體力勞動強度的勞動和孕期禁忌從事的活動。對懷孕 7 個月以上的女職工，不得安排其延長工作時間和夜班勞動。女職工生育享受不少於 90 天的產假。不得安排女職工在哺乳未滿一周歲的嬰兒期間從事國家規定的第三級體力勞動強度的勞動和哺乳期禁忌從事的其他勞動，不得安排其延長工作時間和夜班勞動。

5. 未成年職工保護

不得安排未成年職工從事礦山井下、有毒有害、國家規定的第四級體力勞動強度的勞動和其他禁忌從事的勞動。用人單位應當對未成年職工定期進行健康檢查。

(八) 社會保險

1. 社會保險概述

國家建立基本養老保險、基本醫療保險、工傷保險、失業保險、生育保險等。國家設立社會保險基金，按照保險類型確定資金來源，實行社會統籌。社會保險基金來源於單位和個人繳費，不足時政府補貼。社會保險待遇具有人身專屬性，原則上不得繼承。中國《勞動合同法》第四十九條規定：「國家採取措施，建立健全勞動者社會保險關係跨地區轉移接續製度。」勞動者社會保險關係跨地區轉移接續製度是關於勞動者的社會保險關係在不同的地區之間流轉的一項製度，其關係到勞動者的社會保險製度從一個地區轉移到另外一個地區時的交接。

2. 基本養老保險

(1) 參保。職工參加，單位和職工共同繳費；靈活就業人員參加，個人繳費。

(2) 基本養老保險基金。基金來源於用人單位和個人繳費以及政府補貼。基金的組成是社會統籌與個人帳戶相結合。單位繳納的，計入基本養老保險統籌基金；職工繳納的，計入個人帳戶。靈活就業人員繳納的，分別計入基本養老保險統籌基金和個人帳戶。個人帳戶不得提前支取，記帳利率不得低於銀行定期存款利率，免徵利息稅，個人死亡的個人帳戶餘額可以繼承。

(3) 基本養老金待遇。基本養老金由統籌養老金和個人帳戶養老金組成。基金的領取條件是達到法定退休年齡時累計繳費滿15年的，按月領取基本養老金。達到法定退休年齡時累計繳費不足15年的，可以繳費至滿15年，按月領取基本養老金；也可以轉入新型農村社會養老保險或者城鎮居民社會養老保險，享受相應的養老保險待遇。參加基本養老保險的個人，因病或者非因工死亡的，其遺屬可以領取喪葬補助金和撫恤金；在未達到法定退休年齡時因病或者非因工致殘完全喪失勞動能力的，可以領取病殘津貼。個人跨統籌地區就業的，其基本養老保險關係隨本人轉移，繳費年限累計計算。個人達到法定退休年齡時，基本養老金分段計算、統一支付。

3. 基本醫療保險

(1) 參保。職工參保的，單位和職工共同繳納；靈活就業人員參保的，個人繳納。

(2) 基本醫療保險待遇。醫療費用按照國家規定從基本醫療保險基金中支付，由社會保險經辦機構與醫療機構、藥品經營單位直接結算。下列醫療費用不納入基本醫療保險基金支付範圍：應當從工傷保險基金中支付的；應當由第三人負擔的；應當由公共衛生負擔的；在境外就醫的。醫療費用依法應當由第三人負擔，第三人不支付或者無法確定第三人的，由基本醫療保險基金先行支付。基本醫療保險基金先行支付後，有權向第三人追償。

4. 工傷保險

(1) 參保。職工參保，單位繳納保費。

(2) 工傷保險待遇。適用工傷保險的條件是職工因工作原因受到事故傷害或者患職業病，並且經工傷認定的，享受工傷保險待遇。其中，經勞動能力鑒定喪失勞動能力的，享受傷殘待遇。職工因下列情形之一導致本人在工作中傷亡的，不認定為工傷：故意犯罪；醉酒或者吸毒；自殘或者自殺；法律、行政法規規定的其他情形。工傷保險基金負擔的費用包括：治療工傷的醫療費用和康復費用；住院伙食補助費；到統籌

地區以外就醫的交通食宿費；安裝配置傷殘輔助器具所需費用；生活不能自理的，經勞動能力鑒定委員會確認的生活護理費；一次性傷殘補助金和一至四級傷殘職工按月領取的傷殘津貼；終止或者解除勞動合同時，應當享受的一次性醫療補助金；因工死亡的，其遺屬領取的喪葬補助金、供養親屬撫恤金和因工死亡補助金；勞動能力鑒定費。用人單位支付的費用包括：治療工傷期間的工資福利；五級、六級傷殘職工按月領取的傷殘津貼；終止或者解除勞動合同時，應當享受的一次性傷殘就業補助金。停止享受工傷保險待遇的情形包括：喪失享受待遇條件的；拒不接受勞動能力鑒定的；拒絕治療的。

（3）特殊情況的處理。單位未繳費，由用人單位支付工傷保險待遇。用人單位不支付的，從工傷保險基金中先行支付，由用人單位償還。用人單位不償還的，社會保險經辦機構可以追償。第三人造成工傷，第三人不支付工傷醫療費用或者無法確定第三人的，由工傷保險基金先行支付。工傷保險基金先行支付後，有權向第三人追償。

（4）職工非因工負傷致殘的處理。企業職工非因工負傷致殘和經醫生或醫療機構認定患有難以治療的疾病，在醫療期內醫療期終結，不能從事原工作，也不能從事用人單位另行安排的工作的，應由勞動鑒定委員會參照工傷與職業病殘程度鑒定標準進行勞動能力鑒定。被鑒定為1~4級的，應當退出勞動崗位，終止勞動關係，辦理退休、退職手續，享受退休、退職待遇；被鑒定為5~10級的，醫療期內不得解除勞動合同。

5. 失業保險

（1）參保。職工參保，單位和職工共同繳費。

（2）失業保險待遇。領取失業保險金的條件（缺一不可）是：失業前用人單位和本人已經繳納失業保險費滿1年的；非因本人意願中斷就業的；已經進行失業登記，並有求職要求的。領取失業保險金的最長期限是累計繳費滿1年不足5年的，最長為12個月；累計繳費滿5年不足10年的，最長為18個月；累計繳費10年以上的，最長為24個月。失業人員在領取失業保險金期間死亡的，向其遺屬發給一次性喪葬補助金和撫恤金。所需資金從失業保險基金中支付。停止失業保險待遇的事由（任選其一）包括：重新就業的；應徵服兵役的；移居境外的；享受基本養老保險待遇的；無正當理由，拒不接受當地人民政府指定部門或者機構介紹的適當工作或者提供的培訓的。

6. 生育保險

（1）參保。職工參保，單位繳費。

（2）生育保險待遇。生育醫療費用包括下列各項：生育的醫療費用；計劃生育的醫療費用；法律、法規規定的其他項目費用。參保職工未就業配偶也可以享受。

生育津貼包括：女職工生育享受產假；享受計劃生育手術休假；法律、法規規定的其他情形。

綜上所述，社會保險的構成如表9-1所示。

表9-1　　　　　　　　　　社會保險的構成

	養老	醫療	工傷	失業	生育
參保對象	職工、靈活就業人員	職工、靈活就業人員	職工	職工	職工
保費繳納	單位和職工、靈活就業人員	單位和職工、靈活就業人員	單位	單位和職工	單位

7. 被派遣的勞動者的社會保險

一般情況下，勞務派遣單位按用工單位提出的被派遣的勞動者的工資基數，辦理社會保險。其具體內容如下：按勞務派遣協議書中規定的相關條款，由用人單位每月向勞務派遣單位支付被派遣的勞動者的當月社會保險所需費用；勞務派遣單位為被派遣勞動者辦理養老、失業、工傷、醫療和生育保險手續並依法繳納各項保險；被派遣的勞務者個人應繳納部分，由勞務派遣單位在發放被派遣勞動者的工資時扣繳。勞務派遣單位按規定為其被派遣人員辦理企業職工基本養老保險參保手續；原已參保的被派遣人員，按接續養老關係辦法辦理；勞務派遣單位作為參保單位，按規定為其被派遣人員辦理失業保險參保手續；當地失業保險經辦機構為每個被派遣參保人辦理失業保險繳費憑證；勞務派遣單位依法為其被派遣人員辦理城鎮職工基本醫療保險參保手續，參保職工享受相關的基本醫療政策；勞務派遣單位依照國務院發布的《工傷保險條例》為被派遣人員繳納工傷保險費；派遣單位按有關規定為其被派遣人員辦理企業職工生育保險參保手續，參保女職工依法享受生育保險待遇。

8. 非全日制用工的勞動者的社會保險

非全日制勞動者應當參加基本養老保險，原則上參照個體工商戶的參保辦法執行。非全日制的勞動者可以個人參保，並依待遇水平與繳費水平相掛勾的原則，享受相應的基本醫療保險待遇。用人單位應當按照國家有關規定為建立勞動關係的非全日制勞動者繳納工傷保險費。從事非全日制工作的勞動者發生工傷，依法享受工傷待遇；被鑒定為傷殘 5~10 級的，經勞動者與用人單位協商一致，可以一次性結算傷殘待遇及有關費用。

四、勞動爭議

(一) 勞動爭議認定

勞動爭議是指勞動關係雙方當事人因執行法律、法規或履行勞動合同、集體合同發生的糾紛。下列糾紛不屬於勞動爭議：勞動者請求社會保險經辦機構發放社會保險金的糾紛；勞動者與用人單位因住房製度改革產生的公有住房轉讓糾紛；勞動者對傷殘等級鑒定結論或職業病診斷鑒定結論有異議而與鑒定機構之間的糾紛；家庭或者個人與家政服務人員之間的糾紛；個體工匠與幫工、學徒之間的糾紛；農村承包經營戶與受雇人員之間的糾紛。

(二) 勞動爭議調解

發生勞動爭議，當事人不願協商、協商不成或者達成和解協議後不履行的，可以向調解組織申請調解；不願調解、調解不成或者達成調解協議後不履行的，可以向勞動爭議仲裁委員會申請仲裁；對仲裁裁決不服的，除《中華人民共和國勞動爭議調解仲裁法》另有規定以外，可以向人民法院提起訴訟。

發生勞動爭議，當事人對自己提出的主張有責任提供證據。與爭議事項有關的證據屬於用人單位掌握管理的，用人單位應當提供；用人單位不提供的，應當承擔不利後果。

發生勞動爭議，當事人可以到下列調解組織申請調解：企業勞動爭議調解委員會；

依法設立的基層人民調解組織；在鄉鎮、街道設立的具有勞動爭議調解職能的組織。企業勞動爭議調解委員會由職工代表和企業代表組成。職工代表由工會成員擔任或者由全體職工推舉產生，企業代表由企業負責人指定。企業勞動爭議調解委員會主任由工會成員或者雙方推舉的人員擔任。

　　勞動爭議仲裁委員會負責管轄本區域內發生的勞動爭議。勞動爭議由勞動合同履行地或者用人單位所在地的勞動爭議仲裁委員會管轄。雙方當事人分別向勞動合同履行地和用人單位所在地的勞動爭議仲裁委員會申請仲裁的，由勞動合同履行地的勞動爭議仲裁委員會管轄。發生勞動爭議的勞動者和用人單位為勞動爭議仲裁案件的雙方當事人。勞務派遣單位或者用工單位與勞動者發生勞動爭議的，勞務派遣單位和用工單位為共同當事人。與勞動爭議案件的處理結果有利害關係的第三人，可以申請參加仲裁活動或者由勞動爭議仲裁委員會通知其參加仲裁活動。當事人可以委託代理人參加仲裁活動。委託他人參加仲裁活動，應當向勞動爭議仲裁委員會提交有委託人簽名或者蓋章的委託書，委託書應當載明委託事項和權限。喪失或者部分喪失民事行為能力的勞動者，由其法定代理人代為參加仲裁活動；無法定代理人的，由勞動爭議仲裁委員會為其指定代理人。勞動者死亡的，由其近親屬或者代理人參加仲裁活動。

　　勞動爭議仲裁公開進行，但當事人協議不公開進行或者涉及國家秘密、商業秘密和個人隱私的除外。勞動爭議申請仲裁的時效期間為一年。仲裁時效期間從當事人知道或者應當知道其權利被侵害之日起計算。仲裁時效因當事人一方向對方當事人主張權利，或者向有關部門請求權利救濟，或者對方當事人同意履行義務而中斷。從中斷時起，仲裁時效期間重新計算。因不可抗力或者有其他正當理由，當事人不能在規定的仲裁時效期間申請仲裁的，仲裁時效中止。從中止時效的原因消除之日起，仲裁時效期間繼續計算。勞動關係存續期間因拖欠勞動報酬發生爭議的，勞動者申請仲裁不受規定的仲裁時效期間的限制。但是，勞動關係終止的，應當自勞動關係終止之日起一年內提出。

　　申請人申請仲裁應當提交書面仲裁申請，並按照被申請人人數提交副本。仲裁申請書應當載明下列事項：勞動者的姓名、性別、年齡、職業、工作單位和住所，用人單位的名稱、住所和法定代表人或者主要負責人的姓名、職務；仲裁請求和所根據的事實、理由；證據和證據來源、證人姓名和住所。書寫仲裁申請確有困難的，可以口頭申請，由勞動爭議仲裁委員會記入筆錄，並告知對方當事人。

(三) 勞動爭議仲裁

　　勞動爭議仲裁必須前置，未經仲裁直接起訴的，法院不予受理。一般勞動爭議案件仲裁裁決，當事人不服的，可以自收到裁決書15日內起訴。特殊勞動爭議案件「一裁終局」，如追索勞動報酬、工傷醫療費、經濟補償或賠償金，不超過當地月最低工資標準12個月金額的爭議；因執行國家的勞動標準在工作時間、休息休假、社會保險等方面發生的爭議。對於此類案件的仲裁，勞動者不服可以起訴，用人單位不能起訴，但具備下列情形的可以申請中級人民法院撤銷：

(1) 適用法律、法規確有錯誤的。
(2) 勞動爭議仲裁委員會無管轄權的。
(3) 違反法定程序的。

（4）裁決所採用的證據是偽造的。
（5）對方當事人隱瞞了足以影響公正裁決的證據的。
（6）仲裁員在仲裁該案時有索賄受賄、徇私舞弊、枉法裁決行為的。

閱讀案例9-3

小羅在某網路公司工作。2016年3月，小羅發現自己的勞動合同即將到期，於是要求公司人事部與自己續簽勞動合同。「公司正準備換首席執行官（CEO），等新的CEO來了再說吧。」人事經理給了小羅這樣一個答覆。半個月過去了，小羅的合同已經過期，公司還沒有跟他續訂合同。又過了一個多月，新CEO終於上任了。所謂「新官上任三把火」，這位新官的「第一把火」就燒在了人的身上——大幅裁員。小羅跟其他一些員工一樣，收到了公司發出的終止勞動合同通知書。小羅辦完離職手續後，找到人事部，要求公司向自己支付經濟補償金，沒想到卻遭到了人事經理的拒絕。「你的勞動合同是到期終止，不是中途解除，因此沒有經濟補償金。」人事經理這樣解釋。「可是，我的合同是一個月前到期的，你們當時沒有終止呀。」小羅覺得有點委屈。「不管怎麼說，合同到期後，公司沒有再跟你續簽，就可以隨時跟你終止勞動關係。」人事經理態度很強硬。小羅走在回家的路上，腦子還是轉不過彎來：難道勞動合同過期後，公司不立即終止也不續訂，以後就可以隨時解除，甚至連補償金也可以不給？

該網路公司雖然開始時和小羅訂有勞動合同，但在勞動合同到期時，既沒有終止又沒有續訂，雙方當事人處在了存有勞動關係但沒有勞動合同的狀態，屬於形成事實勞動關係。該網路公司以換CEO為理由，拖延續訂勞動合同，這在法律上不屬於有正當理由，仍然屬於無故拖延不訂。因此，此時該網路公司已經不能採用終止勞動合同的辦法結束與小羅之間的勞動關係了。即使小羅同意該網路公司的提議，了斷雙方的勞動關係，也只能屬於雙方協商解除勞動關係。該網路公司至少也應按有關規定向小羅支付解除勞動關係的經濟補償金。

本案例的關鍵是認定無書面形式的勞動合同形成的事實上的勞動關係。

用人單位招用勞動者未訂立書面勞動合同，但同時具備下列情形的，勞動關係成立：第一，用人單位和勞動者符合法律、法規規定的主體資格；第二，用人單位依法制定的各項勞動規章製度適用於勞動者，勞動者受用人單位的勞動管理，從事用人單位安排的有報酬的勞動；第三，勞動者提供的勞動是用人單位業務的組成部分。

用人單位未與勞動者簽訂勞動合同，認定雙方存在勞動關係時可參照下列憑證：第一，工資支付憑證或記錄（職工工資發放花名冊）、繳納各項社會保險費的記錄；第二，用人單位向勞動者發放的「工作證」「服務證」等能夠證明身分的證件；第三，勞動者填寫的用人單位招工招聘「登記表」「報名表」等招用記錄；第四，考勤記錄；第五，其他勞動者的證言等。其中，第一、第三、第四項的有關憑證由用人單位負舉證責任。

第三節　員工健康管理

閱讀案例9-4

富士康集團員工跳樓事件

　　2010年，如果評選年度「最糾結」企業，富士康集團當屬第一。一系列悲劇事件的發生，也將這家成立幾十年來一直隱居幕後的B2B企業，放之於全球媒體的聚光燈下炙烤。2010年1月至6月，一共有13位年輕的富士康集團的職工選擇以跳樓的方式結束他們鮮活的生命，富士康集團被貼上「血汗工廠」的標籤。2010年5月26日，在深圳龍華廠，富士康集團總裁郭臺銘首度公開面對數百家媒體。當著千餘人的面，他深深地鞠躬，「除了道歉還是道歉，除了痛惜還是痛惜」。5月25日，富士康集團總裁郭臺銘來到深圳，於5月26日在富士康龍華園區會見200多名海內外媒體記者，並主動帶記者參觀社區、廠區、車間、宿舍樓、員工關愛中心等。為避免傷亡再次發生，富士康集團在宿舍樓的陽臺安裝防護網，吊車進入富士康集團擔負起吊任務。郭臺銘鞠躬道歉的形象被境內外媒體廣泛報導，「血汗工廠」等名詞出現在境內外媒體上。作為全球最大的信息技術、消費電子產品代工企業，富士康集團的連續的自殺現象讓蘋果公司、惠普公司等全球知名信息技術企業發表聲明表示高度關注，富士康「連跳事件」已經成為境內外輿論所廣泛關注和探討的話題。事件已經造成轟動一時的社會影響，社會各界紛紛對富士康集團的企業文化和管理體系提出質疑。隨著富士康集團員工連環跳樓事件的不斷升級，富士康集團在2010年引起了國內外人士的高度關注。如今事件雖然以富士康集團加薪告一段落，但對「十三連跳」的發生以及富士康集團在面對這場巨大的危機的公關處理手段，我們仍有反思的必要。

　　該事件很好地印證了員工關係管理中健康管理的重要性，由於沒有建立一套系統的健康管理制度，也缺乏良好的員工溝通渠道，員工的心理緊張和壓抑在相當長的時間內得不到緩解，因此直到慘劇發生，富士康集團高層才開始認識到員工健康管理的重要性，採取了完善員工關愛中心、設立員工關愛熱線等系列舉措。假如富士康集團能夠提前認識到這一點，也許悲劇就不會發生。

一、員工健康管理的概念

　　員工健康管理是通過企業自身或借助第三方的力量，應用現代醫療和信息技術從生理、心理角度對企業員工的健康狀況進行跟蹤、評估，系統維護企業員工的身心健康，降低醫療成本支出，提高企業整體生產效率的一項企業管理行為。員工健康管理是一種現代化的人力資源管理模式，是人力資源管理模式從對「物」的管理轉向對「人」的管理的反應。人力資源管理經歷了從以「商品人」理論為核心的雇傭管理模式到以「知識人」理論為核心的人力資本營運模式的變遷。在這種演進的過程中，人的重要性日益凸顯，人的個性化需求不斷得到滿足，人力資本逐漸成為企業最為重要的資本。員工健康管理實際上體現了企業對員工的人文關懷，體現了對人的尊重和對

人力資本的重視，這種管理模式迎合了現代企業管理的需求，具有一定的現實意義。

(一) 員工健康管理根源於以人為本的企業文化

從企業文化的角度來看，員工健康管理實際上是以人為本的企業文化在人力資源管理領域的具體體現。以人為本的企業文化強調員工在企業發展中的主體地位，一切從人性和人的需求出發，尊重員工的選擇，滿足員工的多樣化需求，給員工提供更大的發展舞臺和更充分的發展條件，並努力實現人的價值的最大化。因為只有實現了人的價值的最大化，才有可能實現企業價值的最大化。企業實施員工健康管理，是將員工的身心健康置於舉足輕重的地位，通過一系列的預防和診治行為提高員工的健康水平，體現了企業對員工的人文關懷，同時也為員工價值最大化創造了更好的條件。因此，員工健康管理與以人為本的企業文化密不可分。離開企業文化談員工健康管理，猶如無源之水、無本之木。在現實生活中，不少企業表面上看來對員工健康狀況很關心，以為為員工辦理了醫療保險、定期對員工進行體檢就是對員工健康進行了管理。實際上，如果沒有樹立以人為本的企業文化，沒有真正重視員工在企業中的主體地位，就不能算是真正建立起了有效的員工健康管理製度。

(二) 員工健康管理包含了身心健康的雙重管理

員工健康管理的內涵十分豐富，不僅包含了員工身體健康管理方面的內容，如對員工進行全面的體檢、建立健康檔案、定期進行健康評估等，同時也包含了對員工的心理健康進行必要的跟蹤和輔導，如設立心理諮詢熱線、設置心理輔導專員和員工互助小組等。隨著生活節奏的加快和競爭壓力的增加，員工心理問題已成為企業管理中的重要問題。對員工進行心理健康管理，其主要目的是消除高負荷的工作壓力帶來的負面影響，促進員工的心理健康水平，進而降低管理成本，提高企業績效。從目前的情況來看，員工的身體健康容易引起重視，而心理健康往往被忽略。中國健康型組織及員工幫助計劃（EAP）協會進行的一項「中國企業員工職業心理健康管理調查」的結果顯示，99.13%的在職白領受壓力、抑鬱、職業倦怠等職場心理因素困擾；56.56%的被調查者渴望得到心理諮詢，但從未嘗試過；79.54%的職場人士意識到職業心理健康影響到工作。

(三) 員工健康管理的重點在於預防和控制而不是事後彌補

員工健康管理是一項對員工的健康狀況進行跟蹤、評估的過程，因此其重點在於預防和控制，而不是事後彌補。目前，中國的員工健康管理大部分屬於事後彌補型，即健康出了問題再想辦法去解決。一個典型的例子就是對員工健康問題的關注過多地依賴於基本醫療保險，而醫療保險是一個低水平的事後的醫療支付體系，根本無法起到預防和控制的作用；而定期的體檢也是形式多於內容，很難真正發揮評估、診斷的作用。因此，從這個角度來說，中國的員工健康管理還處於初級階段。

二、員工健康管理的具體措施

(一) 建立尊重員工的文化氛圍

員工健康管理根源於以人為本的企業文化。因此，要實施員工健康管理，必須先

從企業文化著手。首先，企業要樹立人性化的管理理念，營造尊重員工、重視員工的文化氛圍，塑造以人為本的企業形象。其次，在具體的管理實踐中，企業要實行柔性管理和愛心管理，傾聽員工需求，幫助員工進步，讓員工參與決策等，使員工切實體驗到受尊重的感覺，並找到歸屬感。

(二) 創造舒適的工作環境

舒適的工作環境有利於身心健康，也有利於調動員工的工作積極性，發揮員工的創造力。例如，從空間、裝飾、光線、整潔度等方面對工作環境加以優化，為員工提供舒適的辦公環境；對於一些枯燥的重複性勞動，通過工間操、播放背景音樂等形式，達到舒緩壓力、調節情緒的目的。

(三) 完善企業的激勵、溝通機制

企業要通過完善企業的激勵、溝通機制來解決員工的後顧之憂，掃清員工健康發展的障礙。企業要關注員工個人發展，提供廣闊的發展空間，完善職業晉升通道，給員工以動力和希望。企業要提供有競爭力的薪酬和獎勵製度，激勵員工朝著積極、健康的方向發展。同時，企業要建立暢通的溝通渠道，讓員工之間、上下級之間可以平等對話、互通信息、交流思想。企業要積極舉辦各種形式的文化體育活動，舒緩員工工作的壓力，增強員工之間的情感交流，提高團隊凝聚力。

(四) 設置員工健康管理相關崗位

企業要加強人力資源方面的投入，設置員工健康管理的相關崗位，負責對員工健康進行管理和監督。例如，華為公司於2008年首次設立首席員工健康與安全官，以進一步完善員工保障與職業健康計劃。除此以外，華為公司還專門成立了健康指導中心，規範員工餐飲、辦公等健康標準和疾病預防工作，提供健康與心理諮詢。一些世界500強企業也設立了亞太地區或中國地區健康顧問的職位，專門對公司員工的身體健康和心理健康進行管理和監督。

(五) 實施EAP

EAP（Employee Assistance Program），即員工幫助項目，是由組織為員工提供的一套系統服務，通過專業人員對企業員工提供診斷、輔導、諮詢和培訓等服務，解決員工的各種心理和行為問題，改善員工在組織中的工作績效。據瞭解，目前世界500強企業中相當數量的企業建立了EAP。惠普公司、摩托羅拉公司、思科公司、諾基亞公司、可口可樂公司、杜邦公司、寶潔公司等一大批外資企業尤其是信息技術企業，紛紛啓動了它們在中國的EAP。不少中國本土企業，如聯想集團等，也認識到員工健康管理的重要性，紛紛引入EAP。

EAP主要包括初級預防、二級預防和三級預防三方面內容，作用分別是消除誘發問題的來源、教育和培訓、員工心理諮詢與輔導。

1. 初級預防：消除誘發問題的來源

初級預防的目的是減少或消除任何導致職業心理健康問題的因素，並且更重要的是設法建立一個積極的、支持性的和健康的工作環境。通過對人力資源方面的企業診斷，能夠發現問題在哪裡和解決問題的途徑。通常，初級預防通過改變一些人事政策

來實現，如改善組織內的信息溝通、工作再設計和給予低層人員更多的自主權等。

2. 二級預防：教育和培訓

教育和培訓旨在幫助員工瞭解職業心理健康的知識，如各種可能的因素怎樣對員工心理健康產生影響以及如何提高對抗不良心理問題的能力。有關的教育課程包括應付工作壓力、自信性訓練、放鬆技術、生活問題指導以及解決問題技能等。二級預防的另一個重要目的是向人力資源管理人員和組織內從事員工保健的專業人員提供專門的培訓課程，來提高他們對員工心理健康的意識和處理員工個人問題的能力。例如，基本諮詢技能和行為風險管理等方面的培訓。

3. 三級預防：員工心理諮詢與輔導

員工心理諮詢是指由專業心理諮詢人員向員工提供個別、隱私的心理輔導服務，以解決他們的各種心理和行為問題，使他們能夠保持較好的心理狀態來生活和工作。由於員工的許多職業心理健康問題與家庭生活方面的因素有關，因此這種心理諮詢服務通常也面向員工的直系家庭成員。

第四節　員工關係管理實務

一、勞動合同的主要內容及簽訂

（一）勞動合同的必備條款

勞動合同的必備條款包括：用人單位的名稱、住所和法定代表人或者主要負責人；勞動者的姓名、住址和居民身分證號碼或者其他有效身分證件號碼；勞動合同期限；工作內容和工作地點；工作時間和休息休假；勞動報酬；社會保險；勞動保護、勞動條件和職業危害防護；法律、法規規定應當納入勞動合同的其他事項。

（二）必備條款外的其他約定

勞動合同除規定的必備條款外，用人單位與勞動者可以約定試用期、培訓、保守秘密、補充保險和福利待遇等其他事項，但是約定其他條款不得違反法律、法規的規定。

（三）勞動者簽訂勞動合同注意事項

第一，簽訂合同時，勞動者首先要弄清單位的基本情況，要判斷是否是合法企業，要知道其法定代表人姓名、單位地址、電話。這些信息可以通過上網查詢工商登記信息獲取，同時應要求將這些內容明確寫在合同中。

第二，勞動者要弄清自己的具體工作，並在合同中標明工作的內容和具體地點。

第三，勞動報酬要定清楚，避免口頭約定。例如，標準工資是多少？有沒有獎金？獎金是根據什麼標準發放的？這些數據一定要在合同中體現，不要輕信口頭承諾。

第四，關於試用期的問題要特別注意。法律規定試用期最長不得超過 6 個月，僅約定試用期的合同是無效的，試用期結束就要求勞動者走人是違規的。在試用期間，用人單位不得無理由解除勞動關係，除非是勞動者不符合招聘條件。

第五，勞動報酬的支付方式與支付時間要明確，明確是現金還是通過銀行支付到帳戶內。有的單位採取扣發員工一個月工資的方式拴住勞動者，這種行為不具有法定效力。如果勞動合同終止後，用人單位拒絕提供被扣發的勞動報酬，勞動者可以通過勞動仲裁解決此問題。

第六，勞動者工作時間與工作條件要明確。有的勞動者為多掙錢，默認了企業要求嚴重超時的加班加點，這是違反勞動法律和法規的，現在越來越多的工資爭議案件就是因此而起的。此外，工作的環境有毒有害，尤其是化學性的製革、製鞋行業企業，還有機械加工行業可能給工人帶來的機械性傷害的工作環境，都要在合同中對環境危害可能造成的傷害明確表達出來。

第七，社會保險約定。有的企業以「不辦社保可以多領工資」的說法，來誤導勞動者主動選擇放棄社會保險。對於社會保險問題，勞動者要有長遠的考慮，工作時間越長，這個問題就越大，涉及養老的問題；一旦發生工傷意外等，最快速的解決方式是先通過勞動者購買的社會保險，快速選擇走工傷保險補助的綠色通道救死扶傷。因此，有了社會保險就等於有了基本保障。

第八，不要簽空白合同。空白合同是指企業為應付檢查，拿出空白合同，先讓勞動者簽名、按手印，走一個過場，勞動者也不拿合同當回事，有的合同甚至沒有蓋章。一旦發生勞動爭議，這類合同是無效的，同時勞動者的維權成本高昂。

第九，有些合同約定了不合法的內容，如女職工不得結婚生育、因工負傷的「工傷自理」，甚至要求勞動者簽訂「生死契約」等，這些條款在法律上無效，勞動者可以拒簽。

第十，勞動合同蓋章後，勞動者本人和用人單位要各保管一份。勞動合同是發生勞動爭議時，勞資雙方可出具的最直接、最有效的法律憑證。因為勞動者手頭沒有勞動合同，要求用人單位賠償遭到拒絕的案例不在少數。有的企業在合同簽訂後，把兩份合同都收走，發生爭議時，勞動者手裡沒有合同，企業可以不承認有此人。此外，即使有勞動合同，仍要保存好能夠證明勞動關係的證據，如工資條、入職面試字條、工作證件、體檢表格、單位簽字等。

二、勞動合同範本

示例 9-1

勞動合同

_____公司（單位）（以下簡稱甲方）
_____（以下簡稱乙方）

身分證號：
家庭住址：
聯繫電話：
依照國家有關法律條例，就聘用事宜，訂立本勞動合同。

第一條 試用期及錄用

（一）甲方依照合同條款聘用乙方為員工，乙方工作部門為_____職位，工種為_____。乙方應經過三至六個月的試用期，在此期間，甲乙任何一方有權終止

合同，但必須提前七天通知對方或以七天的試用工資作為補償。

（二）試用期滿，雙方無異議，乙方成為甲方的正式合同制勞務工，甲方將以書面方式給予確認。

（三）乙方試用合格後被正式錄用，其試用期應計算在合同有效期內。

第二條　工資及其他補助獎金

（一）甲方根據國家有關規定和企業經營狀況實行本企業的等級工資製度，並根據乙方所擔負的職務和其他條件確定其相應的工資標準，以銀行轉帳形式支付，按月發放。

（二）甲方根據盈利情況及乙方的行為和工作表現增加工資，如果乙方沒達到甲方規定的要求指標，乙方的工資將得不到提升。

（三）甲方（公司主管人員）會同人事部門，在如下情況，甲方將給乙方榮譽或物質獎勵，如模範地遵守公司的規章製度、生產和工作中有突出貢獻、技術革新、經營管理改善。乙方也由於有突出貢獻可以得到工資和職務級別的提升。

（四）甲方根據本企業利潤情況設立年終獎金，可根據員工勞動表現及在單位服務年限發放獎金。

（五）甲方根據政府的有關規定和企業狀況，向乙方提供津貼和補助金。

（六）除了法律、法規、規章明確提出要求的補助外，甲方將不再有義務向乙方提供其他補助和津貼。

第三條　工作時間及公假

（一）乙方的工作時間每天為八小時（不含吃飯時間），每星期工作五天半或每周工作時間不超過四十四小時，除吃飯時間外，每個工作日不安排其他休息時間。

（二）乙方有權享受法定節假日以及婚假、喪假等有薪假期。甲方如要求乙方在法定節假日工作，在徵得乙方同意後，須安排乙方相應的時間輪休，或按國家規定支付乙方加班費。

（三）乙方成為正式員工，在本企業連續工作滿半年後，可按比例獲得每年根據其所擔負的職務相應享受_____天的帶薪年假。

（四）乙方在生病時，經甲方認可的醫院證明，可享受有薪病假。過試用期的員工每月可享受有薪病假一天，病假工資超出有薪病假部分的待遇，按政府和單位的有關規定執行。

（五）甲方根據生產經營需要，可調整變動工作時間，包括變更日工作開始和結束的時間，在照顧員工有合理的休息時間的情況下，日工作時間可做不連貫的變更，或要求員工在法定節假日及休息日到崗工作。乙方無特殊理由應積極支持和服從甲方安排，但甲方應嚴格控制加班加點。

第四條　員工教育

在乙方任職期間，甲方須經常對乙方進行職業道德、業務技術、安全生產及各種規章製度及社會法制教育，乙方應積極接受這方面的教育。

第五條　工作安排與條件

（一）甲方有權根據生產和工作需要及乙方的能力，合理安排和調整乙方的工作，乙方應服從甲方的管理和安排，在規定的工作時間內按質、按量完成甲方指派的工作

任務。

（二）甲方須為乙方提供符合國家要求的安全衛生的工作環境，否則乙方有權拒絕工作或終止合同。

第六條　勞動保護

甲方根據生產和工作需要，按國家規定為乙方提供勞動保護用品和保健食品。對女職工經期、孕期、產期和哺乳期提供相應的保護，具體辦法按國家有關規定執行。

第七條　勞動保險及福利待遇

（一）甲方按國家勞動保險條例規定，為乙方支付醫藥費用、病假工資、養老保險費用及工傷保險費用。

（二）甲方根據單位規定提供乙方宿舍和工作餐（每天_____次）。

第八條　解除合同

（一）符合下列情況，甲方可以解除勞動合同

（1）甲方因營業情況發生變化，而多餘的職工又不能改換其他工種。

（2）乙方患病或非因工負傷，按規定的醫療期滿後，不能從事原工作，也不能調換其他工種。

（3）乙方嚴重違反企業勞動紀律和規章製度，並造成一定後果，根據企業有關條例和規定應予辭退的，甲方有權隨時解除乙方的勞動合同。

（4）乙方因觸犯國家法規被拘留、勞動教養、判刑，甲方將作開除處理，勞動合同隨之終止。

（二）符合下列情況，乙方可以解除勞動合同。

（1）經國家有關部門確認，勞動安全、衛生條件惡劣，嚴重危害了乙方身體健康的。

（2）甲方不履行勞動合同或違反國家政策、法規，侵害乙方合法利益的。

（3）甲方不按規定支付乙方勞動報酬的。

（三）在下列情況下，甲方不得解除勞動合同。

（1）乙方患病和因工負傷，在規定的醫療期內的。

（2）乙方因工負傷或患職業病，正在進行治療的。

（3）女員工在孕期、產期或哺乳期的。

（四）乙方因工負傷或患職業病，醫療終結經政府有關部門確認為部分喪失勞動能力的，企業應予妥善安置。

（五）任何一方解除勞動合同，一般情況下，必須提前一個月通知對方，或以一個月的工資作為補償，解除合同的程序按企業有關規定辦理。

（六）乙方在合同期內，持有正當理由，不願繼續在本企業工作時，可以提出辭職，但須提前一個月書面通知甲方，經甲方批准後生效。辭職員工如系由企業出資培訓，在培訓期滿後，工作未滿合同規定年限的，應賠償甲方一定的培訓費用。未經甲方同意擅自離職，甲方有權通過政府勞動部門，要求乙方返回工作崗位，並賠償因此給甲方造成的經濟損失。

第九條　勞動紀律

（一）乙方應遵守國家的各項規定和企業的員工手冊以及企業的各項規章製度。

（二）乙方如觸犯刑律受法律制裁或違反員工手冊和甲方規定的其他規章製度，甲方有權按員工手冊等規定，分別給予乙方相應的紀律處分，直至開除，因乙方違反員工手冊和其他規章製度，造成本企業利益受到損害，如企業聲譽的損害、財產的損壞，甲方根據嚴重程度，可採取一次性罰款措施。

（三）如果乙方違反合同規定貪污受賄、嚴重玩忽職守或有不道德、粗魯行為，引起或預示將引起嚴重損害他人人身和財產利益，或者乙方觸犯刑律受到法律制裁等，甲方有權立即予以開除，並不給予「合同補償金」和「合同履約金」。乙方貪污受賄或損害他人人身和財產利益所造成的損失，由乙方完全承擔賠償責任。

（四）乙方在合同期內及以後，不得向任何人泄漏本企業的商業機密。乙方在職期間不得同時在與本企業經營業務相似的企業、團體以及與本企業有業務關係的企業或團體兼職。乙方由於合同終止或其他原因從本企業離職時，應向部門主管人員交回所有與經營有關的文件資料，包括通信錄、備忘錄、顧客清單、圖表資料及培訓教材等。

第十條　合同的實施和批准

（一）本合同經＿＿＿＿＿＿討論制定，報經＿＿＿＿＿＿批准，用＿＿＿＿＿＿文字書寫，內容以中文為準，合同解釋權屬本公司人事部。

（二）單位員工手冊、雇員犯規及警告通告及其他經濟紀律規定均為合同附件，是合同的組成部分。

（三）本合同一經簽訂，甲、乙雙方必須嚴格遵守，任何一方不得單方面修改合同內容，如有未盡事宜或與政府有關規定抵觸時，按政府有關規定處理。

（四）本合同自簽訂之日生效，有效期為＿＿＿＿＿年，於＿＿＿＿＿年＿＿＿月＿＿＿＿日到期，合同期滿前兩個月，如雙方無異議，本合同自行延長＿＿＿＿＿年。

（五）本合同一式兩份，甲、乙雙方各執一份，由甲方上級主管部門和國家勞動管理部門監督執行。

甲方（簽字）　　　　　　　　　　日期
乙方（簽字）　　　　　　　　　　日期

【本章小結】

從廣義上講，員工關係管理是在企業人力資源體系中，各級管理人員和人力資源職能管理人員，通過擬訂和實施各項人力資源政策和管理行為以及其他的管理溝通手段調節企業和員工、員工與員工之間的相互聯繫和影響，從而實現組織的目標並確保為員工、社會增值。從狹義上講，員工關係管理就是企業和員工的溝通管理，這種溝通更多採用柔性的、激勵性的、非強制的手段，從而提高員工滿意度，支持組織其他管理目標的實現。員工關係管理的主要職責是協調員工與管理者、員工與員工之間的關係，引導建立積極向上的工作環境。勞動關係管理就是指傳統的簽合同、解決勞動糾紛等內容。勞動關係管理是對人的管理，對人的管理是一個思想交流的過程，在這一過程中的基礎環節是信息傳遞與交流。規範化、製度化的管理可以使勞動關係雙方（企業與員工）的行為得到規範，權益得到保障，維護穩定、和諧的勞動關係，促使企業經營穩定運行。企業勞動關係主要指企業所有者、經營管理者、普通員工和工會組

織之間在企業的生產經營活動中形成的各種責、權、利關係，包括所有者與全體員工的關係、經營管理者與普通員工的關係、經營管理者與工人組織的關係、工人組織與職工的關係。

【簡答題】

1. 簽訂無固定期限勞動合同的情形有哪些？
2. 無效的勞動合同形成的事實上的勞動關係有哪些？
3. 用人單位單方解除合同有哪些限制？
4. 勞動合同終止的情況有哪些？
5. 用人單位解除勞動合同不用支付經濟補償金的情形有哪些？

【案例分析題】

1. 某公司聘用首次就業的王某，口頭約定勞動合同期限 2 年，試用期 3 個月，月工資 1,200 元，試用期滿後月工資 1,500 元。2012 年 7 月 1 日起，王某上班，不久即與同事李某確立戀愛關係。9 月，由經理辦公會討論決定並徵得工會主席同意，公司公布施行工作紀律規定，要求同事不得有戀愛或婚姻關係，否則一方必須離開公司。公司據此解除了王某的勞動合同。經查明，當地月最低工資標準為 1,000 元，公司與王某一直未簽訂書面勞動合同，但為王某買了失業保險。

(1) 關於雙方約定的勞動合同內容，下列符合法律規定的說法是（　　）。
A. 試用期超過法定期限
B. 試用期工資符合法律規定
C. 8 月 1 日起，公司未與王某訂立書面勞動合同，應每月付其兩倍的工資
D. 8 月 1 日起，如王某拒不與公司訂立書面勞動合同，公司有權終止其勞動關係，並且無需支付經濟補償

(2) 關於該工作紀律規定，下列說法正確的是（　　）。
A. 制定程序違法
B. 有關婚戀的規定違法
C. 依據該規定解除王某的勞動合同違法
D. 該公司執行該規定給王某造成損害的，應承擔賠償責任

(3) 關於王某離開該公司後申請領取失業保險金的問題，下列說法正確的是（　　）。
A. 王某及該公司累計繳納失業保險費尚未滿 1 年，無權領取失業保險金
B. 王某被解除勞動合同的原因與其能否領取失業保險金無關
C. 若王某依法能領取失業保險金，在此期間還想參加職工基本醫療保險，則其應繳納的基本醫療保險費從失業保險基金中支付
D. 若王某選擇跨統籌地區就業，可申請退還其個人繳納的失業保險費

2. 李某原在甲公司就職，適用不定時工作制。2012 年 1 月，因甲公司被乙公司兼

併，李某成為乙公司職工，繼續適用不定時工作制。2012年12月，由於李某在年度績效考核中得分最低，乙公司根據公司績效考核製度中「末位淘汰」的規定，決定終止與李某的勞動關係。李某於2013年11月提出勞動爭議仲裁申請，主張：原勞動合同於2012年3月到期後，乙公司一直未與本人簽訂新的書面勞動合同，應從4月起每月支付兩倍的工資；公司終止合同違法，應恢復本人的工作。

（1）關於李某申請仲裁的有關問題，下列選項正確的是（　　）。
A. 因勞動合同履行地與乙公司所在地不一致，李某只能向勞動合同履行地的勞動爭議仲裁委員會申請仲裁
B. 申請時應提交仲裁申請書，確有困難的也可口頭申請
C. 乙公司對終止勞動合同的主張負舉證責任
D. 對勞動爭議仲裁委員會逾期未作出是否受理決定的，李某可就該勞動爭議事項向法院起訴

（2）關於乙公司兼併甲公司時李某的勞動合同及工作年限，下列選項正確的是（　　）。
A. 甲公司與李某的原勞動合同繼續有效，由乙公司繼續履行
B. 如原勞動合同繼續履行，在甲公司的工作年限合併計算為乙公司的工作年限
C. 甲公司還可與李某經協商一致解除其勞動合同，由乙公司新簽勞動合同替代原勞動合同
D. 如解除原勞動合同時甲公司已支付經濟補償，乙公司在依法解除或終止勞動合同計算支付經濟補償金的工作年限時，不再計算李某在甲公司的工作年限

（3）關於未簽訂書面勞動合同期間支付兩倍工資的仲裁請求，下列選項正確的是（　　）。
A. 勞動合同到期後未簽訂新的勞動合同，李某仍繼續在公司工作，應視為原勞動合同繼續有效，故李某無權請求支付兩倍工資
B. 勞動合同到期後應簽訂新的勞動合同，否則屬於未與勞動者訂立書面勞動合同的情形，故李某有權請求支付兩倍工資
C. 李某的該項仲裁請求已經超過時效期間
D. 李某的該項仲裁請求沒有超過時效期間

（4）關於恢復用工的仲裁請求，下列選項正確的是（　　）。
A. 李某是不定時工作制的勞動者，該公司有權對其隨時終止用工
B. 李某不是非全日制用工的勞動者，該公司無權對其隨時終止用工
C. 根據該公司「末位淘汰」的規定，勞動合同應當終止
D. 該公司「末位淘汰」的規定違法，勞動合同終止違法

（5）如李某放棄請求恢復工作而要求其他補救，下列選項正確的是（　　）。
A. 李某可主張公司違法終止勞動合同，要求支付賠償金
B. 李某可主張公司規章製度違法損害勞動者權益，要求即時辭職及支付經濟補償金
C. 李某可同時獲得違法終止勞動合同的賠償金和即時辭職的經濟補償金
D. 違法終止勞動合同的賠償金的數額多於即時辭職的經濟補償金

【實際操作訓練】

實訓項目：制定企業勞動合同。

實訓目的：通過學習勞動關係管理的基礎知識、合同的主要構成內容及簽訂，能根據企業背景，擬訂勞動合同。

實訓內容：

背景資料：小李是北京某著名信息技術（IT）公司的人力資源部經理。該公司考慮到原勞動合同隨著新修訂的《中華人民共和國勞動合同法》的實施，其內容條款方面存在很多相抵觸的地方，急需擬訂一份新的企業合同文本。該公司200多人，人員組成層次性較強，從工作時間來看，既有工作不滿一年的新員工，也有工作四五年甚至十年以上的老員工。從用工類別來看，該公司有全職職工、合作公司派來的技術支持人員、派遣公司派來的工作人員，還有每天從事工作時間不超過兩小時的保潔員。

該公司試用期勞動者流動性高，一方面是新進人員不合格；另一方面是勞動者工作幾天後感覺不太適應自動離職。

在修訂勞動合同的徵求意見會上，大家的討論如下：

行銷經理說：「我認為對銷售員的押金不能不收，不收押金，機器丟了誰負責，對押金問題應在合同中保留。」

研發經理說：「我建議工作地點最好不寫，或寫概括一些，不然員工總不願去別處幹活。」

財務經理說：「能不能在合同中加一條，有些扣款可以在工資中直接全部扣除。」

行政經理說：「要把損壞機器、不注意節約用紙等行為，定為嚴重違紀，寫到合同中去。」

公關經理說：「各位，我認為我們以前的合同寫得太冗長，這次最好簡略一些。」

總經理說：「大家說得很好，但也存在一些問題。這樣吧，今天大家的意見我們會記下來，研究一下，然後小李起草一個新的勞動合同文本，大家再討論一下。」

要求：

1. 如果你是小李，請根據上述情況擬定一份在2017年1月1日起正式啟用的勞動合同書。

2. 對原勞動合同有效的勞動者，不願變更或更換新的勞動合同書，企業將如何處理？

國家圖書館出版品預行編目(CIP)資料

人力資源管理：理論、方法與實務 ／ 伍娜、張舫 主編. -- 第一版.
-- 臺北市 ： 崧燁文化, 2018.08

　面　；　公分

ISBN 978-957-681-423-5(平裝)

1.人力資源管理

494.3　　　　107012231

書　名：人力資源管理：理論、方法與實務
作　者：伍娜、張舫 主編
發行人：黃振庭
出版者：崧燁文化事業有限公司
發行者：崧燁文化事業有限公司
E-mail：sonbookservice@gmail.com
粉絲頁　　　　　　　網　址：
地　址：台北市中正區重慶南路一段六十一號八樓815室
8F.-815, No.61, Sec. 1, Chongqing S. Rd., Zhongzheng Dist., Taipei City 100, Taiwan (R.O.C.)
電　話：(02)2370-3310　傳　真：(02) 2370-3210
總經銷：紅螞蟻圖書有限公司
地　址：台北市內湖區舊宗路二段 121 巷 19 號
電　話:02-2795-3656　傳真:02-2795-4100　網址：
印　刷 ：京峯彩色印刷有限公司（京峰數位）

　　本書版權為西南財經大學出版社所有授權崧博出版事業股份有限公司獨家發行電子書繁體字版。若有其他相關權利需授權請與西南財經大學出版社聯繫，經本公司授權後方得行使相關權利。

定價：500 元
發行日期：2018 年 8 月第一版
◎ 本書以POD印製發行